"十四五"国家重点出版物出版规划项目

城市安全出版工程·城市基础设施生命线安全工程丛书

名誉总主编　范维澄
总　主　编　袁宏永

城市综合管廊安全工程

吴建松　主　编
李跃飞　油新华　周　睿　李　舒　董留群　副主编

URBAN UTILITY TUNNEL
SAFETY ENGINEERING

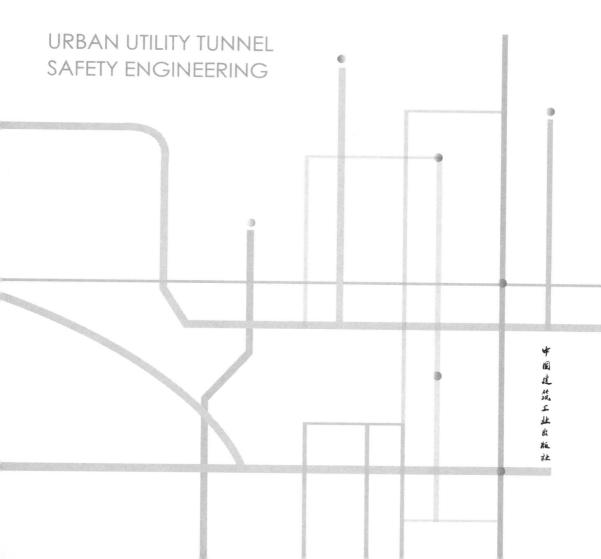

中国建筑工业出版社

城市安全出版工程·城市基础设施生命线安全工程丛书
编委会

本书编委会

主　　　编　吴建松

副　主　编　李跃飞　油新华　周　睿　李　舒　董留群

编　　　委　王　鑫　白一平　柳　献　蔡继涛　芮　顺

　　　　　　张雨蒙　刘医硕　王强勋　张智贤　陈明建

　　　　　　杨会兵　樊　辰

主 编 单 位　中国矿业大学（北京）

副主编单位　中国建筑设计研究院有限公司

　　　　　　中国市政工程协会管廊及地下空间专业委员会

　　　　　　清华大学

　　　　　　清华大学合肥公共安全研究院

　　　　　　同济大学

参 编 单 位　厦门市政管廊投资管理有限公司

　　　　　　合肥市综合管廊投资运营有限公司

　　　　　　安徽财经大学

　　我们特别欣喜地看到由袁宏永教授领衔，清华大学安全科学学院和中国建筑工业出版社共同组织，国内住建行业和公共安全领域的相关专家学者共同编写的"城市安全出版工程·城市基础设施生命线安全工程丛书"正式出版。丛书全面梳理和阐述了城市生命线安全工程的理论框架和技术体系，系统总结了我国城市基础设施生命线安全工程的实践应用。这是一件非常有意义的工作，可谓恰逢其时。

　　城市发展要把安全放在第一位，城市生命线安全是国家公共安全的重要基石。城市生命线安全工程是保障城市供水、排水、燃气、热力、桥梁、综合管廊、轨道交通、电力等城市基础设施安全运行的重大民生工程。我国城市生命线规模世界第一，城市生命线设施长期高密度建设、高负荷运行，各类地下管网长度超过 550 万 km。城市生命线设施在地上地下互相重叠交错，形成了复杂巨系统并在加速老化，已经进入事故集中爆发期。近 10 年来，城市生命线发生事故两万多起，伤亡超万人，每年造成 450 多万居民用户停电，造成重大人员伤亡和财产损失。全面提升城市生命线的保供、保畅、保安全能力，是实现高质量发展的必由之路，是顺应新时代发展的必然要求。

　　国内有一批长期致力于城市生命线安全工程科学研究和应用实践的学者和行业专家，他们面向我国城市生命线安全工程建设的重大需求，深入推进相关研究和实践探索，取得了一系列基础理论和技术装备创新成果，并成功应用于全国 70 多个城市的生命线安全工程建设中，创造了显著的社会效益和经济效益。例如，清华大学合肥公共安全研究院在国家部委和地方政府大力支持下，开展产学研用联合攻关，探索出一条以场景应用为依托、以智慧防控为导向、以创新驱动为内核、以市场运作为抓手的城市生命线工程安全发展新模式，大幅提升了城市安全综合保障能力。

丛书坚持问题导向，结合新一代信息技术，构建了城市生命线风险"识别—评估—监测—预警—联动"的全链条防控技术体系，对各个领域的典型应用实践案例进行了系统总结和分析，充分展现了我国城市生命线安全工程在风险评估、工程设计、项目建设、运营维护等方面的系统性研究和规模化应用情况。

丛书坚持理论与实践相结合，结构比较完整，内容比较翔实，应用覆盖面广。丛书编者中既有从事基础研究的学者，也有从事技术攻关的专家，从而保证了内容的前沿性和实用性，对于城市管理者、研究人员、行业专家、高校师生和相关领域从业人员系统了解学习城市生命线安全工程相关知识有重要参考价值。

目前，城市生命线安全工程的相关研究和工程建设正在加快推进。期待丛书的出版能带动更多的研究和应用成果的涌现，助力城市生命线安全工程在更多的城市安全运行中发挥"保护伞""护城河"的作用，有力推动住建行业与公共安全学科的进一步融合，为我国城市安全发展提供理论指导和技术支撑作用。

中国工程院院士、清华大学公共安全研究院院长　范维澄

2024 年 7 月

党和国家高度重视城市安全，强调要统筹发展和安全，把人民生命安全和身体健康作为城市发展的基础目标，把安全工作落实到城市工作和城市发展各个环节各个领域。城市供水、排水、燃气、热力、桥梁、综合管廊、轨道交通、电力等是维系城市正常运行、满足群众生产生活需要的重要基础设施，是城市的生命线，而城市生命线是城市运行和发展的命脉。近年来，我国城市化水平不断提升，城市规模持续扩大，导致城市功能结构日趋复杂，安全风险不断增大，燃气爆炸、桥梁垮塌、路面塌陷、城市内涝、大面积停水停电停气等城市生命线事故频发，造成严重的人员伤亡、经济损失及恶劣的社会影响。

城市生命线工程是人民群众生活的生命线，是各级领导干部的政治生命线，迫切要求采取有力措施，加快城市基础设施生命线安全工程建设，以公共安全科技为核心，以现代信息、传感等技术为手段，搭建城市生命线安全监测网，建立监测运营体系，形成常态化监测、动态化预警、精准化溯源、协同化处置等核心能力，支撑宜居、安全、韧性城市建设，推动公共安全治理模式向事前预防转型。

2015年以来，清华大学合肥公共安全研究院联合相关单位，针对影响城市生命线安全的系统性风险，开展基础理论研究、关键技术突破、智能装备研发、工程系统建设以及管理模式创新，攻克了一系列城市风险防控预警技术难关，形成了城市生命线安全工程运行监测系统和标准规范体系，在守护城市安全方面蹚出了一条新路，得到了国务院的充分肯定。2023年5月，住房和城乡建设部在安徽合肥召开推进城市基础设施生命线安全工程现场会，部署在全国全面启动城市生命线安全工程建设，提升城市安全综合保障能力、维护人民生命财产安全。

为认真贯彻国家关于推进城市安全发展的精神，落实住房和城乡建设部关于城市基础设施生命线安全工程建设的工作部署，中国建筑工业出版社相关编辑对住房和城乡建设部的相关司局、城市建设领域的相关协会以及公共安全领域的重点科研院校进行了多次走访和调研，经过深入地沟通和交流，确定与清华大学安全科学学院共同组织编写"城市安全出版工程·城市基础设施生命线安全工程丛书"。通过全面总结全国城市生命线安全领域的现状和挑战，坚持目标驱动、需求导向，系统梳理和提炼最新研究成果和实践经验，充分展现我国在城市生命线安全工程建设、运行和保障的最新科技创新和应用实践成果，力求为城市生命线安全工程建设和运行保障提供理论支撑和技术保障。

"城市安全出版工程·城市基础设施生命线安全工程丛书"共9册。其中，《城市生命线安全工程》在整套丛书中起到提纲挈领的作用，介绍城市生命线安全工程概述、安全运行现状、风险评估、安全风险综合监测理论、监测预警技术与方法、平台概述与应用系统研发、安全监测运营体系、安全工程应用实践和标准规范。其他8个分册分别围绕供水安全、排水安全、燃气安全、供热安全、桥梁安全、综合管廊安全、轨道交通安全、电力设施安全，介绍该领域的行业发展现状、风险识别评估、风险防范控制、安全监测监控、安全预测预警、应急处置保障、工程典型案例和现行标准规范等。各分册相互呼应，配套应用。

"城市安全出版工程·城市基础设施生命线安全工程丛书"的作者有来自清华大学、清华大学合肥公共安全研究院、北京交通大学、中国矿业大学（北京）等高校和科研院所的知名教授，也有来自中国市政工程华北设计研究总院有限公司、国网智能电网研究院有限公司等工程单位的知名专家，也有来自中国城镇供水排水协会、中国城镇供热协会等的行业专家。通过多轮的研讨碰撞和互相交流，经过诸位作者的辛勤耕耘，丛书得以顺利出版。本套丛书可供地方政府尤其是住房和城乡建设、安全领域的主管部门、行业企业、科研机构和高等院校相关人员在工程设计与项目建设、科学研究与技术攻关、风险防控与应对处置、人才培养与教育培训时参考使用。

衷心感谢住房和城乡建设部的大力指导和支持，衷心感谢各位编委和各位编辑的辛勤付出，衷心感谢来自全国各地城市基础设施生命线安全工程的科研工作者，共同为全国城市生命线安全发展贡献力量。

随着全球气候变化、工业化与城镇化持续加速，城市面临的极端灾害发生频度、破坏强度、影响范围和级联效应等超预期、超认知、超承载。城市生命线安全工程的科技发展和实践应用任重道远，需要不断深化加强系统性、连锁性、复杂性风险研究。希望"城市安全出版工程·城市基础设施生命线安全工程丛书"能够抛砖引玉，欢迎大家批评指正。

　　随着城镇化和工业化不断加速，容纳水、电、气、热等多种市政管线的城市综合管廊建设迅速发展，当前我国综合管廊建设里程已超 7000 公里。我国综合管廊断面设计以多舱形式为主，涵盖天然气舱、电力舱、综合舱等，断面尺寸大、入廊管线多、投资规模大。如何有效保障综合管廊安全运行，提升综合管廊安全运维能力，促进综合管廊工程可持续发展，是全行业当前比较关注的问题。面向城市综合管廊安全工程面临的问题与挑战，结合我国综合管廊建设发展的实际特点，《城市综合管廊安全工程》一书汇聚了安全工程、土木工程、城市规划、管线管廊设计等多个领域专家的科研成果与工程经验，旨在为城市综合管廊安全工程提供较为系统性的理论技术参考支撑。

　　本书以风险辨识评估、监测预警、应急处置的安全风险防控全链条展开，涵盖了城市综合管廊简介、综合管廊安全工程内涵、综合管廊风险识别与评估、综合管廊安全监测预警、综合管廊安全管控平台、综合管廊应急管理、综合管廊安全工程典型案例、综合管廊安全创新发展、综合管廊安全相关政策标准等主要内容。本书内容丰富、理论方法前沿、案例具体实用，既有基础理论探讨，也有技术及设备的工程应用，展示了综合管廊安全工程领域较新且较成熟的成果和进展，可为综合管廊规划设计、安全运维管理、应急管理相关专业人员提供参考借鉴，也可作为大众对综合管廊安全工程的科普读物。希望本书的出版对提升城市综合管廊的安全管理水平具有积极支撑作用，也为城市基础设施生命线安全与可持续发展提供助力。

　　由于编著者水平有限，书中难免存在不足之处，恳请广大读者批评指正。

目录

第 3 章　城市综合管廊风险识别与评估

第 4 章　城市综合管廊安全监测预警

第5章　城市综合管廊安全管控平台

第6章　城市综合管廊应急管理

第 8 章　城市综合管廊安全创新发展

第 9 章　城市综合管廊安全政策标准

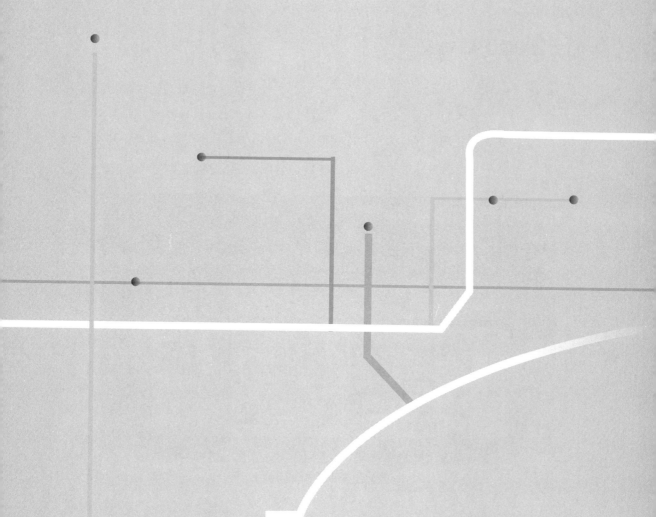

第 1 章

城市综合管廊简介

城市综合管廊是一种容纳多种市政管线的城市地下关键基础设施。本章首先对城市综合管廊的定义、组成部分以及功能特性进行介绍，随后按照廊内功能、断面形式、主体结构施工方式的不同对综合管廊展开描述，最后对综合管廊国内外建设发展的情况进行了梳理总结，便于读者对城市综合管廊概况进行全面的了解，为后续章节的专业内容奠定基础。

1.1　城市综合管廊概述

1.1.1　城市综合管廊定义

城市综合管廊是指建于城市地下用于容纳两类及以上城市工程管线的构筑物及附属设施（图 1-1），英文名为"Utility Tunnel"，又称"Common Service Tunnel"，在日本被称为"共同沟"，在我国台湾省被称为"共同管道"。它将电力电缆、通信、给水、排水、中水、天然气等各类管线集中收容到地下隧道空间内，进行统一规划、设计、施工和运营

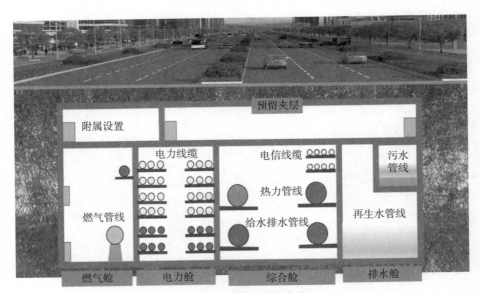

图 1-1　城市综合管廊布局

管理。在城市建设过程中，综合管廊可被认为是一种特殊的隧道结构，多沿道路尤其是城市主干道路敷设。管廊内不仅容纳多种城市工程管线，还设置了配套的控制系统、监控系统、消防安防系统等。相较于传统型市政管线直埋模式，综合管廊的应用有助于实现城市地下空间的集约高效利用，能够较为有效地避免管线故障导致的路面反复开挖问题，也能避免架空线缆影响市容市貌，提升城市安全韧性。

1.1.2　城市综合管廊的组成及功能

城市综合管廊主要由管廊本体、入廊管线、附属设施构成。其中，各类入廊管线承担了综合管廊在运行时的主要功能，廊内附属设施保障了综合管廊日常运维和事故后应急正常运行。

1. 管廊本体

管廊本体是指构成综合管廊的钢筋混凝土承重结构体。其主体工程主要包括标准段、节点构筑物和辅助建筑物等。节点构筑物指吊装口、人员出入口、通风口等。辅助建筑物指监控中心、生产管理用房等。管廊通风口为综合管廊通风服务，通常设置在道路绿化带或不妨碍景观的地方，管廊通风口包含进风口和出风口，通常采用自然通风和机械通风结合的通风方式。管廊吊装口是在管廊本体土建完成后为廊内管线敷设工程预留的设备及管线入口，通常结合通风口建设在道路绿化带中。人员出入口在管廊沿线设置，主要供施工、维修、检修人员进出，以及突发事件下的人员撤离。监控中心服务于管理人员日常巡检、所需物资和材料的储备运输、调度运维人员等活动。

2. 入廊管线

综合管廊的入廊管线为城市工程管线，是城市范围内为满足生活、生产需要的给水、雨水、污水、再生水、天然气、热力、电力、通信等市政公用管线，不包含工业管线。具体包含以下内容：

（1）给水管道：给水管道是指城市供水系统中的管道，负责将水从水源地输送到城市各个区域的水厂或水塔，再经过城市给水管网输送到用户家中。市政给水管道是城市供水的重要保障，它直接关系到城市居民的生活用水和工业用水。给水管道入廊主要分析入廊需求，管线敷设、检修和扩容的需求等，根据给水专项规划和管线综合规划，将给水管道纳入综合管廊。大管径的输、配水管线入廊，需进行经济技术比较研究。

（2）排水管道：排水管道指汇集和排放污水、废水和雨水的管渠及其附属设施所组成的系统。排水管道入廊应综合分析排水相关规划、高程系统条件、地势坡度、管道过流能力、支线数量、配套设施、施工工法、管道材质、安全性及后续运行维护费用等经济性因素，以及入廊后对现状管线系统的影响等。污水管道入廊，需在廊内配套硫化氢和甲烷气体监测与防护设备。雨水、污水管道的检查及清通设施应满足管道安装、检修、运行和维护的要求。重力流管道同时应考虑外部排水系统水位及冲击负荷变化等对综合管廊内管道运行安全的影响。在舱室与外部管道接口处增设单向阀门或其他防止雨、污水倒灌的相关措施。需考虑雨、污水舱与其他舱室的关系。利用综合管廊结构本体排除雨水时，雨水舱应加强管廊本体防渗漏措施。

（3）电力通信线缆：电力通信线缆包含电力线缆和通信线缆。电力线缆是用于传输和分配电能的电缆。通信管道是利用管道进行通信设备、电缆、通信线、光缆等物理介质的传输、传递或者接收的专业管道。通信线缆是用于传输信息数据电信号或光信号的各种导线的总称，包括通信光缆、通信电缆以及智能弱电系统的信号传输线缆。电力、通信、广播电视管线入廊主要分析电压等级，电力和通信、广播电视管线种类及数量，入廊需求，管线敷设、检修和扩容需求，对城市景观的影响等。

（4）热力管道：热力管道是指用于输送热水、蒸汽或其他热介质的管道。热力管道入廊应综合分析城市集中供热系统现状，包括热水管道、蒸汽管道及凝结水管道的建设及应用情况；热源厂规划、管网规划，尤其是热力主干管线的规划情况。根据供热相关专项规划，供热主干管道有条件的纳入综合管廊，并考虑尽量减少分支口；大管径的供热管道入廊需进行安全性、经济性分析。热力管道入廊应考虑热力管道介质种类（热水、蒸汽）、管径、压力等级、管道数量、管道敷设、检修和扩容、运行安全等需求，以及对城市景观、地下空间、道路交通的影响，综合分析含热力舱的综合管廊建设效能。

（5）天然气管道：天然气管道是指将天然气（包括油田生产的伴生气）从开采地或处理厂输送到城市配气中心或工业企业用户的管道，又称输气管道。天然气管道入廊应综合分析城镇天然气系统现状，具体包括：气源条件、输配系统现状及管道敷设情况，天然气管网规划，特别是城市天然气主干管道规划情况、管道敷设情况及现有天然气管道更新改造规划等。根据天然气专项规划，宜将天然气主干管道纳入综合管廊，并尽量减少分支口；入廊天然气管道设计压力不宜大于 1.6MPa，大于 1.6MPa 的天然气管道入廊需要进行安全论证。天然气管道入廊还应结合入廊天然气管道的管径、压力、数量、舱室内管道布局、检修和扩容、运行维护需求、周边用地条件等因素，提出含天然气管道的舱室以及天然气管道配套设施的有关要求，同时兼顾对城市景观、地下空间、道路交通的影响等，综合分析含天然气管道的舱室的综合管廊建设效能。

（6）其他管线：如再生水管、区域空调管线及气力垃圾输送管道等，主要分析入廊需求、管线规模、运营管理、经济效益等。

各类城市工程管线入廊时序应统筹考虑综合管廊建设区域道路、各类城市工程管线建设规划和新、改、扩建计划，综合管廊周边地块开发情况，以及轨道交通、人民防空及其他重大工程等建设计划，并分析项目同步实施的可行性。

入廊管线的确定应考虑综合管廊建设区域工程管线的现状和规划、周边建（构）筑物及设施的现状和规划、管线相关配套设施用地需求、工程实施征地拆迁及交通组织等因素，结合社会经济发展状况和水文地质等自然条件、管线直径大小及入廊空间需求等，综合分析工程技术、经济及运行安全等因素，并充分论证该类管线入廊的优缺点。老城区应结合老化管线更新改造等工作，确定入廊管线，并解决好综合管廊与现状管线系统衔接问题。

3.附属设施

综合管廊建设规划应根据入廊管线和运维人员工作、安全、应急需求，来明确消防、通风、供电、照明、监控和报警、排水、标识等相关附属设施的配置原则和要求。具体包含以下内容：

（1）安全防灾系统：安全防灾系统包括抗震设防、消防、防洪排涝、安全反恐、人民防空等，应结合自然灾害因素和人为事故因素，分析提出综合管廊抗震、消防、防洪排涝、人民防空等安全防灾的原则、标准和基本措施，并考虑紧急情况下的应急响应措施。抗震方面，应按照抗震设防目标明确结构抗震等级要求。地震时可能发生滑坡、崩塌、地陷、地裂、泥石流的地段及发育断层带上可能发生地表错位的部分，严禁建设综合管廊。消防方面，应明确综合管廊火灾风险防控和消防安全管理的重点措施与要求，预防或降低管道内设备发生火灾或其他衍生灾害的可能性，在管道内设置防火、防爆及防破坏设施。防洪排涝方面，应确定综合管廊的人员出入口、通风口、吊装口等露出地面附属构筑物的防洪排涝标准。人民防空方面，应结合当地实际，对综合管廊兼顾人民防空需求进行规划分析。综合管廊需兼顾人民防空需求的，应明确设防对象、设防等级等技术标准。相关具体设施设备一般包括自动火灾警报设备、瓦斯监测设备、进水警报设备、人员入侵监视设备、CO及 CO_2 浓度监测设备、消防设备、紧急电话及广播设备、紧急避难指示设备、防火门、防火壁等。

（2）通风系统：综合管廊宜采用自然进风和机械排风相结合的通风方式，天然气管道舱和含有污水管道的舱室应采用机械进、排风的通风方式。通风系统不仅可以排出管廊内的有毒有害气体、补充新鲜空气和降温，还能够收纳管线运维及施工过程中人员进出和设备料件的搬运。通风系统开口的设置高度需满足相关设计规范内对于洪水高程的规定，以避免洪水侵入损害管线。

（3）供配电系统：供配电系统为综合管廊消防系统、排水系统、通风系统、照明系统、监控与报警系统等提供电力保障及控制接口，是管廊最主要的附属工程。

（4）照明系统：综合管廊设置在地下，内部无自然采光，所以需要长期稳定合理的正常照明和应急照明系统。综合管廊建筑物内部设置有较多的电气设备，这增加了电气火灾的发生概率。在出现火灾的情况下，需要准确判断相应的火源点以及快速疏散廊内相关人员。通过智能消防应急照明系统的合理应用，能够在整体上提升电气设计水平。

（5）排水系统：在管道内划分排水区段，选择最低点设置集水井，安装潜污泵进行排水。综合管廊排水系统用于排出消防用水、廊内壁面的渗漏水、由通风口及人员进出口进入的雨水，以避免废水对管线造成损害。

（6）监控与报警系统：综合管廊监控与报警系统分为环境与设备监控系统、安全防范系统、通信系统、预警系统、报警系统、地理信息系统、统一管理信息平台。该系统在廊内发生应急事故时，可立即反应并通知管道内作业人员与监控管理中心，再由监控管理中心远程遥控和监控廊内各项设备的运转情形，以实现对廊内环境质量维护和管理的功能。系统一般包括广播系统、紧急电话系统、闭路电视系统、安全门禁系统以及环境监控系统。为使管廊内工作人员迅速明确事故位置，提高运维效率并降低灾害发生几率，通常还设置导引标志、设备标志、管线单位标志以及警示、警告标志。

1.2 城市综合管廊分类

1.2.1 按廊内功能分类

根据综合管廊收容管线的不同，可将其分为干线综合管廊、支线综合管廊、缆线管廊，各类管廊的性质与构造均有所差异。随着我国综合管廊建设的发展，对管廊管线规划布局提出了不同的要求。

2015 年出版的国家标准《城市综合管廊工程技术标准》GB/T 50838 中，定义干线综合管廊为用于容纳城市主干工程管线，采用独立分舱方式建设的综合管廊；支线综合管廊为用于容纳城市配给工程管线，采用单舱或双舱方式建设的综合管廊；缆线管廊为采用浅埋沟道方式建设，设有可开启盖板但其内部空间不能满足人员正常通行要求，用于容纳电力电缆和通信线缆的管廊。不同功能的综合管廊布局位置应该根据道路横断面、地下管线和地下空间利用情况等进行确定。其中，干线综合管廊宜设置在机动车道、道路绿化带下；支线综合管廊宜设置在道路绿化带、人行道或非机动车道下；缆线管廊宜设置在人行道下。

2019 年，为提高城市综合管廊建设规划编制水平，指导各地因地制宜推进综合管廊建设，形成干线、支线、缆线综合管廊建设体系，特地制定《城市地下综合管廊建设规划技术导则》，定义综合管廊体系是建于城市地下用于容纳两类及以上城市工程管线的构筑物及附属设施，是由干线综合管廊、支线综合管廊和缆线综合管廊组成的多级网络衔接的系统。在综合管廊的系统布局中指出：

干线综合管廊宜在规划范围内选取具有较强贯通性和传输性的建设路由布局。如结合轨道交通、主干道路、高压电力廊道、供给主干管线等的新改扩建工程进行布局。一般位于道路机动车道或绿化带下方，主要容纳城市工程主干管线，向支线管廊提供配送服务，不直接服务于两侧地块，一般根据管线种类设置分舱，覆土较深。

支线综合管廊宜在重点片区、城市更新区、商务核心区、地下空间重点开发、交通枢纽、重点片区道路、重大管线位置等区域，选择服务性较强的路由布局，并根据城市用地布局考虑与干线管廊系统的关联性。一般位于道路非机动车道、人行道或绿化带下方，主要容纳城市工程配给管线，包括中压电力管线、通信线缆、配水管线及供热支管等，主要为沿线地块或用户提供供给服务，一般为单舱或双舱断面形式。

缆线管廊一般应结合城市电力、通信线缆的规划建设进行布局。缆线管廊建设适用于以下情况：城市新区及具有架空线入地要求的老城改造区域；城市工业园区、交通枢纽、发电厂、变电站、通信局等电力、通信线缆进出线较多、接线较复杂，但尚未达到支线综合管廊入廊管线规模的区域。一般位于道路的人行道或绿化带下，主要容纳中低压电力、通信、广播电视、照明等管线，主要为沿线地块或用户提供供给服务。可以选用盖板沟槽或组合排管两种断面形式。采用盖板沟槽形式的缆线管廊，断面净高一般在 1.6m 以内，不设置通风、照明等附属设施，不考虑人员在内部通行。安装更换管线时，应将盖板打开，或在操作工井内完成。

综合管廊系统布局应注重不同建设区域综合管廊之间、综合管廊与管网之间的关联性、系统性，应在满足实际规划建设需求和运营管理要求前提下，适度考虑干线、支线和缆线管廊的网络连通，保证综合管廊系统区域完整性。

2023 年，为提高城市地下综合管廊建设规划编制水平，指导各地因地制宜科学有序推进综合管廊建设，逐步形成保障城市高质量发展需求的综合管廊与缆线管沟、直埋管线相结合的城市市政管网建设体系，增强综合管廊建设的经济性、安全性、科学性，住房和城乡建设部修改制定《城市地下综合管廊建设规划技术导则（修订版）》，定义综合管廊包括干线综合管廊和支线综合管廊，将缆线管廊重新定义为缆线管沟，具体定义详情如下：

干线综合管廊：主要用于容纳城市主干工程管线的综合管廊，其主要功能是为城市市政场站输送服务，能满足人员正常通行，附属设施完备。包括两种子类型，一种是只容纳城市主干工程管线的主要干线综合管廊，不直接向用户提供服务；另一种是同时容纳主干工程管线和配给工程管线的干支混合综合管廊，可兼顾向用户提供服务。干线综合管廊宜根据市政管线的主要路线，在规划范围内选取具有较强贯通性和传输性的建设路由布局。如结合轨道交通、主干道路、高压电力廊道、市政供给主干管线等的新、改、扩建工程进行布局。干线综合管廊主要是为城市市政场站输送服务，也可根据建设需求和建设条件，将干线、支线综合管廊结合设置，纳入传输性主干管线和服务地块的配给管线，提高综合管廊效能。

支线综合管廊：用于容纳城市配给工程管线，直接向用户提供服务的综合管廊。包括两种子类型，一种是主要容纳城市配给工程干管线的主要支线综合管廊，满足人员正常通行，附属设施完备；另一种是主要容纳城市配给工程支管线或者为末端用户提供供给服务的小型支线综合管廊，满足人员通行，附属设施简单配置。支线综合管廊宜在城市更新区、商务核心区、地下空间重点开发区、交通枢纽片区等重点片区，以及管线敷设集中的区域布局，选择服务性较强的路由布局，并根据城市用地功能布局考虑与干线综合管廊系统的关联性。

缆线管沟：主要采用浅埋沟道方式建设，用于容纳电力和通信等线缆的非通行管沟，其内部空间不考虑人员正常通行要求。缆线管沟一般应结合城市服务于末端用户的各类配给管线的规划建设进行布局，适用于城市新区市政管网末端区域，及具有架空线入地、老旧管线改造要求的城市更新区域，以及城市各类园区、交通枢纽、居住区等末端配给管线尚未达到支线综合管廊入廊管线规模和等级的区域。

综合管廊建设规范演变及对比见表 1-1。

综合管廊建设规范演变及对比　　　　　　　　　　　表 1-1

规范导则	《城市综合管廊工程技术标准》GB/T 50838—2015	《城市地下综合管廊建设规划技术导则》（2019）	《城市地下综合管廊建设规划技术导则（修订版）》（2023）
综合管廊定义	建于城市地下用于容纳两类及以上城市工程管线的构筑物及附属设施	建于城市地下用于容纳两类及以上城市工程管线的构筑物及附属设施，是由干线综合管廊、支线综合管廊和缆线综合管廊组成的多级网络衔接的系统	建于城市地下用于容纳两类及以上城市工程管线并满足人员运行管理和维护需求，由构筑物及附属设施组成的地下空间体。包括干线综合管廊、支线综合管廊
综合管廊分类	干线综合管廊、支线综合管廊和缆线综合管廊	干线综合管廊、支线综合管廊和缆线综合管廊	干线综合管廊、支线综合管廊
干线综合管廊特征	用于容纳城市主干工程管线，采用独立分舱方式建设的综合管廊	—	主要用于容纳城市主干工程管线的综合管廊，其主要功能是为城市市政场站输送服务，能满足人员正常通行，附属设施完备。包括两种子类型，一种是只容纳城市主干工程管线的主要干线综合管廊，不直接向用户提供服务；另一种是同时容纳主干和配给工程管线的干支混合综合管廊，可兼顾向用户提供服务
支线综合管廊特征	用于容纳城市配给工程管线，采用单舱或双舱方式建设的综合管廊	—	用于容纳城市配给工程管线，直接向用户提供服务的综合管廊。包括两种子类型，一种主要容纳城市配给工程干管线的主要支线综合管廊，满足人员正常通行，附属设施完备；另一种主要容纳城市配给工程支管线或者为末端用户提供供给服务的小型支线综合管廊，满足人员通行，附属设施简单配置

规范导则	《城市综合管廊工程技术标准》GB/T 50838—2015	《城市地下综合管廊建设规划技术导则》（2019）	《城市地下综合管廊建设规划技术导则（修订版）》（2023）
缆线综合管廊特征	采用浅埋沟道方式建设，设有可开启盖板，但其内部空间不能满足人员正常通行要求，用于容纳电力电缆和通信线缆的管廊	—	改为"缆线管沟"，主要采用浅埋沟道方式建设，用于容纳电力和通信等线缆的非通行管沟，其内部空间不考虑人员正常通行要求
布局要求	干线综合管廊：宜设置在机动车道、道路绿化带下	干线综合管廊：宜在规划范围内选取具有较强贯通性和传输性的建设路由布局，如结合轨道交通、主干道路、高压电力廊道、供给主干管线等的新改扩建工程进行布局。 支线综合管廊：宜在重点片区、城市更新区、商务核心区、地下空间重点开发区、交通枢纽、重点片区道路、重大管线位置等区域，选择服务性较强的路由布局，并根据城市用地布局考虑与干线综合管廊系统的关联性。 缆线管廊：一般应结合城市电力、通信线缆的规划建设进行布局。缆线管廊建设适用于以下情况：城市新区及具有架空线入地要求的老城改造区域；城市工业园区、交通枢纽、发电厂、变电站、通信局等电力、通信线缆进出线较多、接线较复杂，但尚未达到支线综合管廊入廊管线规模的区域	干线综合管廊：宜根据市政管线的主要路线，在规划范围内选取具有较强贯通性和传输性的建设路由布局，如结合轨道交通、主干道路、高压电力廊道、市政供给主干管线等的新、改、扩建工程进行布局，干线综合管廊主要是为城市市政场站输送服务，也可根据建设需求和建设条件，将干线、支线综合管廊结合设置，纳入传输性主干管线和服务地块的配给管线，提高综合管廊效能。 支线综合管廊：宜在城市更新区、商务核心区、地下空间重点开发区、交通枢纽片区等重点片区，以及管线敷设集中的区域布局，选择服务性较强的路由布局，并根据城市用地功能布局考虑与干线综合管廊系统的关联性。 缆线管沟：一般应结合城市服务于末端用户的各类配给管线的规划建设进行布局，适用于城市新区市政管网末端区域及具有架空线入地、老旧管线改造要求的城市更新区域，以及城市各类园区、交通枢纽、居住区等末端配给管线尚未达到支线综合管廊入廊管线规模和等级的区域

1.2.2　按断面形式分类

综合管廊主体标准断面可分为矩形、圆形、异形等多种形式。不同断面形式的综合管廊各有特点和适用范围，需根据市政管线种类及数量、地质勘察情况、施工方法、地下空间情况等综合考虑设计。

1. 矩形综合管廊

矩形综合管廊形状简单，空间大，空间利用率高，变化形式多样，可灵活设置舱室，便于多舱管廊实施，是应用范围最广、应用最普遍的综合管廊断面形式，见图1-2。缺点是位于地下空间结构受力不利，大尺寸矩形综合管廊较难应用顶进工法施工，只适用于明挖法施工，

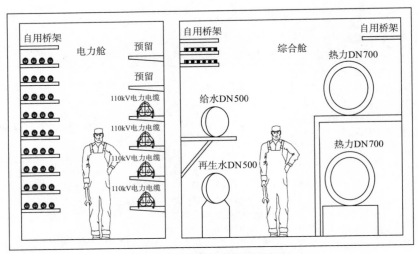

图 1-2　矩形综合管廊舱室示意图

大开槽施工作业面较大，难以应用于城市老旧城区，相对限制了矩形综合管廊的应用。

2. 圆形综合管廊

圆形综合管廊制造工艺成熟，结构受力均匀，节省材料，但在综合管廊的应用中断面空间利用率较低，在布置相同数量规格的管线时，圆形综合管廊断面面积要大于矩形综合管廊，见图 1-3。一般采用盾构法或顶管法施工，应用于难以采用明挖法施工的区域。

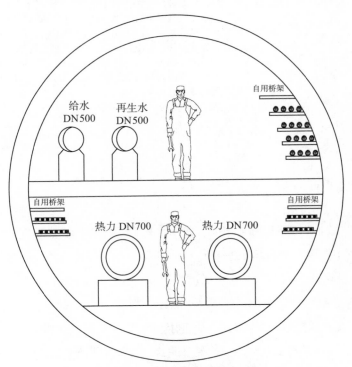

图 1-3　圆形综合管廊舱室示意图

3. 圆弧组合形综合管廊

除常见的矩形和圆形综合管廊，还有半圆形、"马蹄形"、多弧拱形等多种断面形式的综合管廊，一般为矩形综合管廊与圆形综合管廊的结合形式。此类形式管廊一般带有平底形基础底座，顶部均为近似圆弧的拱形（图 1-4），结构受力合理，克服了圆形断面空间利用率低、矩形断面结构受力不利的缺点，可节省较多建设材料。此类管廊截面不规则性增加了受力计算和尺寸设计难度，也对现场施工提出了更高的要求。一般用于单舱或双舱支线综合管廊。

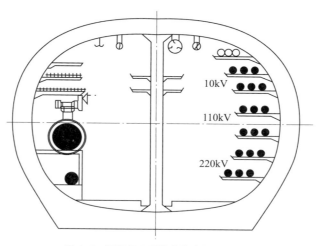

10kV
110kV
220kV

图 1-4　圆弧组合形综合管廊舱室示意图

1.2.3　按主体结构施工分类

综合管廊土建结构包含两种：第一种是采用现场整体浇筑的现浇混凝土综合管廊结构；第二种是在工厂内分节段浇筑成型后，再现场拼装成为整体的预制拼装综合管廊结构。

1. 现浇综合管廊

现浇施工技术指施工过程中挖开地面，坑底清理后进行基坑支护，然后进行管廊本体模板支设和钢筋绑扎，最后进行现浇养护的施工工艺。现浇综合管廊是管廊施工中最常用的施工技术，其成熟度高、灵活性强、成本较低，但施工时间周期长、受天气因素影响大，质量受现场工人技术水平影响大。

2. 预制装配式综合管廊

预制装配式综合管廊是指在工厂预先制成钢筋混凝土管节，运输至施工现场进行吊装、拼接的管廊施工方法。预制装配式综合管廊具有施工工期短、施工质量高、绿色低碳等优势，但直接成本较高。预制装配式综合管廊类型及技术发展见图 1-5。

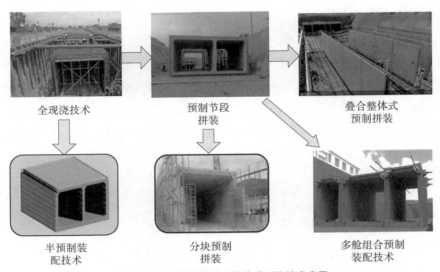

全现浇技术   预制节段   叠合整体式
                         拼装   预制拼装

半预制装   分块预制   多舱组合预制
配技术   拼装   装配技术

图 1-5　预制装配式综合管廊类型及技术发展

　　综合管廊工程的埋深和断面尺寸，处于地铁工程和市政管涵工程之间，总体来讲施工技术难度不高，但由于单个项目的体量越来越大，又有其独特的特点。经过近几年的不断发展，出现了越来越多的创新技术和设备，总体状况为：现浇为主，滑模为辅，预制方兴，设备重用。具体体现在：

　　（1）散支散拼的支架现浇技术仍占主导地位。在综合管廊本体结构施工方面，仍是常规的模板散支散拼的混凝土全现浇施工技术占有主导地位。一方面，这种技术已经非常成熟，技术难度较低；另一方面，该技术综合成本较低具有明显优势。但是，这种全现浇技术存在很多问题，如：混凝土外观质量较难控制；模板、脚手架和人工等资源投入太多。同时，侧墙和顶板一起浇筑后由于顶板拆模时间的问题无法进行快速作业。

　　（2）定型大模板＋组合支架整体滑移技术得到快速发展。由于全现浇施工技术存在质量难控制、资源投入大、施工周期长的缺点，一线作业人员开始研究如何快速低成本、保质保量地完成结构施工，相继研究出多种形式的滑模施工技术，如单舱可移动模板、多舱移动模板台架、多舱模板台车、液压滑模等，并在多个项目的工程实践中取得了良好的效果。

　　（3）不同条件下的预制装配技术大行其道。地上的建筑工业化正如火如荼地开展，地下工程特别是综合管廊的预制装配技术也得到了快速发展。这些技术各有其适用范围和技术特点，各项目应根据自己的实际工程特点和要求合理选用。

　　（4）顶管施工技术、盾构施工技术已开始在繁华城区崭露头角。随着综合管廊的建设规模越来越大，管廊的施工环境也越来越复杂，特别是在繁华城区施工，越来越多地用到了盾构施工技术和顶管施工技术。

（5）新型综合管廊施工机械不断出现。随着综合管廊项目规模的不断扩大，出现了越来越多的新型综合管廊施工机械，例如：代替大型起重机的双向自行走桁架吊装系统，解决预制构件拼装精度问题的预制管廊拼装车，用于明挖的 U 形盾构机，集开挖支护、构件拼装和基坑回填于一体的移动护盾管廊建造机。这些新型施工机械可以在很大程度上减轻工人的劳动强度，并降低施工技术难度。

1.3　城市综合管廊建设发展现状

1.3.1　国外综合管廊起源及发展

在 19 世纪的欧洲就已经出现了在城市中建设地下综合管廊的概念。首先出现在法国巴黎，随后在英国、德国、西班牙、瑞典、芬兰等欧洲国家陆续开始建设，在 20 世纪，城市地下综合管廊的概念传入亚洲。在初始阶段，欧洲国家综合管廊的发展较为缓慢，这是由于管廊建设涉及经济性和安全性问题。综合管廊建设最初是为了方便管线维修，因此最原始的综合管廊是在圆形市政排水管道中增加铺设了自来水管道和通信管道。在考虑综合管廊建设成本和经济效益的情况下，当时只建设了单舱管廊，即多条管线在同一管廊本体内。然而，由于经常出现某条管线故障而影响同舱室内其他管线的事故，导致多条管线同时出现问题。目前，经过将近 200 年的探索与实践，城市综合管廊建设的技术已经完全成熟，并在全球范围内得到了极大发展。

1832 年，法国发生霍乱后发现城市的公共卫生系统建设对于抑制流行病的发生与传播至关重要。因此，1833 年巴黎开始规划下水道系统，并在管道中收容自来水管、电信电缆、压缩空气管及交通信号电缆等 5 种管线。这是历史上最早规划建设的综合管廊。至今，巴黎市区及近郊建设的综合管廊总长度居世界城市首位，已达 2100km。法国已制定了在城市中建设综合管廊的长远规划，为综合管廊在全世界的推广提供了理论和技术支持。

1861 年，英国为满足城市建设的需要开始建设城市综合管廊。初期管廊设计一般采用半圆形截面，收容通信电缆、电力电缆、燃气管道、自来水管道和污水管道等市政管线，并设置直接连接用户的供给管线，方便了当时市政管线的维修，提高了管线抢修效率。至今，伦敦市区已建成的综合管廊超过 22 条。伦敦的综合管廊建设经费完全由政府筹措，综合管廊属伦敦市政府所有，并出租给各类管线运营单位使用。

1893 年，德国汉堡市开始规划建设城市综合管廊，容纳了除下水道之外的热力管、自来水管、电力电缆、通信电缆及燃气管。德国第一条综合管廊出现了各类故障，包括自来水管破裂使综合管廊内积水、热水管的绝缘材料在使用后无法全面更换、沿街建筑物增加配管需求仍经常发生开挖马路的情况、综合管廊断面空间不足导致在管廊附近再增设直埋管线。1964 年前东德的苏尔市及哈利市开始计划大力推进综合管廊建设，到 1970 年共完成建设 15km 综合管廊并投入营运。前东德建设的综合管廊容纳的管线包括雨水管、污水管、饮用水管、热水管、工业用水干管、电力电缆、通信电缆、路灯用电缆及瓦斯管等。

1960 年，美国开始研究建设城市综合管廊，并于 1970 年在怀特·普莱斯恩市开始建设第一条综合管廊。美国纽约市穿越束河的隧道是其最具代表性的综合管廊，收容了自来水管、污水管、电信缆线和 345kV 输配电力缆线，总长度达 1.554km。美国现已逐步形成了比较完善的城市综合管廊系统。

1926 年，日本千代田建设了第一条综合管廊，并定义综合管廊的名字为"共同沟"。日本是第一个在国家层面对综合管廊建设进行立法的国家，颁布了《共同沟法》《关于共同沟建设的特别措施法》《共同沟实施令》和《共同沟法实施细则》。自 1973 年起，横滨、名古屋、仙台等大城市规划建设城市管廊的进程突飞猛进，并且逐渐形成管廊网络。截至 2016年，日本的 80 多座城市共建设了 2057km 的城市综合管廊。目前，日本在综合管廊建设、规划、法规、技术等方面均处于世界领先地位。

除此之外，全球还有很多国家已经建设了城市综合管廊，包括瑞典、挪威、瑞士、波兰、匈牙利、俄罗斯等。

1.3.2　我国综合管廊建设发展

综合管廊工程在我国的规划建设起步相对于国外较晚。我国的第一条管廊于 1958 年在北京天安门广场规划建设，全长 1076m。随着"毛主席纪念堂"的施工，天安门广场又规划建设了一段长度为 500m 的管廊。

1994 年，上海市浦东新区张扬路建设了我国第一条真正意义上的城市综合管廊，全长 11.125km，纳入了燃气、通信、给水和电力 4 种管线。随后，上海市安亭新城镇将综合管廊纳入建设体系，创新发展市政基础设施，规划建设了 6km 的综合管廊系统，收容了通信、电力、天然气、自来水、中水等市政公用管线。2005 年，上海世博会园区建设的综合管廊成为我国第一条通过预制拼装式施工方式建设的综合管廊，收容了 10kV 和 110kV 电力线缆、通信线缆与给水管线。

2003—2005 年，广州大学城综合管廊建成，全长 17.4km，断面 7m×2.8m。

2007 年，武汉建设的中央商务区综合管廊成为华中地区第一条城市综合管廊，全长6.1km。

2009 年，北京投资 8.3 亿元建设了北京第一条真正意义上的城市综合管廊。管廊位于昌平区北七家镇的地下 11m 处，全长 3.9km，收容了电力、热力、通信、给水和再生水管线。

2012 年，南京河西新城筹建"三横一纵"的"丰"字形布局综合管廊系统，全长 8.9km，收容给水、电力、通信等管线。

2013 年，珠海横琴投资 20 亿元建成"日"字形布局的综合管廊系统，全长 33.4km，实现节约土地 40 多万 m²，产生了 80 多亿元的直接经济收益。

2015 年，宁波东部新城区建了"三横三纵"的"田"字形布局综合管廊系统，全长 9.38km，收容了广电、通信、电力、给水、热力等各类管线。

自 2015 年起，我国公布了两批试点城市进行城市综合管廊建设。第一批共计 10 个城市，包括包头、沈阳、哈尔滨、苏州、厦门、十堰、长沙、海口、六盘水、白银；第二批共计 15 个城市，包括郑州、广州、石家庄、四平、青岛、威海、杭州、保山、南宁、银川、平潭、景德镇、成都、合肥、海东。同时，试点外各城市也广泛展开了综合管廊建设，主要包括兰州、大同、西宁、南充、昆明、南阳、宜春、乌鲁木齐、襄阳、咸宁、太原、聊城、东莞、雄安新区等。

我国自 2015 年推行城市综合管廊建设试点开始，目前建设里程超 7000km，建设规模居全球第一。其中，值得关注的是雄安新区的综合管廊建设，采用世界领先的建设材料和施工工艺，打造了一套高标准的综合管廊建设体系，管廊布局呈现"一环七支"形式，全长 14.8km，容纳了热力、天然气、电力、通信、给水、再生水等管线，还开创性设置了物流舱。该综合管廊四通八达，人员不仅可以从检查井进入，还可以开车通过物流舱进入，管廊系统甚至还与各个小区的地下停车场相连通。同时开创性的采用智能管控手段，从规划设计、施工，到后期运维，均包含着大量的智能元素，为我国及全球综合管廊的建设提供了宝贵的新型经验。

基于上述资料，从 1958 年北京市天安门广场下的第一条管廊开始，我国综合管廊的建设经历可划分为以下 5 个发展阶段。

（1）概念阶段（1978 年以前）：国外先进的综合管廊建设经验传入我国，但此时国内城市基础设施建设发展迟缓，建筑设计单位人力、物力资源欠缺，因此只在北京、上海等个别大城市建设了部分试验管廊。

（2）争议阶段（1978—2000 年）：随着改革开放的逐步推进和城市化进程的加快，城市的基础设施建设逐步完善和提高，但由于局部利益和全局利益的冲突，导致管廊建设的推进遇到阻力。不过在此期间，一些发达地区开始尝试建设综合管廊项目，一些项目初具规模且正规运营起来。

（3）快速发展阶段（2000—2010 年）：伴随着城市经济建设的快速发展以及人口的膨

胀，为适应城市发展和建设的需要，结合前一阶段的知识和经验，完成了一大批大、中型城市的管线综合规划设计和建设工作。

（4）赶超和创新阶段（2011—2017年）：在政府的鼓励和社会资本的参与下，我国综合管廊建设开始呈现蓬勃发展的趋势，拉动了国民经济的发展，在建设规模和水平上，已经超越欧美发达国家。

（5）有序推进阶段（2018年至今）：国家要求各个城市根据当地实际情况编制更加合理的综合管廊规划方案，制定了切实可行的建设计划，有序推动综合管廊的建设。

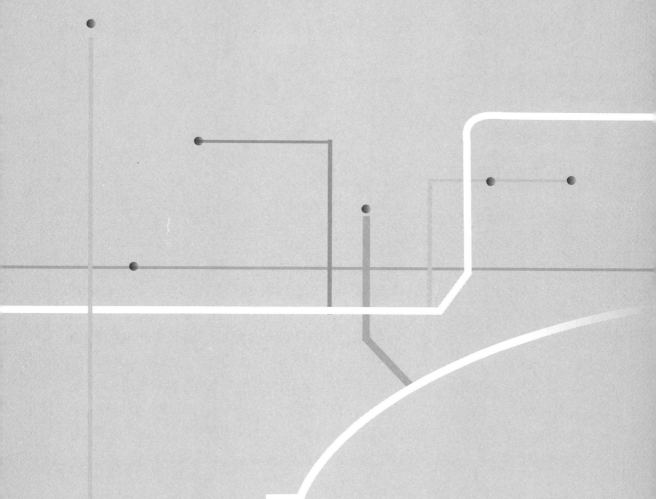

第 2 章

城市综合管廊安全工程概述

城市综合管廊安全工程是指在城市综合管廊运维过程中，实施一系列技术和管理措施以保障管廊系统、管廊本体以及内部管线的安全稳定运行。这些措施旨在防范和应对各种可能出现的风险隐患，最大限度地降低事故发生的可能性，及时有效地处理各类紧急情况，以保障综合管廊安全和廊内管线正常运行。

2.1　城市综合管廊安全工程内涵

城市综合管廊是一个集中了电力、通信、给水、排水、天然气等多种市政基础设施管线的地下空间，它是城市运行的重要基础设施和"生命线"。随着城市化进程的加速，市政管线集中收容于综合管廊内，提高了管线的安全可控程度，但管廊作为受限空间，与直埋管线安全工程具有明显区别。亟须对管廊安全工程开展专门研究，以确保管廊本体以及各类管线的安全稳定运行和可持续发展。

2.1.1　安全工程内涵

安全是人们在生产生活等情景下经常提及的词汇。《汉语大词典》中，安全是："泛指没有危险、不出事故的状态"。《韦氏大词典》中，安全定义为："没有伤害、损伤或危险，不遭受危害或损害的威胁，或免除了危害、伤害或损失的威胁"。人员受到外界因素的危害可分为3类：一是身体受到危害，二是心理受到危害，三是两种危害的同时作用与交互作用。安全定义间接反映了物质损失的危害情况。"外界"系指人－物－环、社会、制度、文化、生物、自然灾害、恐怖活动等各种有形无形的事物，因此新的安全定义可以涵盖大安全范畴，同时也表达了人的安全一定是与外界因素联系在一起的，不能孤立地谈安全。"人的身心免受外界危害"自然包括了职业健康或职业卫生问题，即安全定义也包含职业健康或职业卫生。由此安全定义可看出：安全科学的研究对象是关于保障人的身心免受外界危害的基本规律及其应用。安全的定义指没有危险、不受威胁和不出事故的状态；从风险管理角度，安全是指不可接受的风险得到有效控制。一般认为安全是一种无危险、无威胁、无伤害的状态。

在 2016 年颁布的《企业安全生产标准化基本规范》GB/T 33000—2016 中对安全风险（risk）的定义是：发生危险事件或有害暴露的可能性，与随之引发的人身伤害、健康损害或财产损失的严重性的组合。综上所述，安全不是结果，是一种状态，是一种风险可被接受的状态。

生产实践中，安全工程还包括劳动保护，确保劳动者在生产过程中的生命安全和健康得到保障。安全工程的研究内容多样，基于对伤亡事故发生机理的理解，运用系统工程的原理和方法，在工业的规划、设计、建设、生产直至废除的整个过程中，预测、分析、评价存在的各种不安全因素。同时，根据相关法规，综合运用各种安全技术措施和组织管理措施，消除和控制危险因素，创造安全的生产作业条件。其中，安全技术被视为预防事故的基本措施，包括安全检测技术和安全控制技术，是实现工业安全的技术手段。此外，安全工程研究还延伸至人的行为、安全管理和安全法规等领域。

安全工程涵盖了从风险评估与管理、危险识别与控制、事故调查与分析，到应急准备和响应的制定和实施，以及安全培训与教育等多个方面。所有方面共同构成了一个多层次、多方面的综合体，旨在通过技术和管理措施保障系统的安全运行。遵守安全法规与标准是所有活动的基础，而安全文化的建设则能在组织中支持和鼓励安全的行为和决策。随着信息技术的进步，安全信息系统与技术的应用也日益重要，其能够提高安全管理的效率和效果。持续改进安全性能评估和改进活动，确保安全措施保持在最佳状态。最后，安全人机工程通过理解人的行为如何影响安全，采取措施改善人机系统的设计和操作，以减少人为错误和提高整体安全性。通过全面探讨和应用安全工程的多方面内涵，可以在很大程度上确保系统的安全运行，为社会的持续发展提供支持。这个多层次、多方面的综合体，涵盖了从识别和控制安全风险到培养安全人才等多个方面，展现了安全工程在现代社会中的重要价值和意义。

2.1.2　综合管廊安全特点分析

近年来，湖北十堰"6·13"天然气爆炸事故、河北燕郊"3·13"燃气爆燃事故、宁夏银川"6·21"烧烤店爆炸事故、台湾高雄"8·1"燃气爆炸等城市直埋管线事故高发频发，导致我们不得不对综合管廊的安全更加关注和重视。伴随着大数据、人工智能、云计算、物联网等信息技术的快速变革，聚焦于新兴技术与城市交互视角的新城市科学应运而生，为综合管廊的建设与运维提供了新的发展契机。综合管廊包括但不限于供水、供电、供气、供热、通信、交通、排水、垃圾处理等基础设施和服务。这些系统的稳定运行对于城市的发展和居民的生活质量至关重要，一旦其中任何一个环节出现故障，都可能对城市的正常运行和居民的生活造成严重影响。因此，保障综合管廊的安全、可靠和高效运行是城市规划和管理的重要任务之一。

　　基于公共安全体系框架构建的安全韧性城市，使城市能有效地抵御内外部风险对城市运行的冲击和压力，在遭受重大灾害后仍然维持其基本结构和功能，并能在灾后迅速恢复和调整，实现可持续发展。在此基础上打造的智慧安全韧性城市，具有科学辨识、全面感知和智能应对能力。为更好地统筹城市发展与安全之间的关系，应从科技、管理、文化3方面强化韧性城市建设，打通制约城市公共安全治理体系和治理能力现代化发展的关键节点，保障人民群众的生命财产安全。我国的综合管廊安全工程建设主要是以公共安全科技为核心，以物联网、云计算、大数据等信息技术为支撑，透彻感知城市运行状况，分析生命线工程风险及级联关系，实现对综合管廊安全工程的风险识别、透彻感知、分析研判、辅助决策，确保不断提升城市安全风险监测预警和应急处置能力和水平。

　　随着我国政策城市综合管廊建设的支持和实践探索，我国的综合管廊逐渐呈现出结构复杂、管线系统多元化以及安全要求严格等特点。这些特点不仅体现了城市综合管廊在为城市提供基础设施方面的扮演重要角色，也展示了其在提升城市运营效率和确保安全方面的重要性。特点详述如下：

　　（1）结构复杂

　　综合管廊的复杂结构源于其是为了容纳多种城市工程管线而设计的地下构筑物，比如电力、通信、天然气、供热、给水排水等各种工程管线，这需要在设计和建设时考虑到不同管线之间的协调和管理，以及如何有效地进行维护和检修。同时，综合管廊内还需设置专门的检修口、吊装口和监测系统，为今后新增管线设置预留口。这些因素均增加了综合管廊的结构复杂性。

　　（2）管线系统多元化

　　多元化的管线系统是指综合管廊中集成了多种不同的管线，例如电力、通信、广播电视、给水、排水、热力、天然气等，这使得综合管廊成为集中敷设市政管线的地下构筑物，是集约高效利用城市地下空间的一种有效途径。为了保障不同管线的安全运行，运营管理单位需要制定有针对性的巡查管理方案，在管廊内的重点位置设置相应的温湿度、含氧量及有毒有害气体检测仪表，并针对不同的管线设置相应的检测仪。

　　（3）安全要求严格

　　由于综合管廊的复杂性和多元化，其安全要求也相应地很高。为保证综合管廊的安全运营和减少事故风险，需要在设计、建设和运营过程中遵循严格的安全标准和规定。同时保障结构安全，需要采用特定的硬件和软件组成的自动化监测系统来对综合管廊结构安全进行监测，这包括对综合管廊结构的竖向、倾斜、裂缝、断面收敛等指标变化的量测，以及对综合管廊结构的局部应力指标变化和突发振动指标变化的量测。

综上所述，综合管廊的安全特点反映了其结构和管线系统的复杂性，以及为保障安全所需的高度监测和管理要求。通过合理的设计、建设和管理，以及应用先进的监测和安全技术，可以有效地保障综合管廊的安全运行。

2.1.3   综合管廊安全工程内涵

综合管廊作为一项重要的市政基础设施，是适应我国未来城市规划建设庞大需求的必要举措。综合管廊内容纳了多种保障城市正常生活及运行的市政管线及附属设施，错综复杂的运维系统组成中存在多种安全隐患，如何实现综合管廊的安全运维，是未来推进其长远且稳定发展的首要问题。为进一步加强综合管廊运行安全管理，规范风险防控工作，预防和减少安全事故发生，保障管廊设施运行安全，综合管廊运行安全和风险防控工作应贯穿于其运行全方位、全过程，按照"源头防范、系统治理、综合防控"的原则，坚持边评估、边控制。

综合管廊的安全管理包括几个方面，如出入安全、作业安全、信息安全、环境安全、安全保护和应急管理等。对于管廊本体及附属设施需进行安全保护、巡检、检测与监测、管廊维护等。综合管廊工程的实施单位应建立完善的安全管理体系，以确保人员的安全和管廊设施的正常运作。在我国，综合管廊的安全管理应遵循国家标准《城市综合管廊工程技术标准》GB/T 50838—2015，该标准定义了综合管廊的基本要求和技术规范，以确保管廊的安全运行。具体来说，该标准规定了城市综合管廊项目的基本概念、规划、设计、施工、验收和维护等方面的技术要求，以确保工程质量，同时还要考虑到综合管廊的耐久性和抗震需求。除了基本的建设要求，还需同步配套建设消防、供电、照明、通风、排水和监控等附属设施，以提高管廊智能化监控管理水平，确保管廊的安全运行。

城市综合管廊安全工程的范围主要包括管廊的规划、建设、运营和维护等方面。城市综合管廊安全工程是城市基础设施建设的重要组成部分，对于保障城市安全和推动城市可持续发展具有重要意义：

（1）城市综合管廊安全工程通过及时发现和处理潜在的安全隐患，能有效降低管廊环境发生事故的风险。例如，综合管廊安全隐患点分析显示，给水管道对管廊运行造成的安全隐患主要是管道事故漏水和接口处渗漏，通过设计和安装时的优化，可以降低事故漏水的发生概率。

（2）城市综合管廊安全工程能够通过自动化管理和监测，减少人工干预，从而提高管理效率和质量。并通过定期检查和维护，及时发现和处理问题，可以减少大规模维修和更换的成本。

（3）城市综合管廊安全工程通过加强地下环境安全监测来保障行人的安全，同时提升城市的整体形象。综合管廊作为目前大力倡导发展的重点市政设施项目，其内部的电力系统、给水排水系统、通信系统等与人们的生活息息相关，其安全性与稳定性对城市化建设具有重要的影响。

2.2 城市综合管廊本体安全工程

2.2.1 城市综合管廊本体安全面临的挑战

1. 综合管廊本体结构耐久性下降

综合管廊结构设计使用寿命长达 100 年，廊体内部与周围的土体环境较地上混凝土结构更为复杂。在各类气体、地下水、离子的侵蚀下，综合管廊本体会更容易较早地出现开裂、钢筋锈蚀与渗漏水现象，不仅影响了整体结构安全，更影响了内部水、电、气管线的正常运输功能。

2. 外部施工

综合管廊作为地下工程，一般先于两侧地块开发建成，当两侧地块地下空间及上部交通设施施工时，对综合管廊的稳定会产生影响。多个工程案例表明，临近管廊工程的基坑开挖、堆载施工，会使综合管廊产生不同程度的位移、倾斜，造成管廊本体出现裂缝，影响运行安全。如，深基坑开挖、降水、爆破、桩基施工、地下挖掘、顶进及灌浆等作业活动会对综合管廊周围岩土体、地下水位等产生影响或直接破坏管廊本体结构，进而影响结构安全稳定。

3. 赋存条件复杂

地下工程赋存条件复杂，综合管廊使用中受自然灾害、河道变化、大地沉降等因素影响，引发沉降。

4. 廊内火灾引起综合管廊结构高温

（1）火灾高温对综合管廊结构的危害主要有两个方面：

1）火灾引起结构材料性能下降；

2）高温导致综合管廊结构体系的内力状态发生显著变化，降低结构体系的安全度。管廊内一旦发生火灾，会对管廊结构产生不同程度的损伤，影响管廊结构的力学性能，降低管廊结构的安全性。

（2）综合管廊内的管线包括供热、通信、电力、天然气、给水排水等。其中，供水、供热管线的火灾风险相对较低，天然气管道往往在分隔舱室时会单独设置，其中火灾风险最高的为综合管廊电力舱，其主要表现为电气火灾，其火灾风险包括以下几个方面：

1）空间尺度较大：相较于一般电缆隧道，综合管廊电力舱内部空间高达 3m。

2）可燃物密度相对较高：综合管廊电力舱内敷设各类电压的电缆线，密度相当高，电缆线紧密排列，各排电缆桥架间隔距离狭窄，同时管廊内存在电缆外层的塑料橡胶保护套管，其保护层易于老化，这构成了潜在的火灾隐患。

3）着火因素多：通电的电缆在阴暗潮湿的综合管廊内存放较长时间可能导致线路短路，包括对地短路和相间短路两种情形。前者指通电电缆与大地发生短路，后者则涉及各排电缆间不同相位的电缆发生放电造成短路，最终引发火灾。此外，电缆过载也可能引发火灾，当通电电缆内的电流超出安全负载时会产生大量热量，可能导致绝缘层和周围可燃物燃烧。部分电缆接头可能存在工艺问题，如焊接不牢靠、材料不适合或接触不良等情况，局部热量可能会积聚。夏季雨水量较大的城市，雨水进入管廊可能导致电缆被浸泡，电缆电阻骤降，产生高温，有可能引发火灾。此外，舱室内不仅包含各种电缆线，还可能存在各类电气设备和应急照明等通电设施，也可能引发火灾。此外，管廊虽然配备有通风设备，但通风口间距离一定，且位于地下，四壁无法与外界气体交换，部分路段存在坡度，导致管廊局部空气流动不畅，电缆及设备产生的热量难以及时排出，使舱室内部分区域温度升高，为发生火灾埋下隐患。

4）初期火灾难以察觉：综合管廊空间狭窄，监控存在盲区，火灾发生时可能难以直接观察到。此外，电力舱内多层电缆桥架层层间隔，如果最下层电缆发生阴燃，上方各层电缆可能会掩盖下层电缆的早期燃烧信号，使得顶棚高度处的早期探测器无法检测到火情。此外，管廊内环境闷热、湿度高，通风不畅，存在局部高温，电子设备较多会产生电磁干扰，某些腐蚀性气体会对仪器仪表造成腐蚀。这些原因往往导致许多早期探测器不灵敏或误报，增加了管廊内火灾的早期扑救难度。

2.2.2　城市综合管廊本体安全风险识别与安全管控

综合管廊运行维护及安全管理的目标是确保综合管廊及其内部管线安全运行，管廊本体的安全稳定是实现这一目标的基本保障，因此对管廊本体的维护及管理工作主要包括：①管廊本体的安全保护，针对管廊本体可能受到的内部或外部损伤提出预警及应急措施；②巡检，及时发现管廊本体运行状态异常，如是否出现渗漏、开裂等；③检测和监测，主要对管廊本体结构的位移、沉降及性能数据进行采集处理，判断结构安全状况；④维护保养，对管廊本体的外观、连接、功能等进行保养，并及时修复存在的缺陷。

2.3　城市综合管廊管线安全工程

城市综合管廊管线安全工程覆盖设计、施工、运营和维护等多个环节，以确保管线系统的稳定性和安全运行。该工程涉及预防管线损坏、泄漏和其他可能产生的安全问题。相关的法律法规为确保管线安全提供了标准和指导，包括国家和地方的安全标准和规定，以及相关行业准则。国家发布了《城市工程管线综合规划规范》GB 50289—2016 作为管线设计的国家标准。地方层面，如深圳市和重庆市也分别发布了《深圳市地下综合管廊管理办法（试行）》和《重庆市城市综合管廊管理办法》，以规范综合管廊的规划、建设、运营和维护等。住房和城乡建设部发布了关于加强城市地下市政基础设施建设的指导意见，强调严格依照法律法规及有关规定落实城市地下市政基础设施相关各方责任，推动城市地下市政基础设施管理手段、模式、理念的创新，以提高运行管理效率和事故监测预警能力。

2.3.1　管线事故安全特点分析

1. 管线自身原因导致安全事故

这类安全事故主要包括管道缺陷、管道强度不足、管道接口情况不良、管道变形位移、管道腐蚀、管道老化、施工质量差、管道内压力不均衡、运维管理不到位等方面。其中，事故发生频率较高、危害较大的是管道的腐蚀破坏和运行维护管理不及时、不规范、不到位。

2. 第三方原因导致管线安全事故

这类安全事故主要包括外部施工的破坏、管线占压、偷盗、破坏管线、重型车辆碾压以及相邻管道的不利影响等。其中比较典型的是施工破坏和管线占压。地下管线被占压之后会引起诸多问题：一方面，管线因重压会缩短使用寿命；另一方面，占压管线会导致受损管线得不到及时检修而引发安全事故。

3. 自然环境引发的管线安全事故

这类安全事故主要包括地下空洞、土质疏松区、地面沉降等土壤环境缺陷，植物根系破坏，以及极端天气、冻害等对地下管线运行产生的不利影响，其中比较常见的是地面沉降对地下管线造成的不利影响。

2.3.2　管线存在的管理缺陷

1. 地下管线管理体制协调不足

地下管线种类繁多且分属不同单位，而各管线权属单位又隶属不同的行业管理部门，这些单位和部门对管线管理的各个环节"各自为政"，无法统筹协调，特别是对于多管线集中于单一舱室的情况，某类管线的施工或维修都可能出现挖断、挖漏毗邻管线的情况，从而导致道路重复开挖，管线重复建设。

2. 地下管线运行维护措施不足

当前地下管线的运行维护水平普遍较低，主要表现为日常巡查和检修不到位。由于管线的隐蔽性，管道在长期使用中容易出现淤积、堵塞、腐蚀、渗漏等问题，但由于监测手段不完善和维护措施不到位，许多隐患难以及时发现和排除，导致漏水、漏气等现象频发，造成资源的严重浪费，并带来了较大的安全隐患。此外，现有维护人员的专业素养和技术水平也有待提升，许多从业人员对于专业设备无法做到熟知熟用。

3. 管线施工过程安全管理不足

部分地下管线建设单位安全生产意识淡薄，往往在不查询施工区域地下管线数据资料的情况下"盲目施工"，甚至存在不办理任何建设手续、"私挖乱建"的违法施工行为；施工过程更是无法有效落实施工现场基坑支护、安全围挡、安全警示等安全防护措施，缺乏行之有效的专项施工方案和安全应急预案，同时其雇佣或外包的从业人员可能缺少相关从业资格证，存在无证上岗的情况。

4. 行业管理部门安全监管缺失

部分行业管理部门在地下管线的施工与维护工作中，尚未建立完善的安全监督管理机制，导致监管缺失。例如，在某些地区，地下管线施工项目缺乏统一的审批流程和安全检查制度，施工单位常常自行组织施工，未能有效落实相关安全标准，同时针对管线开挖、敷设和修复等高风险作业，未安排专门的现场安全监督人员，导致安全事故频发。

5. 地下管线数据信息管理滞后

目前，地下管线的相关资料大多以传统的图纸、图表形式保存，依赖人工方式进行管理，许多城市尚未建立全面、统一的地下管线数据库，管线的数据信息化管理严重滞后。这不仅导致管理工作效率低下，还存在定位不准确、更新不及时等问题。例如，在某些城市，地下管线的精确位置和深度缺乏数字化标注，导致后续施工和维护过程中难以精准定位。此外，管线的安全信息也存在不充分、不准确的现象，无法及时反映管线的老化程度、隐患位置等关键信息。

2.3.3　管线全周期安全工程

管线全周期安全工程覆盖了管线的设计与施工、运营维护与监测以及应急响应 3 个主要阶段。每个阶段都有其特定的安全要求和管理措施，以防止和应对可能出现的安全问题，确保综合管廊的管线系统在各个阶段都能得到良好的安全保障，从而保障城市的基础设施安全和社区的安全。

1. 管线设计与施工

管线设计应符合相关的国家和地方标准，确保设计合理、安全。设计阶段需要考虑管线的布局、材料选择、支撑结构、接口连接等，以预防可能出现的安全问题。设计阶段同样需要综合考虑管线的布局、材料选择、支撑结构和接口连接等多方面因素，例如，根据《城市工程管线综合规划规范》GB 50289—2016 的规定，某些特定情况下，工程管线应采用综合管廊集中敷设，如交通运输繁忙或工程管线设施较多的机动车道、城市主干道等。

施工过程中应严格按照设计图纸和相关标准进行，确保施工质量。同时，应采取必要的安全措施，例如安全防护、定期检查、风险评估等，以防止发生施工安全事故。住房和城乡建设部《关于加强城市地下市政基础设施建设的指导意见》提到，各地要根据地下空间实际状况和城市未来发展需要，立足于城市地下市政基础设施高效安全运行和空间集约利用，合理部署各类设施的空间和规模。

不同类型的管线可能需要不同的材料和技术，例如，电力电缆应采用电缆隧道或公用性隧道敷设，以确保其安全和稳定，并采取必要的安全措施，包括安全防护、定期检查和风险评估，以预防可能出现的安全问题和事故。

2. 管线运营维护与监测

综合管廊管线运营维护与监测工作主要集中在保证管线系统的正常运行、及时发现和处理异常情况、定期的检查和维护等方面，以确保管线的安全和稳定运行。

运营维护阶段应确保管线系统的正常运行，及时发现和处理管线运行中的异常情况，例如泄漏、堵塞等，并及时发现和解决管线的潜在问题，包括对管线进行清洁、检修、更换损坏部件等，避免安全事故的发生，确保管线的安全和稳定运行。在运营维护方面，需要严格执行行业法律法规、标准规范和相关安全技术规程，建立健全入廊管线日常运行维护和安全管理制度。同时，编制入廊管线年度巡查计划和维修养护计划，并接受综合管廊运营管理单位的统筹协调。定期对管线（包括其专用监控系统）进行检查检测、维修养护，并做好巡查检修记录。此外，还需建立完善的地下管线隐患排查治理制度，对发现的隐患要及时消除，并向综合管廊运营管理单位通报隐患排查治理信息。

根据《城市安全风险综合监测预警平台建设指南（试行）》，城市安全风险综合监测预警平台建设分两阶段建设：第一阶段，初步建成城市安全风险综合监测预警平台；第二阶段，对第一阶段内容进一步拓展，形成覆盖全面、功能完备、业务健全的城市安全风险综合监测预警平台。同时总结好的做法和经验，形成一系列配套制度和标准。

监测设备及系统的部署构成了综合管廊管线运营的重要维度，能够实时捕捉管线的运行状态，包括压力、流量和温度等参数。通过数据的采集和分析，运营和维护人员能够及时识别并处理运营过程中的问题。先进的监测技术，例如多维度数字化监控设备和环境监测技术，可以监测管廊内氧气含量、有害气体浓度（例如甲烷和硫化氢）以及温、湿度变化趋势等。对于管廊内的各类城市工程设备，如水泵、电力、天然气、通信和消防设备，通过 24h 实时数据采集分析和远程调参控制，以及对长期使用的能源数据的积累，能够及时检测设备的老化情况。GIS 的视频监控集成技术可以实现快速定位，第一时间发现问题线缆，并迅速获取该区域的其他情况信息。

此外，一系列先进的技术，如传感器、自动巡检、数据收集和虚拟技术等，也在综合管廊运营管理工作中得到应用。通过云计算和大数据分析等技术，实现了综合管廊运营管理的智慧化，这不仅推动了新兴产业的发展，也在避免道路反复开挖、减少管线事故和降低城市运营成本方面展现了综合经济效益。

对于管线的运营维护监督管理工作，各级政府和相关部门制定了一系列的标准和规范，不同地区可能会根据本地的法律法规和实际情况，制定不同的规范和实施方案，以确保综合管廊和管线的安全运行。例如，在北京，有关部门制定了《城市综合管廊运行维护规范》，明确了综合管廊运营单位和管线单位的责任，以及运行维护的制度和协调机制；在杭州，依据《杭州市地下空间开发利用管理办法》和《杭州市城市地下综合管廊管理办法》，制定了相应的运营维护监督管理实施方案，旨在规范城市综合管廊的运营维护监督管理工作，确保城市地下管线的安全运行，同时提升了城市管理的精细化水平。

入廊管线包括给水管道、再生水管道、排水管道、天然气管道、热力管道、电力电缆、通信线缆和气力垃圾输送管道等。管线单位应对入廊管线、管线附件和配套的监控系统进行检查，对存在的缺陷或隐患及时进行整改。敷设管线或管线维修养护需要施工作业的，应提交实施技术方案及相关工程资料，经综合管廊运营单位同意后实施。管线施工作业可能影响其他管线的，建设单位应组织施工单位会同相关管线单位制定管线安全防护方案，经综合管廊运营单位同意后实施。

3. 管线的应急响应

应急响应方面，应制定应急响应计划，以应对可能出现的紧急情况，例如管线泄漏、火灾等。应急响应计划应包括紧急情况的识别、评估、通知和处理流程，以确保在紧急情况下能够及时、有效地处理问题，保障人员和财产的安全。《国务院办公厅关于推进城市地下综合管廊建设的指导意见》（国办发〔2015〕61 号）明确了综合管廊运营管理单位和入廊管线单位的管理责任，要求各方分工明确，各司其职，相互配合，做好突发事件处置和应急管理等工作。

2.3.4　不同类型管线安全工程内涵

不同类型的管线具有各自独特的运营和维护需求，因此针对不同管线制定的安全措施也各具特色。我们按照电力、通信、供水 / 排水、天然气和热力管线的顺序，逐一分析各类管线的特定安全要求和实施措施。通过全面了解和实施针对不同管线的安全措施，可以更好地保护城市综合管廊的安全，并为城市的持续发展提供坚实的基础设施支持。

1. 电力管线

在综合管廊内部天然气舱进行电缆敷设时，要保证其内部的电气线路符合国家规定，不具有爆破风险。除此之外，在地下管网内部电缆管道穿透防火墙时，需要采取相应规定的方法，对墙壁电缆孔进行封堵，保证墙体防火性能。同时在管道当中每隔 200m，在电缆管道以及耐火等级穿透防火墙时，需要使用消防规定的方法，将该墙壁进行封堵，确保有一定防火性能的电缆的铺设符合建筑设计防火规范当中的规定。

电力管线主要用于高电压和电流的传输，需要具备良好的绝缘和接地设施以保障安全。电力管线易发生电击、火灾、短路和设备损坏等事故。为了保障电力管线的安全，应定期检查电力管线和相关设备的状态，包括绝缘、接地、开关、变压器等，以确保其正常运行并及时发现可能存在的问题，并根据检查结果，对损坏或老化的设备进行维修或更换，以保证电力系统的安全和稳定运行。同时设置断路器和保护装置以防止过载和短路。此外，通过安装监控设备，实时监控电力系统的运行状态，及时发现并处理可能出现的安全问题。《中华人民共和国电力法》和《电力安全事故应急处置和调查处理条例》（国务院令第 599 号）等为电力管线的安全运营提供了法律支持和规范。其安全工程包括以下内容：

（1）电力电缆巡检应符合下列规定：

1）电缆与同舱其他市政管线间距应符合设计要求；

2）电缆本体应无破损，电缆铭牌应完好，相色标志应齐全、清晰；

3）电缆外护套与支架、金属构件处应无磨损、锈蚀、老化、放电现象，衬垫应无脱落；

4）电缆应固定正常，防火涂料、防火带应完好；

5）支吊架、接地扁钢应无锈蚀，电气连接点应无松动、锈蚀；

6）中间接头不应过热、渗胶或漏油，中间接头外观应正常，摆放应合理，两端电缆应平直；

7）接地线应良好，连接处应紧固、可靠，无发热或放电现象；必要时应测量电缆连接处温度和单芯电缆金属保护层接地电流，有较大突变时，应进行接地系统检查，必要时应申请停电检查；

8）电缆出线部位应无渗漏、破损、腐蚀等情况，防火分隔封堵应严密完好；

9）电缆自身附属设备及设施应运行正常。

（2）电缆线路巡检每季度不应少于 1 次，综合管廊路段洪涝或暴雨过后应进行 1 次巡检。

（3）电力电缆应执行状态评价和管理，当综合管廊电力舱室运行环境及电缆设备发生较大变化时，应及时修正状态评价结果和调整状态管理工作。

（4）电力电缆运行维护及安全管理尚应符合现行国家标准《电力安全工作规程　电力线路部分》GB 26859 及现行行业标准《电力电缆线路运行规程》DL/T 1253 和《电力电缆分布式光纤测温系统技术规范》DL/T 1573 的有关规定。

2. 通信线缆

通信线缆主要用于数据和信息的传输，通常为低电压系统，其可能面临数据泄露、信号干扰和设备故障等风险。为了确保通信线缆的安全，应加强数据加密和安全认证以保障数据的安全传输，同时定期检查和维护通信设备以确保其正常运行。在法律法规方面，通信行业有一系列的国家标准和行业规范，如《中华人民共和国电信条例》和相关的数据保护法律，为通信线缆的安全提供了法律依据。其安全工程包括以下内容：

（1）通信线缆巡检应符合下列规定：

线缆的敷设状况应正常，线缆固定设施应无脱落或丢失，线缆应无严重下沉和倾斜、折裂；周围环境对线缆运行应无影响；线缆应无损毁迹象；配属装置应完整有效；线缆的附属设备应牢固，无丢失缺损等情况。

（2）通信线缆及设备巡检每月不应少于 1 次。

（3）应编制通信线缆测修计划，周期性整理、检修通信线缆，根据日常维护及测试结果，进行系统维护或更换。

（4）综合管廊内通信线缆的运行维护及安全管理尚应符合现行行业标准《通信线缆工程设计规范》YD 5102 的有关规定。

3. 供水/排水管线

管道冲洗消毒、水压试验容易造成综合管廊内部积水，可能危害管廊本体安全，造成运营过程中的安全隐患，所以冲洗消毒、水压试验的计划及方案应与综合管廊运营管理单位提前进行沟通及确定，由管线权属单位与运营管理单位双方协同作业，做好排水系统运行准备、有毒有害气体监测等工作，避免发生事故。

综合管廊内管道排气阀排气时，容易造成管廊内部局部压力升高，环境参数中湿度异常，也可能同时排出一定量污水，进而影响监控与报警系统的正常运行，此时配合启动通风系统风机进行区域通风，可最大程度避免误报警，同时也可保持廊内正常的温度、湿度环境。

综合管廊内管道低点排放管排放时，一般是管道检修、抢修或试水打压后，排出的水一般是非正常水质，排水量一般均大于综合管廊配套建设的排水系统排水能力，因此要确定排放的水量在综合管廊能处理的水量范围内，避免管廊内发生水患；还要确定排放的水质符合相关规定，避免水质不合格对管廊本体及入廊管线造成腐蚀等现象；排放的有毒有害气体要及时排出管廊，防止发生安全事故。

供水和排水管线主要负责城市的水供应和污水处理，可能发生管道泄漏、污染和设备故障等事故。为了保障供水及排水管线的安全，应定期进行管线检查和维护，同时设置监测系统以实时监控水质和管线状态。具体的维护工作包括检查和清理管道，以及修复任何可能的泄漏和损坏。《中华人民共和国水污染防治法》和《城市供水排水条例》等为水管线的安全运营提供了法律支持。其安全工程包括以下内容：

（1）排水管道系统应严格密闭，排水管道舱室内未经许可，严禁动用明火。

（2）排水管道巡检应采用综合管廊内部巡检和外部巡检相结合的方式，对排水管道、检查井、雨水口等进行巡视检查。

（3）排水管道的巡检应包括下列内容：

1）管道外部破损、腐蚀、渗漏情况；

2）管道支吊架、支墩腐蚀及破损情况；

3）管道连接井外观、渗漏及淤积情况；

4）管道检查井或检查孔外观变形、破损情况、密闭情况；

5）当采用结构本体排水时，排水舱的气密情况、渗漏情况、腐蚀和淤积情况。

（4）当采用管道排水时，疏通方案应结合管道材质、连接方式、管径等因素综合确定。当具备水力疏通条件时，宜采用水力疏通。

（5）综合管廊内管道检查井或检查孔的开启与关闭应符合下列规定：

1）应使用专用工具；

2）应确认内部水位和压力，采取防污水外溢措施；

3）当开启压力井盖时，应采取相应的防爆措施；

4）综合管廊舱室内通风应良好；

5）作业人员应采取相应的防护措施，并应做好安全监护。

（6）综合管廊舱室内疏通作业和清掏作业应符合现行行业标准《城镇排水管道维护安全技术规程》CJJ 6 中井下作业的有关规定，并应采取通风、检测、防爆等安全保护措施。

（7）综合管廊内淤泥外运应采取密闭措施。

（8）排水管道维修应根据管道基本概况、综合管廊内外环境条件和管道缺陷检测与评估成果，综合确定方案。

（9）排水管道巡检每月不应少于 1 次，检查井内部检查每半年不应少于 1 次。

（10）排水管道汛期前应进行疏通；利用综合管廊结构本体的雨水舱，非雨季清理疏通每年不应少于 2 次。

（11）排水管道井下维护作业应符合现行行业标准《城镇排水管道维护安全技术规程》CJJ 6 中的有关规定，并应履行审批手续。

（12）入廊排水管道或利用综合管廊结构本体排水的雨水舱，其运行维护及安全管理尚应符合现行行业标准《城镇排水管道维护安全技术规程》CJJ 6 和《城镇排水管渠与泵站运行、维护及安全技术规程》CJJ 68 的有关规定。

4. 天然气管线

天然气管线主要用于天然气的输送和分配。易发生的常见事故有天然气泄漏、火灾和爆炸等。为了保障天然气管线的安全，应定期进行泄漏检测和管线维护，同时加强天然气安全知识的宣传和培训。具体的维护工作包括对管道、阀门和接头的检查，以及对泄漏和其他可能的问题的及时处理。《城市天然气管理条例》和《天然气安全监管条例》等为天然气管线的安全运营提供了法律依据。其安全工程包括以下内容：

（1）入廊天然气管道运行压力不应大于管道设计压力。

（2）管道维修或更换后，应对天然气管道系统和天然气管道舱室进行全面检查，并应满足天然气系统运行要求。

（3）天然气管道巡检用设备、防护装备应符合天然气舱室的防爆要求，巡检人员严禁携带烟火和非防爆型无线通信设备入廊，并应穿戴防静电服、防静电鞋等。

（4）天然气管道权属单位应制定综合管廊内人员中毒、窒息，以及泄漏、火灾等天然气生产安全事故应急预案。应急预案的制定及演练应与综合管廊运营管理协同，并应按有关规定进行备案。

（5）应根据天然气管道的压力等级及综合管廊内外环境制定入廊天然气管道巡检计划，巡检周期不宜大于 1 个月。

（6）入廊人员进入天然气舱室前，应进行静电释放，并必须检测舱室内天然气、氧气、一氧化碳、硫化氢等气体浓度，在确认符合安全要求之前不得进入。

（7）天然气管道应按巡检计划定期巡检，运行状况应符合下列规定：

1）管道舱内应无天然气异味，便携式甲烷气体检测报警装置应无报警；

2）管道支架及附件防腐涂层应完好，支架固定应牢靠；

3）管道温度补偿措施、管道穿墙保护功能应正常；

4）管道阀门应无泄漏、无损坏；

5）管道附件及标识应无丢失或损坏；

6）天然气管道接地功能应正常。

（8）当综合管廊内天然气管道和引出支管敷设及连接作业时，应采取安全保护措施。

（9）当天然气管道泄漏时，应立即控制气源，对综合管廊邻近舱室及周边建（构）筑物内部进行天然气浓度检测，并应根据检测结果采取相应措施。

（10）天然气管道穿过舱室外壁处的封堵应严密。

（11）邻近或进出综合管廊的直埋天然气管道泄漏信息应及时传送给综合管廊运营管理

单位，运营管理单位在收到信息后应立即采取相应防范措施或启动应急预案。

（12）应定期检查天然气管道放散系统，阀门开启应正常，管道、管件应通畅且接地可靠、安装牢固。

（13）天然气管道紧急切断阀、远程控制阀应定期进行启闭操作，启闭操作功能应正常。阀门启闭操作前应制定相关应急预案，并应采取保护措施。

（14）天然气管道及附件严禁带气动火作业。

（15）当舱室内天然气浓度超过爆炸下限的20%时，应启动应急预案。

（16）天然气管道的运行维护及安全管理尚应符合现行标准《城镇燃气设施运行、维护和抢修安全技术规程》CJJ 51、《城镇燃气管网泄漏检测技术规程》CJJ/T 215 和《燃气系统运行安全评价标准》GB/T 50811 的有关规定。

5. 热力管线

热力管线主要用于热能的输送，可能发生管道泄漏、人员热烫伤和设备故障等事故。为了保障热力管线的安全，应定期进行管线检查和维护，包括运行前、运行期间和停运后的维护管理，以及系统的防垢与防腐处理。对于室外供热管网，运行调节有质调节、量调节和间歇调节等多种方式。同时设置监测系统以实时监控管线状态和温度。国家标准《供热工程项目规范》GB 55010—2021 为供热工程项目如何安全和有效地运营提供了指导，同时确保了与现行工程建设标准的一致性，为热力管线的安全运营提供了依据和支持。其安全工程包括以下内容：

（1）热力管道运行压力、温度、流量不应大于管道设计压力、温度和流量。

（2）热力管道宜结合综合管廊空间条件采用自然补偿方式进行管道补偿。

（3）应根据管道设计应力计算结果，对转角、弯头、分支等应力集中处的管道、支架或设备进行监测。

（4）热力管道更新改造完毕或停止运行后重新启用时，应对综合管廊内设备、管道、阀门及相关配套附属设施进行检查，确认正常后方可启用。

（5）热力管道定期巡检应符合下列规定：

1）管道应无泄漏；

2）补偿器状态应正常；

3）活动支架应无失稳、垮塌，固定支架应无变形；

4）阀门应无"跑冒滴"现象；

5）疏水器排水应正常；

6）管道保温层外表面温度应无异常；

7）廊内其他管线应无影响热力管线安全运行和操作的因素。

（6）热力管道运行期巡检每月不应少于2次，非运行期巡检每月不应少于1次。输送蒸汽介质的热力管道运行期巡检每周不应少于 1 次，当供热管网新投入使用或运行参数变化较大时，应增加巡检频次。

（7）当管道发生泄漏时，应根据发生泄漏管道的实际情况，确定抢修方案。抢修作业应符合现行行业标准《城镇供热系统抢修技术规程》CJJ 203 的有关规定。蒸汽管道泄漏抢修不宜采用不停热抢修方式。

（8）热力管道的疏水、排气、排水应符合综合管廊运营管理单位的运行管理要求。

（9）热力管道检测与控制装置宜采用可在线检测与控制的产品。

（10）热力管道的运行维护及安全管理尚应符合现行行业标准《城镇供热系统运行维护技术规程》CJJ 88 的有关规定。

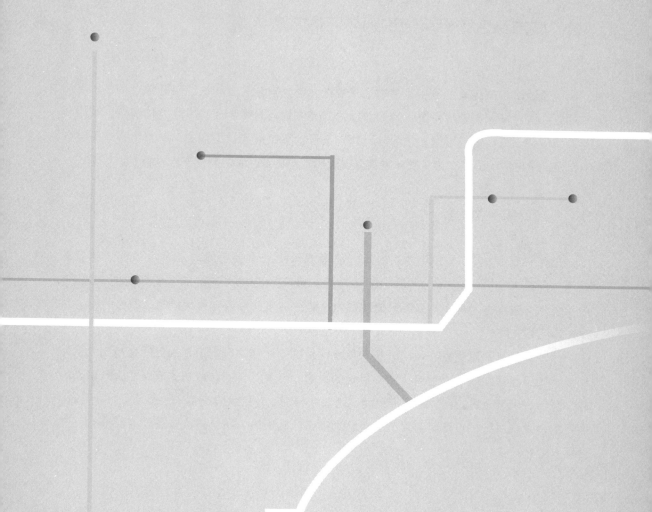

第 3 章

城市综合管廊
风险识别与评估

城市综合管廊集天然气、污水、热力、电力等多种高风险管线于一体，事故防控要求高，需要以风险识别与评估为基础，关口前移，做好安全工程与安全管理工作。通过系统性的风险评估分析，可以全面、科学地了解城市综合管廊的安全风险状况，辨识综合管廊潜在致灾风险和典型事故风险情景，掌握综合管廊事故致灾模式，从而对综合管廊级联事故关键影响因素采取具有针对性的安全措施。《风险管理指南》GB/T 24353—2009 中界定的风险评估过程包含风险识别、风险分析与风险评价 3 个环节。

3.1 城市综合管廊风险识别与评估方法

综合管廊内部风险源集中且事故场景复杂，为其安全管理和快速应急救援带来了巨大的挑战。面对复杂的管廊系统，我们必须对其整体建立一个全面的风险评估模型，利用科学的风险评估方法进行管廊事故风险计算。基于计算结果和模型识别管廊严重事故关键影响因素，通过主动的应对措施来减少甚至规避风险，达到管廊的整体安全性目标。

3.1.1 风险评估概念

风险评估是人们认识风险并进而主动降低风险的重要手段，是风险管理的重要基础，见图 3-1。ISO 31010 指出风险评估是指在吸取利益相关方的知识和看法的条件下，应系统性、迭代性、合作性开展风险评估，风险评估应使用最佳可用信息，在必要时通过深入询问补充信息。

风险评估是风险识别、风险分析和风险评价的全过程。风险识别的目的是找到、认知和描述有可能帮助或妨碍组织达到其目标的风险。相关、合理和最新的信息在风险识别中非常重要。风险分析的目的是理解风险的性质和特征，包括风险级别（如适用）。风险评价的目的是支撑决策，包括对照现有的风险准则来比较风险分析结果，以决定在哪些方面需要采取额外措施。

风险评估一般包括以下两个方面：一是评估风险的概率：通过资料积累和观察，发现造成突发事件的规律性。二是评估风险的强度：假设风险发生，评估其可能导致的直接损失和间接损失。对于容易造成直接损失并且损失规模和程度大的风险应重点防范。

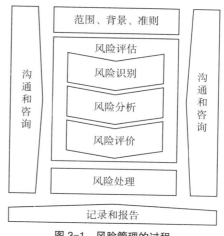

图 3-1　风险管理的过程

风险评估的主要目的之一是描述风险。因此，要理解风险评估意味着什么，就必须知道风险是什么，在 ISO 31000 中将风险定义为不确定性对目标的影响，由风险源、潜在事件、后果和可能性等方面来表述。为方便理解，我们可以考虑一个真实的或虚拟构建的活动，在一段特定的时间内，该活动导致了一些未来的后果（C），而这些后果是未知的，它们是不确定的（U），C 和 U 初步构成了风险（C，U）。风险后果关乎健康、环境、资产等事物，而后果往往是相对于某些参考值而言的，关注的焦点通常是消极的、失败的后果。

因此，可以说风险有两个主要维度即后果和不确定性，通常指定后果和使用不确定性的描述（度量）来获得风险描述。最常见的工具是概率（主观概率或通常也被称为判断概率和基于知识的概率），但也有其他工具存在。后果是指确定一组表征后果 C 的变量 C′，例如死亡人数。C′s 是风险分析的高层可观测量，如利润、产量、产量损失、死亡人数、袭击次数和事故发生次数。这些都是我们在进行安全决策时需要知道的数值，因为这些数值可以直观量化安全决策。在风险评估中，我们可以对这些量进行预测，并对不确定性进行评估。

3.1.2　风险评估技术发展

在风险评估研究的初期阶段，安全检查表法、预先危险性分析、故障类型影响分析、危险性和可操作性研究、因果分析法、风险矩阵法等传统的定性风险评估方法被广泛应用。这些方法一般都是针对某一特定的系统、设备或者工艺流程建立，因此一旦模型确定，就不能随着现场实际对象的转移或者事故现场环境的变化而做出及时的调整。此外，传统的风险评估流程中大部分参数是根据专家经验和历史资料建立的，所以评估结果缺乏客观性和准确性。随着安全生产事故的增加，越来越多的学者开始通过事故角度，即从事故发生的概率出发来追溯导致事故的原因，以达到预防类似事故的目的。具有代表性的集中方法为概率风险评价法（包括事故树、事件树、蝴蝶结图、概率理论分析法、马尔科夫模型分析法等）和危险指数评价法（美国道化学公司法、ICI 蒙德法、肯特法）。这些方法从事故的演化路径入手，利用事故发展各个阶段的概率变化得到最终的风险评估结果。然而，此类方法需要评估人员充分了解评估对象，获得事故发展路径和各个节点的失效概率，才能对整个事故进行定量分析，进而获得准确的风险评估结果。但对于一般的安全事故而言，事故演化路径、发生原因、概率均很难获得，且很多"高风险、低概率"的事件在评估过程中容易被忽略。因此，此类方法的局限性也较为明显。

为了提高方法的适用性和客观性，综合类风险评估方法被普遍采用，以层次分析法、模糊综合评价法、灰色关联度法为主要代表。此类方法依据事故案例、文献资料和专家为评估对象建立的评价指标体系，最终得到评估对象的风险评估结果。这些方法在建模过程中考虑了事故发展过程中一些存在模糊性的问题。对于无法直接获得概率数据的参数，利用专家打分的方式获取，使得评价结果更贴近现实。

静态的风险评估方法模型相对固定，仅可以为固定的对象进行风险评估，一旦需要改变其中一个参数，几乎需要重新建立模型。当面对现场事故风险评估时，无法根据实时的数据进行调整。因此，学者们开始关注动态风险评估方法。动态风险评估方法研究最早结合了人工智能类方法，以神经网络方法为主。此类方法的核心是通过学习大量的历史事故数据（包括事故发生原因、概率、演化路径、灾害后果、后果评估准则等信息），建立一个成熟的风险评估模型。当决策者需要对目标对象的不同事故场景进行风险评估时，只需要输入事故的相关信息，就能快速地对系统整体进行风险评估。这类方法实现了相对动态的评估，但也存在较大的弊端：一方面，评估网络相对固定，如果需要设置新网络，则需要进行重新学习；另一方面，训练网络需要大量的数据，这些数据获取比较困难。同时在学习的过程中，可能会出现网络局部收敛现象，导致评估结果偏差较大。虽然针对数据不足的问题，研究者们引进了蒙特卡罗模拟法，但基于人工智能方法的风险评估本身对于网络系统的设定和学习规则的要求较高，在面对复杂的动态系统时，无法呈现良好的评估效果。随后，基于贝叶斯网络的风险评估方法成为主流，这是一种以贝叶斯公式为基础的概率网络图形化模型。此方法不仅可以直观地展现事故的发展顺序，还可以通过条件概率表将事故或者系统的各个节点连接起来，其中可涵盖系统中的不确定性因素和事故的模糊场景。通过给定贝叶斯网络新的证据进行概率推理，可以实时、动态得到风险评估结果。该方法在各个领域均得到了广泛的应用。随着大数据技术的革新，Villa 等认为现在的工业系统和工程内部均有全面的监控设施。因此，根据系统运行过程中的实时参数变化来修正评估模型，并利用监测数据作为对应模型的输入，将可实现精准的风险评估。

3.1.3　综合管廊风险评估

综合管廊舱内天然气管道与直埋天然气管道相同，输送具有燃爆风险及热膨胀性的天然气，但两者在相关标准规范、管道风险和管道安全防护措施等 3 方面存在较大的差别。

1. 标准规范

综合管廊内天然气管道除了要满足现行国家标准《城镇燃气设计规范（2020 年版）》GB 50028，还要符合现行国家标准《地下综合管廊工程技术规范》GB 50838 中规定的内容：例如管道的阀门、阀件系统的压力等级设计较直埋管道要提高一个等级；天然气管道调压阀应设置在管廊外部，且可以远程控制开关；天然气舱室内部的设备设施需满足防爆要求等。

2. 管道风险

根据数据统计，直埋天然气管道的主要事故为天然气管道泄漏，而造成天然气管道泄漏的主要原因是施工破坏和腐蚀，其中，施工破坏的主要原因是盲目和违章施工；腐蚀的主要原因是管道防腐层脱落、阴极保护失效等。然而对于廊内天然气管道而言，不仅没有直接施工破坏可能性，也不存在周边环境对管道的腐蚀破坏。因此，两类管道的风险存在明显的区别。

3. 管道安全防护措施

传统直埋天然气管线的安全防护设施一般包括防腐涂层、阴极保护以及防雷、防静电措施等。而在综合管廊天然气管线舱内，天然气管道不仅仅配备了以上防护措施，还额外增加了自动灭火装置、天然气泄漏检测装置、通风系统等防护措施，全方位地保障天然气管道的运行安全。

对于天然气管道风险评估研究，专家早期基于打分方法（肯特指数评价法）进行管道运行安全风险评估。因这种方法操作方便且结果较为可靠，所以长期以来一直被广泛使用。然而该方法比较依赖专家的知识和经验，且受专家主观性影响较强，所以比较适用于公司内部的风险评估。随着城市的发展，天然气管道的运行安全问题不仅仅只要求考虑公司内部，且需要考虑周边的建筑安全，甚至是风险规划问题。因此，肯特等基于传统的指数评价方法提出了一种基于管线失效概率的管道评估方法。该方法利用事故树、事件树等手段对管道风险建模。基于管道事故原因发生概率计算管道失效概率，再根据失效概率划分风险区域。此外，有学者也用层次分析法、模糊综合评判等综合性方法对天然气管线进行风险评估。

3.2　城市综合管廊风险识别

3.2.1　风险识别的概念及作用

按照《风险管理 风险评估技术》GB/T 27921—2023 中的定义"风险识别是发现、列举和描述风险要素的过程"。风险识别目的是确定可能影响系统或组织目标得以实现的事件或情况，识别过程的目标对象除了风险要素外，还涉及事故场景的构建，因为场景的确定更具针对性，有助于帮助组织更好地理解潜在的风险，以确保工作场所和活动的安全性。

风险识别作为风险评估流程的基础，可以帮助更好建立风险指标体系，进而实现对于指标所对应风险等级的有效评价。风险识别的作用可以从以下 3 方面体现：

防范潜在安全风险：风险识别的主要目标是尽最大努力阻止潜在的安全隐患发生，从而降低或消除城市综合管廊运营和维护中的潜在安全风险，预防安全事故的发生，保护城市综合管廊运营管理公司的资产、相关人员的人身安全以及城市的安全运行。

减轻经济损失：通过提高综合管廊相关运营管理公司和相关人员对潜在风险的警觉性，加强安全意识，采取相应的安全风险控制措施，可以减少因安全事故而引发的社会影响和经济损失。

创造安全和谐社会环境：通过风险管理运行机制可以为城市的安全可靠运行提供便利条件，最大限度地保障公众的人身和财产安全，为维护社会整体稳定做出贡献。

3.2.2　风险识别的典型方法

1. 安全检查表法

安全检查表法是一种用于识别和减少潜在风险、提高工作场所安全性的工具和方法。通常包括一系列的问题、检查点或步骤，用于评估特定环境或活动的安全性。该方法有助于工作人员更好地了解潜在的危险和风险，从而采取措施来减少事故和伤害的发生。

（1）目的与适用领域

应用安全检查表法的目的是评估特定工作场所、活动或过程的安全性，以识别潜在的风险，并制定改进计划，以减少事故和伤害的发生。

该方法适用于制造业、建筑业、医疗保健、食品服务、交通运输等领域，目前很多企业都在使用安全检查表进行相关检查，其不仅可以单独作为一种方法进行风险识别，还可以作为其他方法进行过程中的重要一环。

（2）具体流程

虽然安全检查表法对于程序的要求并没有某些方法那样严格，但是合适的检查表是决定识别结果的重中之重。检查表大多先确定检查的范围与目的，之后列出需要检查的各个方面（如设备、工作程序、员工行为、应急准备）、标准和步骤，通过对结果的记录、分析，实现对风险的高效识别，见图 3-2。

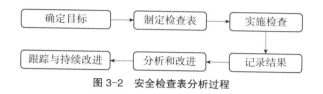

图 3-2　安全检查表分析过程

（3）方法优缺点

安全检查表的优点包括：

1）提供了系统的框架，确保全面检查各个方面的安全性；

2）并非专家才可使用，员工参与度高；

3）可以借鉴之前积累的经验；

4）可以建立详细的文档，用于备案、法律法规和监管要求；

5）确保每次检查以一致方式执行，降低主观因素干扰。

安全检查表的缺点包括：

1）安全检查表通常是一般性的，可能某些特定情况的需求未被充分考虑；

2）一份检查表可能无法考虑到所有可能的风险，某些潜在危险可能被忽略；

3）新技术、新设备所产生的新风险无法及时实现更新。

总而言之，安全检查表法对于绝大多数情况下的风险评估都具有适用性，该方法可以协助工作人员及早发现问题，采取措施来降低风险，确保员工和利益相关者的安全。

2. 事故树分析法（故障树）

事故树分析法主要用于确定和评估引起"顶事件"的因素，在进行顶事件分析的过程中，首先要识别其直接和间接原因，其中可能是硬件故障，也可能是软件故障、人为错误或其他相关因素，因素之间的关系则通过逻辑门展现 [如与门（AND）和或门（OR）]，之后通过逐一分析到不需要进一步分析为止。分析的结果通过树状图形式显示（图 3-3），这种树状图实际上是布尔逻辑方程的视觉表现。

（1）目的与适用领域

事故树分析法的主要目的是通过系统识别和分析可能导致特定系统或设备故障的根本原因，从而评估其可靠性和安全性。这种分析方法能够揭示导致设备故障或操作失误的多个途径，有助于确定那些可能会联合引发故障的条件，特别适用于复杂系统中的风险评估，如航空、核能、汽车制造、石油化工以及医疗设备等行业。通过构建事故树，工程师和安全专家能够将故障路径可视化，从而制定出更为有效的预防措施和应对策略，以减少系统故障，并提高整体的操作安全性。

（2）具体流程

事故树分析法主要分为输入和输出两个关键部分，具体包含以下内容：

1）事故树分析法的输入内容

对系统失败或成功的原因进行分析，同时针对系统不同情况下的表现和行为进行深入分析，此处可借助图表详细呈现分析结果；在进行事故树定量分析时，所有基本事件都涉及相关的故障率数据，或是其故障状态的可能性、故障依赖率及相应的修复/恢复速率等信息；面对复杂的情况，推荐使用专业软件并深入理解概率论和布尔代数。

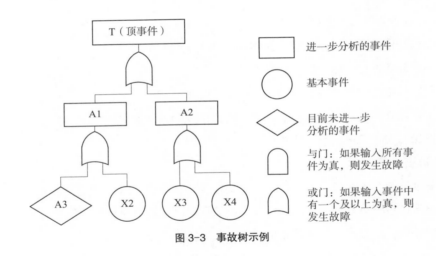

图 3-3 事故树示例

2）事故树分析法的输出内容

顶事件发生的图形表达，揭示了多个事件交互作用的路径；若数据齐全，还会展示包含各个割集发生概率的最小割集列表（单一失败路径）。在进行定量分析时，还会计算出顶级事件的发生概率以及各基本事件的相对重要性。

（3）方法优缺点

事故树分析法的优点包括：

1）方法规范，能够分析包括人际交往和物理现象在内的各种因素；

2）图形表示帮助更容易理解系统行为和相关因素；

3）事故树分析的逻辑分析有助于识别系统中的故障路径，特别是在复杂系统中可能被忽略的顶事件和事件序列；

事故树分析法的缺点包括：

1）在某些情况下，难以确定是否包括了通往顶事件的所有重要路径，如火灾分析中的所有点火源；

2）人因错误虽然可以纳入分析，但其性质和程度可能难以明确定义；

3）事故树主要分析预定事件，对于次要或偶发故障涉及较少；

4）对于大型系统，FTA 可能变得庞大且难以管理。

3. 初步危险分析（PHA）

PHA 是一种相对简单的方法，最早由美国陆军开发（MLT-STD-882E），后成功用于国防工业及化工产业的安全分析中，通常在系统的设计阶段用来进行风险识别。之所以被称为"初步"分析，是因为全面分析的逐步展开会导致它的结果不断进行更新，对于处于生命周期稍后阶段的简单系统来说，PHA 也可以是全面、充分的风险识别。目前以 PHA 为基础衍生出了危险识别（HAZID）与快速风险评级（RRR）。

（1）目的与适用领域

PHA 的目的是在项目、活动或组织前期识别和评估潜在的危险因素，以便后续过程可以采取适当的控制措施来降低风险和防止事故或不良事件的发生。

PHA 通常用于系统设计或项目开始的早期，也可运用于生命周期后期。PHA 可以独立进行风险的识别，也可以作为风险评估的一部分来对后续需要继续研究的事件进行筛选。

（2）具体流程

PHA 可以按照如图 3-4 所示的流程进行操作，其中第四步"分析识别危险源"为本章重点。数据主要来自危险日志、典型危险事件列表及经验数据，同时通过对其发生频率等要素的有效采集并配合专家判断等方法，才可以保证风险识别的正确与合理。

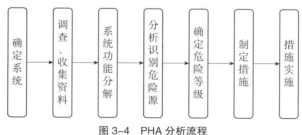

图 3-4　PHA 分析流程

目前研究团队在使用 PHA 进行风险识别的过程中，除了要对事件的类别（随机事件或预谋事件）进行确定外，还要结合以往的事故报告、事故统计以及现有方案对未来会发生什么进行识别，同时针对一些预谋事件，还要对人员的行为及心理进行甄别分析。

（3）方法优缺点

PHA 的优点包括：

1）简单易用，普通员工通过培训也可进行操作；

2）能够进行早期风险识别，在事故发生前采取预防措施，从而降低风险；

3）促进了信息共享和有效的沟通，有助于各利益相关方全面考虑潜在危险；

PHA 的缺点包括：

1）作为初步分析，可能不够深入，容易错过较小或不太明显的危险；

2）通常关注静态的危险因素，可能未考虑随时间变化的风险；

3）通常针对已知危险因素分析，可能无法全面涵盖未知的或突发的危险。

4. 危险与操作性（HAZOP）研究

HAZOP 是"Hazard and Operability Study"的缩写，是一种系统和结构化的技术，用于在各种行业（如化工行业、机械行业）中识别和评估工业系统中的潜在危险和操作问题。该方法依赖于团队协作，采用了结构化的头脑风暴方法，已成为当今在流程工厂设计中进行风险评估的标准方法。此外，HAZOP 方法还可以在系统发生变更时的系统生命周期后期阶段使用。

（1）目的与适用领域

HAZOP 研究的主要目标是通过多学科团队的参与，详细研究系统或过程，以识别可能导致事故、环境损害或其他不良后果的设计或操作偏差。

HAZOP（危险与可操作性研究）作为一种用于评估和管理潜在危险的方法，最早的目标行业是化学工业，目前已经广泛应用于化学工程、石油、制药、食品加工、能源、水处理、矿业、航空航天、交通、医疗等各行业。

（2）具体流程

最常见的 HAZOP 分析在工程阶段的使用大致包括以下 8 个步骤：

1）组建 HAZOP 团队并定义研究范围；

2）选择引导词；

3）识别可能的风险；

4）确定风险原因及后果；

5）识别现有安全屏障；

6）评估风险；

7）提出改进措施；

8）跟踪与监督。

风险识别的研究着眼于流程的 2）至 5）的步骤，目前风险列表的绘制大多基于经验数据与检查表，风险原因及后果大多来自于经验数据与致因分析。当然针对不同行业，该方法的具体流程可能也会发生变化，如英国民航局对 HAZOP 的分析程序与本书所述略有不同。

（3）方法优缺点

HAZOP 分析的优点包括：

1）应用范围广，可以识别现有安全屏障；

2）对于人的错误与技术故障均可实现有效识别；

3）可借助团队所有人的经验进行分析。

HAZOP 分析的缺点包括：

1）对团队知识水平依赖性较强；

2）重点不足，HAZOP 通常关注于特定的风险，可能忽略其他类型风险；

3）复杂系统中 HAZOP 可能导致大量的问题和建议，难以区分重要程度，否则可能导致信息过载和混淆。

5. 故障模式和影响分析（FMEA）

故障模式和影响分析（FMEA）将通过将硬件、系统、过程或程序细分为元素，针对其可能发生故障的方式以及故障的原因和影响进行研究。FMEA 完成后可进行关键性分析，明确每种故障模式的重要性（FMECA）。

对于每个元素，一般记录如下内容：①其所具备功能；②可能发生故障类型；③故障发生后果的性质及影响；④如何检测到这些故障；⑤应对故障现有的方式方法。针对故障模式的重要性，则常用定性、半定量或定量后果 / 可能性矩阵或风险系数（RPN）等来计算严重程度，从而对每个已识别的故障模式进行分类。

（1）目的与适用领域

FMEA 是一种预防性风险评估工具，主要用于识别并优化产品或流程中的潜在故障模式及其原因和影响。该方法广泛应用于制造业、航空航天等领域，目的是提高可靠性、优化设计、降低成本，并提升客户满意度。通过系统地分析潜在故障，FMEA 有助于提前采取措施，避免或减轻故障的发生。

（2）具体流程

最常见的 FMEA 在工程阶段的使用大致可以归纳为以下 7 个步骤：

1）准备阶段（包括团队组建及确定分析的产品、流程）；

2）列出所有可能的故障模式；

3）对于每一个故障模式，识别其潜在的原因；

4）评估每一个故障模式的潜在后果（包括对故障对用户、系统或环境可能造成的影响的考虑）；

5）使用风险优先数（RPN）来评估风险的严重性；

6）针对风险系数高的故障模式，制定和实施降低风险的措施；

7）定期复审 FMEA，以考虑新的故障模式或改变的工作环境，并更新风险评估和措施。

通过以上的系统化流程，FMEA 可以帮助团队预防潜在故障，提高产品或流程的质量和安全性。

（3）方法优缺点

HAZOP 的优点包括：

1）应用范围广（包括系统、硬件、软件和程序的人为和技术模式）；

2）通过在设计过程的早期识别，避免了在使用中进行设备修改的需要；

3）呈现方式易读。

HAZOP 的缺点包括：

1）FMEA 只能用于识别单一故障模式，而不能识别故障模式的组合；

2）需要充分控测和重点关注，否则研究可能既耗时，成本又高；

3）对于复杂多层系统，实施 FMEA 可能困难且繁琐。

6. 鱼骨图分析法

鱼骨图分析法用于深入了解与特定风险或问题相关的潜在原因和因果关系。通过鱼骨图的结构，将问题（通常是风险或问题的性质）放在头部，然后细分为多个分支，这些分支通常分为不同的类别，通过收集数据和信息填充，识别可能的原因、操作程序、技术问题等。

（1）目的与适用领域

鱼骨图分析法旨在解决特定问题，无论是产品质量问题、过程问题、服务问题还是其他类型的问题。通过明确定位问题的根本原因，避免将问题的原因简单地归因于偶发事件或个别责任人，通过相关措施消除或减轻这些原因，从而解决问题。该方法目前在产品质

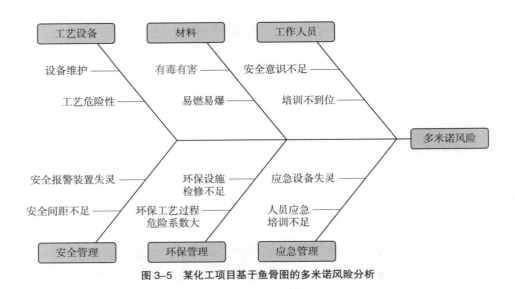

图 3-5 某化工项目基于鱼骨图的多米诺风险分析

量管理、食品安全、医疗保健、工业安全、环境风险、供应链管理、项目管理、信息技术等各个领域均有应用（图 3-5）。

（2）具体流程

鱼骨图分析法的具体流程见图 3-6，风险识别部分主要体现在前三部分，从问题线主轴的左侧开始，绘制多个竖直的骨骼线（有时称为"骨骼类别"），这些骨骼类别代表可能导致问题的不同方面。通常使用一些通用的骨骼类别，如人、流程、设备、材料、方法、环境等。

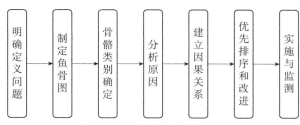

图 3-6　鱼骨图分析法具体流程

（3）方法优缺点

鱼骨图分析法的优点包括：

1）作为一种结构性方法，鱼骨图分析法可用于有序分析问题原因，从问题线到骨骼类别再到具体原因；

2）将问题可视化呈现，使团队更容易理解问题的复杂性，特别是问题与原因之间的因果关系；

3）有助于准确定位问题来源，以便针对性地采取措施；

4）有助于制定改进计划，以不断进行改进与更新。

鱼骨图分析法的缺点包括：

1）主要用于线性问题，对于非线性问题可能不够适用；

2）可能列出过多的潜在原因，导致信息过载和混淆；

3）可能过于简化问题，忽略可能存在的复杂交互效应。

7. 基于能量异常转移方法

基于能量异常转移的方法是一种用于监测系统或设备故障的技术。它通过检测能量传递和转化的异常来识别问题。当系统中的能量流动出现异常时，该方法可以警示操作员，并帮助定位和解决问题，从而减少生产中断和损失，方法适用于工业自动化和设备监测领域，可以帮助早期识别问题，从而提高生产效率和设备可用性，然而此类方法通常需要高级传感器技术和数据分析能力。

（1）目的与适用领域

基于能量异常转移的风险识别方法，主要通过识别可能导致能量异常传递或释放的风险，并采取措施来减少或管理这些风险。其适用场景见表 3-1。

能量异常转移的风险识别方法适用场景 表 3-1

适用行业	具体内容
化工行业	化学工厂、石油化工、制药等领域，因涉及危险材料和化学反应，需要特别注意能量异常的风险
能源行业	发电厂、石油钻探、天然气生产和输送等，能量释放可能导致火灾或爆炸
自动化行业	针对自动化系统和控制系统风险识别，减少电气故障和降低系统失效可能性
核工业领域	由于核能与辐射风险相关，需要特别关注核电站和相关核设施的能量异常
环境领域	识别可能导致环境污染的风险，如化学品泄漏或废物处理
制造业	适用于各种制造过程，帮助提高生产设备的安全性和可靠性
建筑工程领域	用于评估建筑结构和设备的能源异常风险，以确保建筑物的安全性

（2）具体流程

该方法所设计风险识别的内容主要包括能量源识别、能量传递路径识别以及潜在风险点识别（图 3-7），各部分具体的解释如下：

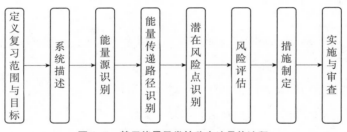

图 3-7 基于能量异常转移方法具体流程

1）能量源识别：确定系统中的潜在能量源，这可能包括化学反应、压力、温度、电气能源等。能量源是可能导致能量异常的来源。

2）能量传递路径识别：确定能量从源头到潜在危险源的传递路径。这可能包括管道、设备、电缆、热传导、液体流动或气体扩散等。

3）潜在风险点识别：在能量传递路径上，识别可能导致异常能量转移的潜在风险点。这些风险点可能包括阀门、泄漏点、设备故障或电气故障等。

（3）方法优缺点

基于能量异常转移方法的优点包括：

　　1）该方法强调深入分析系统中可能存在的能量传递路径和潜在风险点，有助于更全面地识别潜在的风险；

　　2）该方法有助于考虑各种类型的能源（如化学、热、电、机械等）以及它们的可能影响，从而提供了全面性的风险分析；

　　3）该方法通常使用图形和图表，使风险分析更具可视化，有助于团队更好地理解问题和解决方案。

　　基于能量异常转移方法的缺点包括：

　　1）该方法可能不适用于所有类型的系统和风险，尤其是非能量异常相关的风险；

　　2）该方法的深度和全面性可能使在执行时变复杂，需较多时间和资源，特别是对于复杂的系统；

　　3）风险识别和评估过程可能受团队的主观判断和经验的影响。

3.2.3　城市综合管廊通用风险源识别

　　风险源识别作为风险评估的第一步，对风险评估结果的可靠性具有重要意义。因此，风险源的识别必须依据一定原则，本节基于以下原则进行风险识别：

　　科学性：风险源的获取要从客观实际出发，采用科学的手段和方法，要具备科学依据，遵循理论与实际相结合的原则；

　　综合性：风险源的识别要从整体出发，识别出的风险源要能综合反映综合管廊在不同情况下的风险。资料调研要从管廊运行过程中各关键环节出发，实地调研时也要注意多样化的事故情况，力求识别出的风险源能够多角度体现关键风险源。

　　实践性：识别出的指标体系不应过于宏观，应具有实践性和指导意义，能帮助施工单位制定具体的风险应对措施，从而进行有效的风险防控。

1. 识别方法及风险源确定

　　风险源识别的方法很多，如 3.2.2 节所述，各种方法各有其优劣，只有选择合适的方法才能正确、客观、全面地识别风险。目前，城市综合管廊风险研究主要采用直埋地下建筑设施或地下管道的风险分类方法，而并未充分考虑管廊本身的特点。因此，综合考虑城市综合管廊的结构特征、建设位置和周围环境等要素，通过对 3.2.2 节中各种风险识别方法的分析与比较，最终决定通过划分人、物、管、环四大类对管廊风险进行全面识别，并参考突发事件编码规范对风险识别清单进行制定（表 3-2）。

　　在此需要强调，此处统计的大多数风险都是城市综合管廊的通用风险，可能会忽略一些特有风险。随着未来综合管廊风险管理和建设经验的积累，该清单将不断更新。

城市综合管廊风险清单 表 3-2

编号	风险源大类	编号	风险源子类	编号	风险源
10000	人的因素	10100	误操作	10101	焊缝有裂纹
				10102	焊缝未焊透
				10103	焊缝错边严重
				10104	焊缝有气孔、夹渣
				10105	预留管道接头未用盲板焊死
				10106	防变形措施缺陷
				10107	阀门、接口、法兰施工缺陷
				10108	局部刚性处理
				10109	密封胶老化、不到位
				10110	焊接点未采取修复措施
				10111	管线穿越障碍处理不当
				10112	排气阀位置选取不当（天然气管）
				10113	安装时碰撞造成机械损伤
				10199	其他误操作失误
		10200	缺乏安全知识	10201	忽视警示标志
				10202	不使用安全防护用品
				10203	不按操作规程操作
				10204	不使用安全设备
				10205	冒险进入危险场所
				10299	其他行为
		10300	设计缺陷	10301	管径设计不合理
				10302	管线坡度设计不合理
				10303	管压设计不当
				10304	管道支撑装置设计不当
				10305	管道间安全距离设计不当
				10306	管锢设计不合理
				10399	其他设计问题
		19900	其他人的因素	—	—
20000	物的因素	21000	设备、设施、工具附件缺陷	20101	管材选材不当
				20102	阀门、法兰存在缺陷
				20103	排气阀失效
				20104	设备设施强度不够
				20105	刚度不够
				20106	弯头质量未达标
				20107	稳定性差
				20108	密封不良
				20109	应力集中

续表

编号	风险源大类	编号	风险源子类	编号	风险源
20000	物的因素	21000	设备、设施、工具附件缺陷	20110	应力持续存在
				20111	外形缺陷
				20112	管材质量检验不合格
				20113	管线超龄服役
				20114	事故检测设备落后
				20115	维修工具落后
				20116	防护装置设施缺陷
				20199	其他缺陷
		20200	安全设施缺陷	20201	管道支撑不当
				20202	防护距离不够和其他防护缺陷
				20203	防灭火设施和报警设施不健全
				20204	无安全标识
				20299	其他安全设施问题
		20300	腐蚀	20301	防腐层粘结力降低
				20302	防腐层脱落
				20303	管道内含有腐蚀性介质
				20304	防腐层施工质量缺陷
				20399	其他腐蚀事故
		20400	管线淤积堵塞	20401	管线坡度过小造成大量淤积
				20402	施工清理不净
				20403	建筑垃圾及生活垃圾等进入管线
				20404	大量含脂肪、有机物的污水和泥砂沉淀物等进入管线
				20405	绿化中的植被根须伸入管线
				20406	菌类植物在管线内生长
				20407	常年不清理管线
				20408	上下游管线坡度分配不合理
				20409	内管壁结垢
				20499	其他管道淤积、堵塞问题
		20500	报警仪失效	20501	未定期检查
				20502	人为破坏
				20599	其他报警仪事故
		20600	物理爆炸	20601	压力超限
				20602	安全阀弹簧损坏
				20603	安全阀造型不当
				20604	调压器失灵
				20699	其他物理爆炸事故

续表

编号	风险源大类	编号	风险源子类	编号	风险源
2000	物的因素	29900	其他物的因素事故	—	—
30000	管理因素	30100	制度、规程方面	30101	安全管理规章制度不健全
				30102	日常监管巡检不力
				30103	施工检查、现场管理制度不健全
				30104	安全操作规程不健全
				30105	作业组织不合理
				30199	其他制度、规程问题
		30200	组织指挥方面	30201	管理单位与施工单位脱节
				30202	安全管理机构不健全
				30203	安全管理人员不足
				30204	地下管线协调统一机制不健全
				30205	无突发事件应急工作小组
				30206	缺乏应急事故预案
				30207	发现问题迟缓
				30208	处理事故不及时
				30209	指挥者对管线资料了解不全
				30210	缺乏安全教育
				30299	其他组织指挥问题
		30300	安全培训教育方面	30301	缺乏爱岗敬业精神培训
				30302	缺乏安全技能培训
				30399	其他培训教育问题
		30400	操作管理方面	30401	阀门启闭操作不当
				30402	管道压力控制不当
				30403	泵启停不当
				30404	管线老化更换不及时
				30499	其他操作管理问题
		39900	其他管理问题	—	—
40000	环境因素	40100	外部环境	40101	自然灾害（地震、洪涝、泥石流、滑坡塌方、台风等）
				40102	地基下沉（综合管廊整体破坏）
				40103	建筑施压（综合管廊整体破坏）
				40104	交通施压（综合管廊整体破坏）
				40105	土壤腐蚀（综合管廊整体破坏）
				40199	其他外部环境问题
		40200	内部环境	40201	含水量过高
				40202	温湿差变化过大
				40299	其他内部环境问题

续表

编号	风险源大类	编号	风险源子类	编号	风险源
40000	环境因素	40300	第三方破坏	40301	偷盗设备设施
				40302	恐怖袭击
				40303	施工破坏
				40304	违章施工
				40305	管线上方堆叠重物
				40399	其他第三方行为
		49900	其他环境问题	—	—

2. 风险指标含义

第一类人的因素：工作人员的不安全行为、不安全动作，以及违规作业、故意破坏等主观风险，这类风险较静态固定，与直埋或者架空管线的风险类似。

第二类物的因素：这类风险包含的种类较多，有管道本身的风险、综合管廊本体的风险、舱内设备设施的风险以及管廊辅助设施的风险。识别此类分析则需要结合管廊自身特点来考虑。

第三类环境的因素：这类风险将综合管廊整体为研究对象，主要针对突发性自然灾害对管廊的影响。

第四类管理的因素：类似于人的因素，此类风险与直埋和架空管道的风险类似。

3.2.4　事故场景构建的典型方法

事故场景是对可能导致重大事故的原因、条件及其潜在后果的描述。对其的有效识别可以看作从初始事件到某一最终事件的可能路径，是进行定量风险分析的基础和关键，其中针对初始事件的识别见 3.2.2 节。事故场景构建方法有很多，此处针对几种常见的方法进行展示。

1. 事件树分析法

事件树分析法通常分为 7 步（图 3-8）：

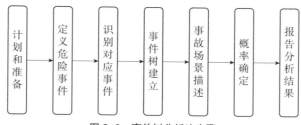

图 3-8　事件树分析法步骤

其中涉及事故场景构建内容的主要为第二步到第五步，通常可能会认为第二步更加偏向于风险识别，但是其实事故场景也可以作为广义风险识别中对于风险场景的识别。

（1）定义危险事件

危险事件的有效识别往往在风险评估早期工作中展开，在确定危险事件后，进一步明确以下几项定义（图3-9）：事件类型、事件发生地点、事件发生时间。

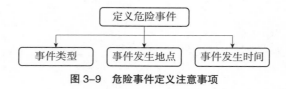

图3-9　危险事件定义注意事项

（2）识别对应事件

事件树的一个重要作用是在不同事故场景下描述危险事件后果的差异，对于后果有着重要影响的各类系统、事件以及用于控制风险的安全屏障的有效识别至关重要。考虑到列表内容的有效性与模型的规模，一般会选择较为重要的因素包含于模型当中，之后对事件与安全屏障等要素进行排序，由于次序繁多，很难找到一个特定顺序作为最佳方案，大多情况要针对具体情况进行具体分析。

（3）事件树模型建立/事故场景描述

事件树模型有效反映出从顶上事件发生伴随时间序列的发展情况（图3-10），任何一个节点，如果有影响存在，事件树就会被分为两个枝干，若没有则继续向下衍伸，不进行分叉。

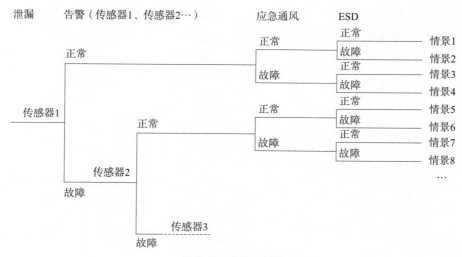

图3-10　事件树模型

当事件树会由于体量太大而无法在一张纸上面完美展示时，会将一部分枝干单独拿出来作为子树进行展示，而符号的转换与对应在此时则至关重要，同时绘制过程中对于那些不合理的路径也应该进行处理。

2. 因果分析法 / 事件次序图

因果分析法与时间次序图均与事件树的分析类似，但所使用的符号及其排布规律略有差异，其中事件次序图更加易于理解，但无法像事件树一样在后期进行数值分析，而因果分析法则是由 Nielsen（1971）在前面二者基础上进行整合的一种方法，并在核电站风险场景分析中取得了很好的成果。

3. 国外主流方法

国外主要通过 3 种方法分析事故场景，即最坏事故场景（Worst Accident Scenarios，简称 WAS）、最大可信事故场景（Maximum Credible Accident Scenarios，简称 MCAS，见图 3-11）以及参考事故场景（Reference Accident Scenarios，简称 RAS）。近年来，部分学者也开始研究动态场景生成技术。其中 MCAS 方法的起源可以追溯到 20 世纪 50 年代，当时在核能和航空领域越来越复杂的系统开始出现，而该方法的使用为两个领域的安全发展起到了至关重要的作用，并且随着其发展，开始出现一些标准和法规，要求在特定领域（如核能、航空）中使用 MCAS 方法进行风险评估，进一步确保了该方法的一致性。1990 年后，该方法在各类工业领域广泛应用，包括石油和天然气行业、化工行业、医疗设备行业、交通运输行业等。

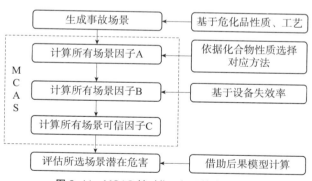

图 3-11　MCAS 针对化工行业的选择过程

4. 风险场景动态识别

动态风险场景指的是通过专家经验结合知识信息不断更新，从而获得更多的事故场景，最后通过对比各个事故场景的灾害后果确定最坏事故场景。与静态方法相比，动态场景生成技术可以考虑时间和安全措施对场景演化的影响，得到的事故场景可信度更高。现代风险场景动态识别方法通常需要跨学科团队的合作，包括工程师、科学家、数据分析师、风险管理专家和监管机构等。这种合作有助于综合不同领域的知识和技术，更好地应对潜在风险。

动态风险场景识别程序如图 3-12 所示：

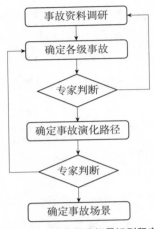

图 3-12　动态风险场景识别程序

3.2.5　城市综合管廊事故典型场景构建

基于目前常用的事故场景识别方法，将城市综合管廊典型事故场景分为两大类：一类是突发性事故场景，以自然灾害、恐怖袭击等为触发条件；另一类则是缓发性事故场景，以泄漏、腐蚀等为触发条件。

1. 突发性事故和灾害场景

对于城市综合管廊而言，突发性事故和灾害主要包括以下几种：自然灾害、恐怖袭击以及地面上的违规作业等情况。

（1）自然灾害事故场景

结合仅有的几起综合管廊事故以及国内外专家学者的研究来看，自然灾害一直都是焦点关注的问题。如图 3-13 所示，突发性的自然灾害，例如地震，首先会对管廊外部的混凝土结构造成一定程度的破坏。随着外界因素的影响，管廊内部污水管道、燃气管道、热力管道、电力电缆等都会受到不同程度的破坏。此外，泄漏的可燃气体和有毒气体不仅会对周围环境造成污染，而且如果遇到火源，还可能引发严重的爆炸，从而导致重大财产损失和人员伤亡。特别是热力管道破裂可能会释放高温高压介质，直接导致严重破坏。

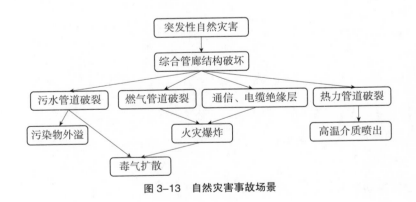

图 3-13　自然灾害事故场景

（2）恐怖袭击事故场景

恐怖袭击因其突发性与破坏性著名，当下针对综合管廊的恐怖袭击手段主要包括物理破坏、化学攻击与网络攻击。如图 3-14 恐怖袭击事故场景所示，物理攻击主要是借助爆炸物、重型工具或其他机械设备直接破坏管廊结构，导致管道破裂或塌陷，由此泄漏的可燃气体和有毒气体不仅会对周围环境造成污染，而且可能由火源引发严重爆炸。化学攻击与网络攻击则是通过投放有毒有害化学物质或劫持控制网络，从而使管廊功能缺失，间接导致物理损坏。

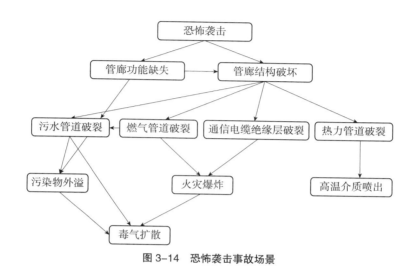

图 3-14　恐怖袭击事故场景

2. 缓发性事故灾害场景

缓发性事故灾害场景主要包含两大类，一类由慢性泄漏导致，另一类则由于管线（主要是电力电缆）的绝缘层老化。下面主要介绍 3 种缓发性灾害事故场景：

（1）天然气泄漏事故场景

考虑到所处位置的人口密度等因素，城市综合管廊对天然气舱的安全防范措施要求十分严格。然而，轻微天然气泄漏极难检测，泄漏原因也不尽相同（管线腐蚀、阀门处密封性不好、管线破损都可能导致泄漏发生）。天然气的不断泄漏与积聚，在充足的点火条件下容易造成火灾或者发生爆炸。因此，天然气舱内部的通风系统对事故的影响较为明显，若通风系统正常工作，则火灾或爆炸事故发生的可能性较低，否则会增加事故风险。同时考虑到火灾及爆炸事故会对管舱的混凝土墙造成破坏，从而进一步导致其他管道破坏（例如破坏污水管道泄漏天然气体，或通信、电缆等燃烧产生有毒有害气体），具体事故场景见图 3-15。

（2）污水管道泄漏事故场景

污水管道的泄漏导致火灾和爆炸事故的发生机制与天然气管道泄漏相同，然而，引发污水管道泄漏的原因不同于天然气管道，且通过污水管道泄漏的可燃气体导致火灾和爆炸事故的概率相对较低。需要注意的是，污水管道泄漏对管舱内环境可能造成不可逆的损害。

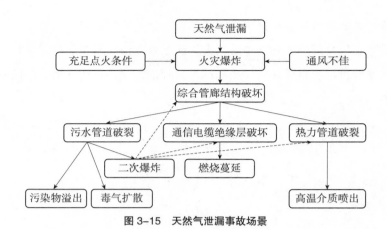

图 3-15　天然气泄漏事故场景

泄漏的污染物不仅具有一定的腐蚀性，而且可能导致管舱内残留大量细菌和病毒等有害物质。对于具有腐蚀性的污染物，可能导致其他管道甚至水泥混凝土墙的慢性腐蚀，进而引发事故，事故场景见图 3-16。

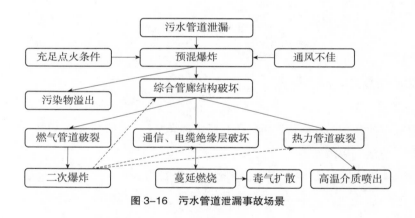

图 3-16　污水管道泄漏事故场景

（3）电力电缆火灾事故场景

电力电缆火灾的主要原因是短路。虽然通常采用难燃材料作为舱内电力电缆的外绝缘层，但由于综合管廊的特殊性，火灾一旦发生则难以扑灭，且容易出现快速蔓延的现象，释放的有毒有害气体量及其毒害性也会远超一般材料。同时，电力电缆长时间的燃烧会破坏综合管廊的正常运行，所产生的热辐射和热传导也会直接引发其他管道的破损，导致次生事故的发生。电力作为城市绝大多数系统运行的主要能源，一旦发生此类事故，将造成严重经济损失与社会影响。详细的事故场景见图 3-17。

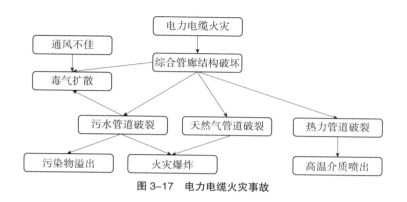

图 3-17　电力电缆火灾事故

3.3　城市综合管廊风险分析

3.3.1　风险分析的概念及作用

风险分析是一个系统性的过程，旨在识别、评估和理解可能导致不利结果或损失的不确定性因素。这个过程涉及对风险的特性、可能性、影响和优先级进行详尽的研究和量化。风险分析可以有效帮助政府、企业、组织等合理评估和管理风险，以减少不确定性和预防潜在问题。这有助于管理人员做出明智的决策，保护资产、人员和环境安全，实现组织的战略目标。而要进行有效的风险分析，则离不开合适的风险分析环境，好的风险分析环境所需要求见表 3-3。

风险分析环境所需要求　　　　　　　　　　　　　　　　　表 3-3

要求	具体内容
透明度	风险分析环境应该是透明的，以确保参与者了解分析的目标、方法和数据，透明性有助于建立信任和共识
多学科合作	多学科团队的合作是至关重要的，因为风险通常涵盖多个领域。应确保团队包括不同领域的专家，以提供对风险全面的分析
数据质量	使用准确、完整、可信的数据支持分析。低质量或不可靠的数据可能导致不准确的风险评估
经验与专业知识	处理复杂和不确定的风险情境，应充分利用团队成员的经验和专业知识
适当的方法和工具	适当的风险分析方法和工具可以满足特定的分析需求，而不同的方法则适用于不同的风险情境
适当的颗粒度	风险分析的颗粒度（详细度）应适度，不应过于复杂或过于简单。分析的详细度应与风险的重要性和复杂性相匹配

续表

要求	具体内容
一致性	风险分析环境应一致，以确保标识和排名风险的标准和方法得到遵守
更新与监控	风险分析不是一次性工作，它是一个持续的过程，只有通过不断更新和监控风险，才可以应对新的情况和变化

3.3.2　风险分析的典型方法

在实际应用中，由于具体情况的不同相应产生许多风险分析方法，这些分析方法为风险分析结果的准确性与合理性提供了有力保障。本节围绕 5 种常见的典型风险分析方法进行介绍。

1. 专家评估方法

专家评估方法需要寻求专业领域内专家的意见和经验，以更深入地了解风险的性质。专家的知识可提供有价值的见解，帮助管理部门更好地理解风险。目前主流的专家评估方法见表 3-4。

目前主流的专家评估方法

表 3-4

方法	具体内容
Delphi 法	Delphi 法是一种专家评估方法，通过多轮匿名调查，专家以书面形式提供意见和建议。每一轮调查都包括对前一轮意见的总结和修正，以逐渐形成共识。重复进行这个过程，直到意见达成一致或接近一致
专家访谈	与领域内专家进行面对面或远程访谈，收集他们的知识、见解和经验。详细了解专家的观点和建议，并提出追加问题以获得更多信息
专家小组会议	将多个专家聚集在一起，进行集体讨论和评估风险。专家可以交流意见、互相学习，并共同评估风险。这有助于建立团队共识
问卷调查	设计问卷，将其分发给领域内的专家，收集他们的意见。问卷可以包括定性或定量问题，以便专家提供具体的信息
故事线分析	专家通过构建风险情景和故事线，帮助评估潜在的风险和影响。这有助于将风险形象化，使其更容易被理解和评估

2. 概率分析法

概率分析法是风险分析中常用的方法之一，它用于定量评估风险，特别是与概率和可能性相关的风险。常见的概率分析法主要包括 4 种。

（1）蒙特卡罗模拟

蒙特卡罗模拟是一种用于评估风险的数值方法，该方法基于随机抽样技术。20 世纪 40 年代，科学家冯·诺伊曼、斯塔尼斯拉夫·乌拉姆和尼古拉斯·梅特罗波利斯于洛斯阿拉莫斯国家实验室为曼哈顿计划工作时，发明了该方法（图 3-18）。

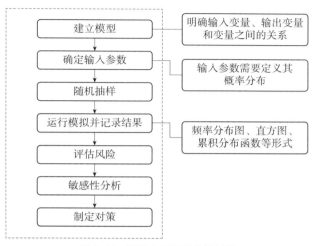

图 3-18　蒙特卡罗模拟具体步骤

　　在蒙特卡罗模拟中，各种可能的输入参数和变量都被赋予不确定性，并进行大量的模拟运算，以评估不同情景下的风险概率分布。这有助于理解潜在风险的范围和概率。

　　（2）事故树分析

　　事故树分析（又称故障树分析），主要从事故树的最小割集以及每个基本事件的结构重要度两方面进行。部分基本事件的组合也可成为顶上事件发生的原因。因此，将其构成的集合称为事故树割集，对于一组最小割集来说，任何一个事件的缺少都将导致顶上事件不会发生。事故树的最小割集可以通过事故树的结构函数与布尔运算法则得出。结构重要度指的是从结构的角度，去探索各个基本事件的重要程度，主要目的是为探究在其他事件状态不变的前提条件下，某一基本事件实现了由故障态向正常态的转化，与之对应的系统正常状态的增量。其近似计算公式为：

$$I_s(i) = \sum_{X_i \in K_j} \frac{1}{2^{n_j - 1}} \tag{3-1}$$

式中，$I_s(i)$——基本事件 i 的结构重要度；

　　　　K_j——第 j 个最小割集；

　　　　n_j——K_j 中的基本事件个数。

　　（3）风险矩阵分析

　　风险概率矩阵是一种矩阵形式，其将不同风险和可能性级别组合在一起。常用的风险概率矩阵分析法（LS）的计算公式为：

$$R = L \times S \tag{3-2}$$

式中　R——风险值，事故发生的可能性与事件后果的严重性结合；

　　　　L——事故发生的可能性；

S——事故后果的严重性。

关于其中 *L* 与 *S* 的判定准则见表 3-5、表 3-6，风险矩阵见表 3-7。

事故发生的可能性（*L*）判定准则 表 3-5

等级	标准
5	在现场没有采取防范、监测、保护、控制措施；或危害的发生不能被发现（没有监测系统）；或在正常情况下经常发生此类事故
4	危害的发生不容易被发现，现场没有检测系统，也未发生过任何监测；或在现场有控制措施，但未有效执行或控制措施不当；或危害发生或预期情况下发生
3	没有保护措施（如没有保护装置、没有个人防护用品等）；或未严格按操作程序执行；或危害的发生容易被发现（现场有监测系统）；或曾经做过监测
2	危害一旦发生能及时发现，并定期进行监测；或现场有防范控制措施，并能有效执行；或过去偶尔发生事故
1	有充分、有效的防范、控制、监测、保护措施；或员工安全卫生意识非常强，严格执行操作规程；极不可能发生事故

事件后果的严重性（*S*）判定准则 表 3-6

等级	法律、法规及其他要求	人员	直接经济损失	停工	企业形象
5	违反法律、法规和标准	死亡	100 万元以上	部分装置（>2 套）或设备停工	重大国际影响
4	潜在违反法规和标准	丧失劳动能力	50 万元以上	2 套装置停工或设备停工	行业内、省内影响
3	不符合上级公司或行业的安全方针、制度、规定等	截肢、骨折、听力丧失、慢性病	1 万元以上	1 套装置停工或设备停工	地区影响
2	不符合企业的安全操作程序、规定	轻微受伤、间歇不舒服	1 万元以下	受影响不大，几乎不停工	公司及周边范围
1	完全符合	无伤亡	无损失	没有停工	没有受损

风险矩阵表 表 3-7

严重性	可能性				
	1	2	3	4	5
5	轻度危险	显著危险	高度危险	极其危险	极其危险
4	轻度危险	轻度危险	显著危险	高度危险	极其危险
3	轻度危险	轻度危险	显著危险	显著危险	高度危险
2	稍有危险	轻度危险	轻度危险	轻度危险	显著危险
1	稍有危险	稍有危险	稍有危险	轻度危险	轻度危险

（4）贝叶斯网络分析法

贝叶斯网络分析法作为一种图模型，描述了变量间的依赖关系，其每个节点都带有一张概率表的有向无环图（图3-19）。相比于事故树分析，贝叶斯网络分析不需要求解割集，通过联合概率分布就能直接算出顶部事件的出现概率。节点、有向边及各节点的概率分布3类元素组成了贝叶斯网络，在因果贝叶斯网络中，

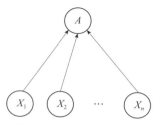

图3-19　贝叶斯网络模型图

节点代表了多种事件，节点间的有向边代表了各个事件的起因，节点上的概率分布则代表了节点间的具体影响关系。由此，用二进制群 $BN=$（G，P）来实现对贝叶斯网络的描述。

贝叶斯网络作为一张无环有向图，包含了系统中一切可能出现的事件，并通过一组有向边来实现事件间逻辑关系的表达，其每个节点的概率分布都由 P 所表示。根节点的概率是其边缘分布，非根节点的可能性由条件分布来决定，这些内容都通过条件概率表（CPT）来统计计算。

针对贝叶斯网络的分析，包含对其先验概率、后验概率的分析，同时还有对贝叶斯网络所进行的敏感性分析。由于系统输出值常因属性的变化而发生变化，因此贝叶斯网络的敏感性分析可以对此实现针对研究和预测，计算出根节点对叶节点的影响程度。在各节点敏感性系数的基础上，该方法可以迅速找到对结果有着较大影响的因素，并对其采取重点监控措施，同时还可以针对敏感性低的因素进行删除处理，以降低系统的复杂性。

3.3.3　城市综合管廊风险定性分析案例

城市综合管廊单一管道事故极易触发其他管道事故，从而导致级联事故的发生，同时由于各管道的安全防护措施以及自身的条件差异，其在遭受破坏过程中的对应阈值也不尽相同。因此通过风险分析有助于更好地理解和管理风险。当前综合管廊可以高效利用的数据并不多，同时专家评价方法也由于评估人员的主观性容易导致结果的较大偏差。因此，本书结合后果影响分析、情景分析等多种方法，同时结合专家评价方法来确定最有可能存在的关系，识别并分析出23个节点（为更好服务于3.3.4节中有关贝叶斯网络的构建，将其在此归纳整理为7个父节点与16个子节点），并在本节对其进行了细致的定性分析说明，同时也为3.3.4节中贝叶斯网络的构建以及定量分析的开展提供了重要理论依据。

1. 父节点（7个）

（1）天然气管道缺陷

此次评估的研究重点是由于天然气管道事故导致的次生灾害事故，因此其他因素导致的天然气管道缺陷暂不进行考虑。节点表示天然气管道缺陷的等级，设置为"裂缝"和"破裂"两个状态，前者表示天然气管道出现裂缝，天然气泄漏速率较低、泄漏量较少等

情况；后者则表示天然气管道破裂，已经无法正常输送天然气，即发生大面积泄漏。

（2）点火源

国家标准《城市地下综合管廊运行维护及安全技术标准》GB 51354—2019 中规定综合管廊内严禁火源，但仍会由于工人违规动火作业、电火花、静电以及人为故意纵火等情况出现明火。

（3）通风

国家标准《城市综合管廊工程技术标准》GB/T 50838—2015 中规定，正常工作条件下，天然气舱的换气频率应高于 $6h^{-1}$，而综合管廊内其他舱室换气频率应不低于 $2h^{-1}$；当发生事故等紧急条件下，所有舱室的换气频率不应小于 $12h^{-1}$。因此通过"好"和"坏"两个节点状态来实现对通风系统工作情况的表示。

（4）防火防爆设施

依照相关国家标准，综合管廊内部均设置自动灭火措施，包括灭火器、防火门、烟雾监测报警装置、排烟系统等一系列防火防爆措施。类似于通风节点的设置情况，防火防爆节点也设置"好"和"坏"两个状态来反映管廊内部防火防爆措施的工作情况。

（5）发生地点

该节点用于评估事故发生位置对事故后果的影响。考虑到当前城市综合管廊的建设情况，为了更有效地发挥管廊的功能并减少建设成本，通常会将管廊往医院、商业中心（包括购物中心、超市、办公场所等）及住宅等人口密集区域靠近。

综合考虑不同事故位置对事故后果的影响后，将该节点设置为 3 个状态，即"医院""住宅"和"商业中心"，为保证节点设置全面性，该项子节点还增加一个"开阔地带"状态作为对比，该状态下周围人口密度较低，城市基础设施覆盖率较小。

（6）事故发生时间

事故发生时间是风险评估的重要考虑节点，因为对于商业中心和住宅等性质不同的建筑而言，不同的时间意味着不同的人口密度，因此不同时间的事故所造成的危害也不尽相同。若事故发生在夜间（即休息时间），住宅的人口密度较高，造成严重事故后果的可能性较大；而商业中心在夜间则人口密度相对较小，因此事故后果可能会大大降低。若事故发生在白天（工作时间），则结果恰恰相反。

（7）应急救援

作为事故发生后的重要保障环节，高效及时的应急救援可以有效减少事故所带来的人员伤亡与财产损失。故此节点设置"好"和"坏"两个状态来反映综合管廊发生事故后应急救援的能力。

2. 子节点（16 个）

（1）天然气泄漏

该节点主要描述的是天然气管道缺陷之后的天然气泄漏量和泄漏速率，设置"轻微"

和"严重"两个状态来区分。

（2）爆炸

在天然气管道爆炸事故中，所产生的冲击波极有可能对综合管廊结构造成破坏，在此将该情况分为 3 种不同的状态："无"表明没有实际的爆炸事件发生；"轻微"状态下爆炸释放的能量可能会导致管廊舱室的墙体产生裂缝；"严重"状态则表示爆炸产生的能量足以摧毁舱室内的混凝土墙体以及其他舱室内的管线。

（3）火灾

结合燃烧条件以及热辐射作用强弱，此处设置 3 种状态："无"表示泄漏的天然气未被点燃，未出现火灾的情况；"轻微"状态表示虽然发生火灾，但是其产生的热辐射能量不足以使综合管廊防火措施失效且传播到其他舱室；"严重"状态则表示管廊本体结构破坏，且相邻舱室管道由于热辐射的作用严重受损。

（4）其他舱室受损

该节点用于表示其他舱室在火灾或爆炸事件中受到损害的严重程度。"无"表示综合管廊本体结构未受到任何损害；"轻微"状态表示经过防火防爆措施的控制，火势被初步遏制，最终演化为天然气泄漏；"中等"状态表示管廊结构内的舱室分隔混凝土墙被破坏，事故可能会在整个管廊内蔓延；"严重"状态表示事故的后果非常严重，可能导致整个管廊结构受损。

（5）热力管道受损

考虑热力管本身的特性，设置 3 种状态：若舱室墙体未受到损伤或仅轻微损伤，则热力管道受损概率几乎为零，此种状态设置为"无"；若墙体中等程度受损，则热力管道可能轻微受损，此种状态设置为"轻微"；若分隔混凝土墙体严重受损，则热力管道严重受损，为"严重"状态。

（6）污水管道受损

该节点表示天然气管道破坏舱室分隔墙体而导致污水管道破坏，节点设置与热力管道受损类似，也以"无""轻微""严重"3 种状态进行区分。

（7）电线电缆火灾

该节点类也是由天然气管道破坏导致的次生事故。不同于热力管道和污水管道，电线电缆发生火灾后可能在电缆舱室发生蔓延燃烧，且不易被扑灭。同样，该节点状态也设置为 3 种："无""轻微"和"严重"。

（8）高温高压介质泄漏

高温高压介质指的是热力管线中输高温水和水蒸气。依据现行行业标准《城镇供热管网设计标准》CJJ 34，此节点设定了 3 种状态："无"表示未发生介质外漏；"轻微"状态表示泄漏到管线外的水或蒸汽压力低于 2MPa 或者温度低于 100℃；而"严重"状态则表示管线工作压力超过 2MPa，温度超过 100℃。

（9）二次爆炸

二次爆炸的产生大多由于污水管道泄漏导致的易燃气体累积造成，因此，从污水管道中泄漏出的可燃气体体积的总量对于二次爆炸所产生的能量起着决定性作用。与热力管道节点状态相同，设置为 3 种状态："无""轻微"和"严重"。

（10）毒害气体积聚

天然气、火灾爆炸不充分燃烧产生的气体、污水管道泄漏的气体以及电线电缆蔓延燃烧所产生的气体，均会导致综合管廊内充斥有毒有害气体。本节点借助 H_2S 浓度来量化有毒有害气体的积累程度。"轻微"状态表示气体浓度低于 100ppm，不会造成明显伤害；"中等"状态表示气体浓度为 100~1000ppm，会造成人员中毒；"严重"状态则表示有毒气体浓度大于 1000ppm，会导致死亡。

（11）周边建筑破坏

周边建筑破坏可能是由于天然气管道的一次爆炸，也可能是由一次爆炸和二次爆炸共同作用造成。因此该节点设置两个状态："轻微"状态表示爆炸超压不会严重损坏建筑，仅造成轻微损伤，如窗户破损；"严重"状态表示爆炸能量将对建筑结构造成损坏，甚至导致建筑物倒塌等。

（12）道路破坏

天然气管道的损坏以及随之可能发生的二次爆炸，都可能对综合管廊上方的城市道路造成不同程度的破坏。将此类道路破坏分为两个级别："轻微"破坏意味着城市道路可能会出现裂缝或者表面小范围的损伤，但仍可以通行；而"严重"破坏则表示道路失去了正常的功能，无法通行。

（13）事故升级

该节点主要考虑级联事故的破坏效应，破坏能量的大小则主要取决于 3 个上一级别的二次管道事故的严重程度。"轻微"状态表示 3 个上级节点中没有一个节点的状态是"中等"状态；"严重"状态则表示 3 个上级节点至少有一个节点为"严重"状态；而其余情况则被定义为"中等"状态，以此来实现对于破坏能量的界定。

（14）人口密度

人口密度作为事故后果分析的重要参数，其对评估结果的影响很大，若事故发生在人口密度较大的区域，将会大大增加人员伤亡的概率。该节点下将人口密度划分为 3 个区间："1000 人 /km²""500~1000 人 /km²""低于 500 人 /km²"。

（15）经济损失

通过参考《生产安全事故报告和调查处理条例》，该节点状态划分为 3 个区间："轻微"区间表示损失低于 5000 万元；"中等"区间表示事故造成经济损失位于 5000 万到 1 亿元之间；

"严重"区间则表示经济损失大于 1 亿元。

（16）人员伤亡

参考《生产安全事故报告和调查处理条例》，若事故造成 10 人以下死亡或者 50 人以下严重受伤视为"轻微"状态；导致 10 人以上、30 人以下死亡或者 50 人以上、100 人以下重伤则定义为"中等"状态；而"严重"状态则表示事故后果超过 30 人死亡或者超过 100 人重伤。

3.3.4　城市综合管廊风险定量分析案例

风险定量分析与风险定性分析相比，优势在于它提供了更精确的数字化信息，可量化风险的概率和影响，支持概率分析、数据驱动决策和风险优化。这有助于更准确地理解风险的严重性和频率，特别适用于复杂系统和大型项目。尽管定量分析需要更多资源和时间，但在合适的情况下，它可以提供更高效的风险管理方法。但应根据具体情况选择分析方法，有时需结合两者以确定更全面的风险管理策略。

1. 基于贝叶斯网络的城市综合管廊风险分析

（1）贝叶斯网络模型构建

基于 3.3.3 节中所介绍的各类风险节点，此处运用贝叶斯网络分析法对城市综合管廊的风险进行分析。贝叶斯网络作为一个有向无环图，只能单向传递关系，因此通过构建节点间的条件概率表（表 3-8），实现城市综合管廊风险贝叶斯网络模型的建立（图 3-20）。

父节点先验概率表　　　　　　　　　　　　　　　　表 3-8

节点	状态	概率
天然气管道缺陷	裂缝	0.76
	破裂	0.24
通风系统	好	0.99
	差	0.01
发生地点	商业中心	0.2
	医院	0.1
	住宅	0.2
	开阔地带	0.5
应急救援	好	0.8
	差	0.2
发生时间	工作时间	0.5
	休息时间	0.5

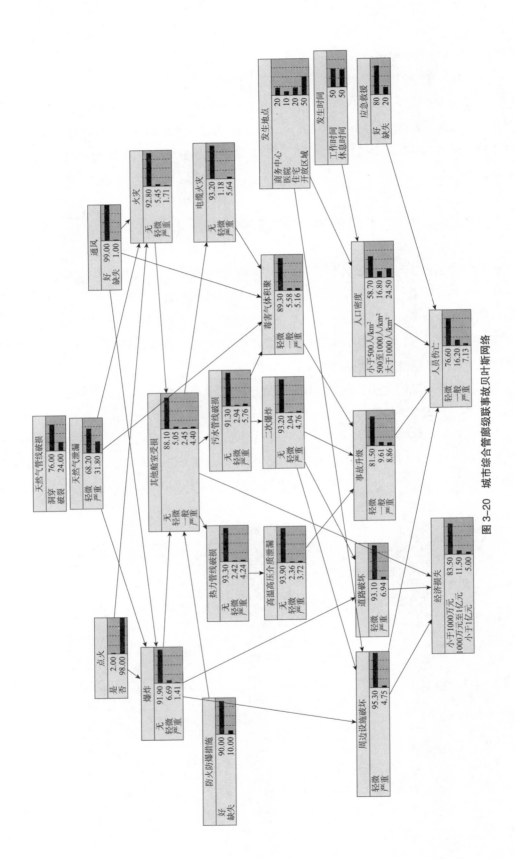

图 3-20　城市综合管廊级联事故贝叶斯网络

（2）风险量化分析方法

风险是事故可能性和严重程度的综合度量。城市综合管廊级联事故的风险分析应考虑各类潜在事故（初始事件和各种可能的次生事件）的综合风险。例如，在最严重事故场景里，由天然气管道火灾爆炸事故将进一步破坏污水、热力和电力电缆等管线，从而引发一系列的二次事故。而根据风险的定义，综合管廊级联事故风险可按照如下的计算公式进行计算：

$$R = P \times S \tag{3-3}$$

式中，R 是该事故的风险值；P 是该事故发生的概率；S 则代表事故后果的严重程度。因此，综合管廊的所有潜在事故的综合风险可以用以下方程表示：

$$R_u = \sum_{i \in \text{（All the events）}} P_i \times S_i \tag{3-4}$$

式中，R_u 表示综合管廊级联事故的综合风险；P_i 代表第"i"个潜在可能事故的发生概率；S_i 表示 i 事故对应的后果严重程度。

最终，综合管廊事故综合风险采用如下模型进行定量计算：

$$R_{S_i} = \left(\sum_j P_{S_{ij}} \times \overline{S_{ij}} \right) \cdot P_{\text{init}} \tag{3-5}$$

式中，R_{S_i} 表示综合管廊事故的综合风险；$\overline{S_{ij}}$、$P_{S_{ij}}$ 代表事故后果中不同严重程度的量化指标和发生概率；P_{init} 代表初始事件的概率。

2. 城市综合管廊算例分析

为更好向读者展示定量分析的过程，选取 3 种综合管廊典型事故场景来进行验证研究，表 3-9 为 3 种典型事故场景下各父节点的状态设置情况。

3 种典型事故场景下父节点状态　　　　　　　　表 3-9

贝叶斯网络节点	场景		
	1	2	3
天然气管道	破裂	破裂	破裂
点火源	有	有	有
通风系统	坏	坏	坏
防火 / 隔爆措施	好	好	—
发生地点	—	商业中心	商业中心
发生时间	工作时间	工作时间	工作时间
应急救援	好	—	好

基于表 3-9 中典型事故场景父节点状态的设置情况以及图 3-19 所展示堵塞贝叶斯网络模型进行推理，得到工作日时间内不同状态下事故后果的"经济损失"和"人员伤亡"的概率分布情况，见图 3-21 与图 3-22。

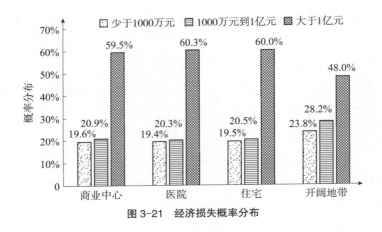

图 3-21　经济损失概率分布

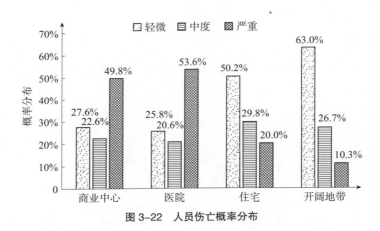

图 3-22　人员伤亡概率分布

通过分析可以发现，一旦发生严重的综合管廊事故，主要以经济损失与人员伤亡为主，而其中发生于开阔地带所造成的危害相比于其他地方更低，其经济损失概率分别为 23.8%、28.2% 与 48.0%，人员伤亡也主要以轻伤为主。

由于是在工作日的白天进行分析，因此发生地点为"住宅"时，所造成人员伤亡明显低于"商业中心与医院"，"严重"状态的占比仅为20%，而同期"商业中心"与"医院"该数据分别达到了惊人的 49.8% 和 53.6%。这主要是由于工作时间两地人口密度较高。夜晚或节假日的概率分布，相信与此处所呈现的结果会有较大区别。

3.4　城市综合管廊风险评价

基于风险分析所得结果，还需进一步结合有效的风险评价方法，为管理人员提供量化的风险信息。风险评价包括将风险分析的结果与预先设定的风险准则相比较，或者在各种风险的分析结果之间进行比较，确定风险的等级。风险评价的目的是支撑决策。

3.4.1　风险评价基本概念

风险评价是利用风险分析过程中所获得的对风险的认识，对未来的行动进行决策。道德、法律、资金以及包括风险偏好在内的其他因素也是决策的参考信息。在明确环境信息时，需要制定的决策的性质以及决策所依据的准则都已确定。但是在风险评价阶段，需要对以上问题进行更深入的分析，毕竟此时对于已识别的具体风险有更为全面的了解。如果该风险是新识别的风险，则应当制定相应的风险准则，以便评价该风险。最简单的风险评价结果仅将风险分为两种：需要处理的与无需处理的。这样的处理方式无疑简单易行，但是其结果通常难以反映出风险估计时的不确定性因素，而且两类风险界限的准确界定也绝非易事。

常见的方法是将风险划分为 3 个等级段。安全工程领域的"最低合理可行"原则（As Low As Aeasonably Practicable，简称 ALARP）即适用于这种方法。项目风险判据原则依据风险的严重程度将项目可能出现的风险进行分级。项目风险由不可容忍线和可忽略线将其分为风险严重区、ALARP 区和可忽略区。风险严重区和 ALARP 区是项目风险辨识的重点所在，项目风险辨识必须尽可能地找出该区所有的风险。同时该原则也提供了项目风险确定的判据标准，所以项目风险辨识也应该以此为原则。但应该看到，国内尚没有提出符合我国的标准项目风险可接受水平。但作为一种原则，各个项目企业及单位可结合本行业或企业本身的实际情况，制定具体的风险可接受水平。

在对综合管廊进行风险评价后，需要根据评价结果采取对应的安全决策。安全决策是指依据安全标准和要求，运用科学化的理论与分析评价方法收集资料，对生产经营管理等活动中待解决的安全问题进行分析，提出安全措施方案并加以论证，最终确定最优方案并投入到实际实施的过程。安全决策包含多种类型，常见的有工程项目建设安全决策、企业安全管理决策以及预防事故决策等。由于决策目标在性质、层次和要求上的差异，安全决策的最终实施方案也各不相同。安全决策的应用原则，是要做到全面防范与具体处理危险相结合，尊重人、机、环境与技术、教育及管理的协调应用，不仅着眼于危险因素，更要注重安全目标，以确保在安全管理工作中实现安全性与经济性的最佳统一。

3.4.2　风险后果的描述形式

1. 人身伤亡描述

在安全领域，通常使用 FAR、PLL、IR 和 F-N 曲线等术语来描述风险评价的结果。下面我们对这些术语进行解释。

FAR 值定义为每 100 万（10^8）h 暴露的预期寿命损失。当 FAR 概念被引入时，10^8h 相当于 1000 人在工作场所中度过整个生命周期的时间。如今，达到 1 亿 h 的工作时间需要 1400 人。FAR 值往往与各种类别的活动或人员有关。这些与活动或人员相关的 FAR 值通常比平均值更具信息含量。

一年内的预期死亡人数被称为 PLL（潜在寿命损失）。我们假设每年有 n 个人暴露于 t 小时的风险中，PLL 和 FAR 之间的联系可以用式（3-6）来表示：

$$FAR=[PLL/nt] \times 10^8 \tag{3-6}$$

N 个人在一次事故中死亡的平均概率，简称为 AIR（平均个体风险），可以表示为：

$$AIR=PLL/N \tag{3-7}$$

另一种形式的风险描述是与所谓的安全功能相联系的，这类功能的例子有：

（1）防止事故情况升级，使事故即时区域外的人员不受伤害；

（2）维持主要承重结构的承载能力，直至设施撤离；

（3）保护重要的房间，防止意外事故的发生，使其在设施撤离之前仍能正常工作；

（4）保护设施的安全区域，使其保持完好，直到设施被疏散；

（5）在每个发现人员的区域保持至少一条逃生路线，直到设施疏散到安全区域和人员的救援都已经完成。

与安全功能丧失相关的风险由该安全功能受损事件的概率或频率表示。这种形式的风险描述源于对海上设施的分析，在设计阶段尤其重要。

F-N 曲线（频率 - 死亡人数）是描述与生命损失相关的风险的另一种方法，见图 3-23。F-N 曲线显示了至少有 N 人死亡的事故事件的频率，其中 Y 轴通常以对数形式展示。F-N 曲线描述了与大规模事故有关的风险，因此特别适合于描述社会风险。以类似的方式，可以定义人身伤害、毒害物质泄漏、物质物品损失等事故频率。

值得注意的是，频率是单位时间或每次操作

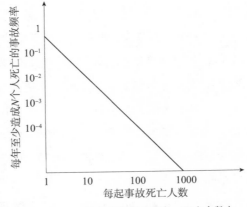

图 3-23　F-N 曲线举例（频率 - 死亡人数）

的平均事件数。通过下面的例子说明频率和概率之间的联系：假设对于某特定的公司，我们计算出导致人员受伤的事故频率为 7 次 / 年，即 7/8760=0.0008 次 /h，我们可以确定这样一类事故在 1h 内发生的概率为 0.0008。这种将频率转换为概率的方法在该值较小时有效，该值的大小取决于所需的精度。此外，还常见到观测（历史）PLL 的（每年死亡人数）值 FAR 的（每 100 万暴露小时的死亡人数）值等。

根据所涉及的行业应用，可以选择不同的参数来表征不同行业或类别事故的严重程度。例如，在车辆运输背景下，我们主要关心的是每公里和每年的（预期）死亡和受伤人数。

2. 经济风险描述

假设一个企业正在考虑进行一项投资，我们用 X 表示该投资在下一年的回报值。由于 X 是未知的，我们将得到对 X 的预测和不确定性评估（使用概率）。通常不使用 X 的整个概率分布来表示，而是使用一个集中趋势的度量，通常是期望，再加上一个变化 / 波动的度量，通常取为分布的方差、标准差或某一分位数，如 90% 分位数 v，其定义为 $P（X \leqslant v）=$ 0.90。

基于这种类型的投资在市场上的平均回报，企业建立了一个期望（预测）。然而，实际的价值可能会表现出与这一价值的显著偏差，而这一偏差正是人们在这一背景下特别关注的。风险和风险分析的重点是与市场平均值相关的不确定性，方差和分位数因此成为风险的重要表达形式。在经济学文献中，"在险价值"（Value-at-Risk，VaR）的概念经常被用于这样的分位数。一个置信度为 90% 的 VaR 等于 90% 分位数 v。

3. 环境风险描述

环境破坏风险指由于突发事件造成的可能的环境破坏及其影响，一般用生态系统从破坏状态恢复到原状态所需时间来计算：

$$1-F_T（x）=P（T>x）=\int_x^\infty f_T（x）\, \mathrm{d}x \tag{3-8}$$

式中，$F_T（x）$——生态系统恢复时间的概率分布函数；

$f_T（x）$——生态系统恢复时间的概率密度函数。

另外一种估算方法将"能量损失"作为计算指标，将人员视为生态系统的组成部分，建立人的生命与能量之间的等价关系，认为突发事件的本质是释放能量，释放的能量导致包括人员在内的生态系统的破坏。该方法的计算方法如下：

$$GPP_{\text{lost}}=EPP+GPP'_T \tag{3-9}$$

式中，GPP_{lost}——以能量为度量的突发事件对生态系统和人的总影响；

EPP——系统释放的能量；

GPP'_T——在 T 时期内，受损伤的生物体恢复所需的能量。

3.4.3　风险可接受标准

ALARP原则，即风险应降低到合理可行的最低水平。这一原则表示，应根据措施的缺点或成本来评估措施的好处。同时，ALARP原则基于"反向责任举证"，即如果无法证明成本／劣势与收益之间严重不成比例，则应该及时实施已经确定好的措施。

针对如何评估成本与收益之间是否成比例，可以利用如下过程：

1. 对各种替代方案的优点和成本进行粗略的分析，包括可行性、经济性、风险、稳定性／弹性、社会责任等相关的属性。此处所开展的分析通常是定性的，其结论总结在一个矩阵中，其表现由一个简单的分类系统显示，如积极、中性、消极。从粗略的分析中，可以筛选消除一些替代方案。当评估一组可能的降低风险的措施时，定性分析可以在大多数情况下为确定实施哪些措施提供充分的理论基础。此外，由于定性分析表明成本比收益更加关键，许多措施可以迅速剔除。如果筛选后成本相较之前降低，则ALARP原则将意味着确定的措施已经得到改进。

2. 其他类型的分析可以用于定量评估，例如，成本和指数，如预期拯救生命数的预期成本，可以计算以提供有关降低风险措施有效性的信息或比较各种替代方案。预期净现值也可以在适当的时候计算。同时应进行敏感性分析，以了解统计寿命和其他关键参数变为不同值的影响。如果降低风险的措施具有正的预期净现值（对于合适的统计寿命值），则应该实施。

3. 对潜在现象和过程中的不确定性进行分析，需要评估分析中的预测值（例如预期成本）偏离实际值的程度，以及评估备选方案的稳健性／弹性，同时还需要考虑是它们应对突发事件的能力。

4. 对可管理性进行分析，需要评估措施在多大程度上能够控制和降低不确定性，从而达到预期的结果。因为有些风险比其他风险更容易管理，并且降低风险的潜能更大。在某些条件下，替代方案可能具有相对较高的计算风险，但管理起来相对更为容易，并且可能产生比预期好得多的结果。

5. 如果遇到用来衡量业绩的标准指数难以描述，如风险感知和声誉等，只要与措施评估有关，就应该对此类指数进行分析。

6. 最终应对分析结果进行全面评估，以总结各种备选方案的利弊，同时也应考虑到分析的约束和局限性。降低风险的措施可能无法通过引用"成本－收益"类型的分析来证明是否合理，但若通过其他方法证明它对增强稳定性、弹性有很大贡献，那么仍然可以推荐实施该措施。

我国目前主要针对危险化学品生产、储存装置制定了个人可接受风险标准和社会可接受风险标准。同时，综合管廊城市燃气、热力、污水、电力、通信、给水排水等城市"生命线"集中在一体以进行统一的规划、建设和管理的地下隧道结构建筑，其复杂结构和多样化的危险物质使得综合管廊在一定程度上也具有化工园区的性质，因此在风险可接受标准上可以相互借鉴。

1. 个人可接受标准

国际上通常采用国家人口分年龄段死亡率最低值乘以一定的风险可允许增加系数，作为个人可接受风险的标准值。荷兰、英国等不同国家（地区）均颁布了个人可接受风险标准（表 3-10）。

不同国家（地区）所制定的个人可接受风险标准　　　　　　　　表 3-10

国家		可接受风险（每年）		
		医院等	居住区	商业区
荷兰	新建装置	1×10^{-6}	1×10^{-6}	1×10^{-6}
	在役装置	1×10^{-5}	1×10^{-5}	1×10^{-5}
英国（新建和在役装置）		3×10^{-7}	1×10^{-6}	1×10^{-5}
新加坡（新建和在役装置）		1×10^{-6}	1×10^{-6}	5×10^{-5}
马来西亚（新建和在役装置）		1×10^{-5}	1×10^{-5}	1×10^{-5}
澳大利亚（新建和在役装置）		5×10^{-7}	1×10^{-6}	5×10^{-5}
加拿大（新建和在役装置）		1×10^{-6}	1×10^{-5}	1×10^{-5}
巴西	新建装置	1×10^{-6}	1×10^{-6}	1×10^{-6}
	在役装置	1×10^{-5}	1×10^{-5}	1×10^{-5}

应急管理部发布的《危险化学品生产、储存装置个人可接受风险标准和社会可接受风险标准》解读中提到，我国与欧美国家相比，可利用土地资源缺乏，人口密度高，危险化学品生产储存装置密集，在确定风险标准时，一方面要考虑提供充分的安全保障，另一方面要考虑稀缺土地资源的有效利用。因此，我国不同防护目标的个人可接受风险标准是由分年龄段死亡率最低值乘以相应的风险控制系数得出的，如表 3-11 所示。

我国个人可接受风险标准值　　　　　　　　表 3-11

防护目标	个人可接受风险标准	
	新建装置（每年）≤	在役装置（每年）≤
低密度人员场所（人数 <30 人）；单个或少量暴露人员	1×10^{-5}	1×10^{-5}
居住类高密度场所（30 人 ≤ 人数 <100 人）；居民区、宾馆、度假村等。 公众聚集类高密度场所（30 人 ≤ 人数 <100 人）；办公场所、商场、饭店、娱乐场所等	3×10^{-4}	1×10^{-5}

防护目标	个人可接受风险标准	
	新建装置（每年）≤	在役装置（每年）≤
高敏感场所：学校、医院、幼儿园、养老院、监狱等。 重要目标：军事禁区、军事管理区、文物保护单位等。 特殊高密度场所（人数 ≥ 100 人）：大型体育场	3×10^{-7}	3×10^{-4}

2. 社会可接受风险标准

《危险化学品生产装置和储存设施风险基准》中将社会可接受风险标准定义为群体（包括周边企业员工和公众）在危险区域承受某种程度伤害的频发程度，通常表示为大于或等于 N 人死亡的事故累计频率（ F ），以累计频率和死亡人数之间关系的曲线图（ $F\text{-}N$ 曲线）来表示，如图 3-24 所示。社会风险曲线中横坐标对应的是死亡人数，纵坐标对应的是所有超过该死亡人数事故的累积概率。

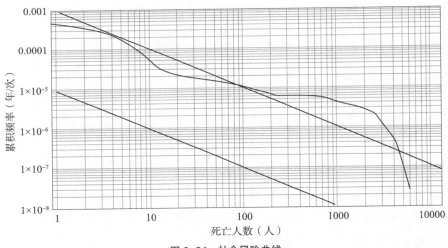

图 3-24　社会风险曲线

同时，并不是所有执行定量风险评价的国家都在用社会可接受风险标准，部分国家仅确立了个人可接受风险标准。在设置社会可接受风险标准的国家中，英国、荷兰的标准较具有代表性（图 3-25 ）。

将 3 个典型国家（地区）的社会可接受风险标准相比较，可以看出我国的社会可接受风险标准比荷兰的要求低，但比英国的要求高。总体看我国的社会可接受风险标准处于发达国家和地区的社会可接受风险标准的中等水平。

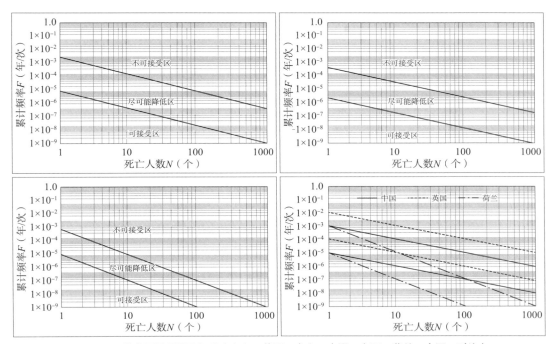

图 3-25　社会可接受风险标准（左上：英国；右上：中国；左下：荷兰；右下：对比）

第 4 章

城市综合管廊
安全监测预警

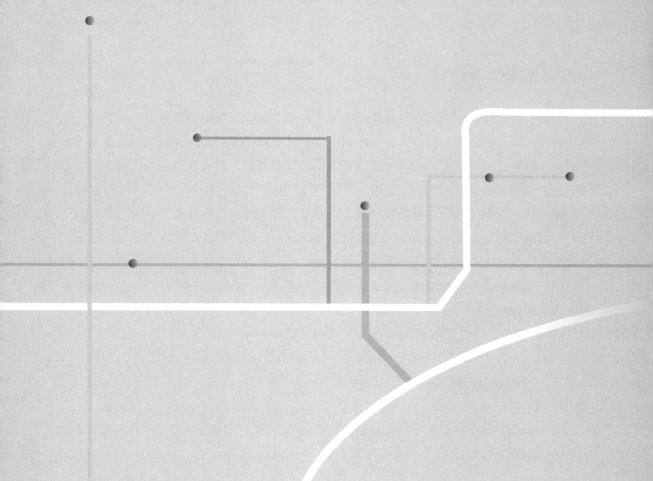

4.1　城市综合管廊安全监测预警技术

我国城市综合管廊大规模建设发展相对较晚，相关配套设施、管理经验相对较少，而我国公路隧道监控系统发展较为成熟，可以从中借鉴相关经验技术用于综合管廊监测与预警。类比城市综合管廊，公路隧道内部环境同样面临相对封闭、空气不流通、自然光环境差的情况。应通过构建信息融合和共享通道，高速率、全方位实时采集管廊运行数据，监控管廊运行状态，构建多维度分析及预警防范机制，实现异常状况的即时分析与预警，实现对影响管廊健康运行问题的主动服务，保障城市综合管廊安全稳定。

4.1.1　安全监测技术

主要对综合管廊地表结构、管廊舱内结构、廊内环境及其附属设施运行风险进行监测。管廊地表结构监测表现在对管廊本体沉降、位移和倾斜的监测；管廊舱内监测表现在对廊内环境以及接入管线压力、流量、有毒和可燃气体浓度等信息监测。对入廊管线安全运行监测参数和廊内温度、湿度、有毒气体、易燃气体、空气质量、水位等数据进行集成处理，实时感知廊内管线和环境安全状态，科学设置报警阈值，一旦监测数据大于设定阈值，将会自动启动报警。在确定报警信息后，根据监测数据，对廊内管线运行异常情况及时生成预警。廊内环境及附属设施安全预警根据监测参数建立分层、分级预警模型，设置不同层次和级别的预警参数，对监测参数进行在线分析处理，实时监控各参数的变动趋势，并根据预警方式和报警级别的不同，提醒不同层级和单位人员关注和处置。

4.1.2　安全监测传感器

城市综合管廊监测预警技术需要使用各种传感器来实现对管道的监测、数据的采集和报警信号的传递。目前，可用的传感器主要有以下几种：

（1）光纤传感器：基于光学原理，利用光纤作为传感元件，通过测量光纤的弯曲、机械应变、温度等参数来对管道运行状况进行监测。

（2）压力传感器：将压力变化转换为电信号，可以监测管道内外的压力变化，提供预警和监测信息。

（3）温湿度传感器：监测综合管廊内温湿度波动，为管道的安全运行提供保障。

（4）加速度传感器：通过监测管道的振动、沉降等数据变化，预测管道破坏情况，提供预警和报警信号。

（5）有毒有害气体监测传感器：在综合管廊中，可能存在有害或有毒气体，如一氧化碳、硫化氢、甲烷等。气体检测仪可以实时监测这些有毒有害气体的浓度，确保工作人员和公众的安全。当有毒有害气体浓度超过安全标准时，仪器会发出警报，提醒人员采取必要的防护措施。

（6）环境空气质量监测传感器：综合管廊内的空气质量也需要进行监测，特别是在封闭或通风条件有限的情况下。气体检测仪可以测量氧气浓度、二氧化碳浓度、湿度等参数，确保管廊内的环境舒适和安全。

4.1.3　信息通信技术

数据的采集和传输是城市综合管廊监测预警的关键技术之一。数据采集模块需要将传感器采集到的数据传输到数据中心，通信方式需要考虑到传输距离、带宽、安全等因素。目前，通信方式应用得比较多的有以下几种：

（1）有线通信方式：采用传统的有线通信方式进行数据传输，例如以太网、串口通信等。

（2）无线通信方式：使用 Wi-Fi、GPRS、蓝牙等无线通信技术进行数据传输，尤其在城市区域无线通信具有广泛应用。

（3）光纤通信方式：光纤通信具有带宽高、速度快、安全性好等优点，是异地数据传输的首选方式。

4.1.4　监测预警技术

智慧综合管廊监控与报警系统的核心是监测预警技术。通过对传感器采集到的数据进行分析和处理，及时预警和报警，为管道运行和维护提供支持。目前主要的监测预警技术有以下几种：

（1）模型预测技术：采用建立的管道数据模型进行预测，准确提前预警管道故障。

（2）数据挖掘技术：对综合管廊运行过程中产生的状态信息等数据进行分析与挖掘，用于识别潜在故障点、发现问题和提升服务水平。

（3）智能推理技术：利用智能推理技术，预先判断管道运行状态并对潜在故障进行分析。

4.2 城市综合管廊本体安全监测预警

城市综合管廊的建设已成为市政公用管线铺设的主流趋势和必要发展方向，有利于实现地下空间资源合理利用与城市可持续化发展。同时，对管廊本体进行有效的安全监测预警也成为管廊发展与运维过程的重点。

4.2.1 综合管廊本体人员巡检

根据国家标准《城市地下综合管廊运行维护及安全技术标准》GB 51354—2019 有关规定，管廊本体运行维护及安全管理对象应包括综合管廊的主体结构及人员出入口、吊装口、逃生口、通风口、管线分支口、支吊架、防排水设施、检修通道及风道等构筑物。管廊本体安全通过巡检、检测与监测、维护等方面工作来保障。其中，巡检是为了及时了解管廊本体运行状态是否正常，其项目与内容见表 4-1。

管廊本体巡检项目与内容   表 4-1

项目	内容
主体结构	破损（裂缝、压溃）、剥落、剥离等情况； 起毛、疏松、起鼓等情况； 渗漏水（挂冰、冰柱）、钢筋锈蚀等情况
变形缝	填塞物脱落、压溃、错台、错位、渗漏水等情况
预埋件	锈蚀、锚板剥离等情况
后锚固锚栓	螺母松动、混凝土开裂等情况
螺栓孔、注浆孔	填塞物脱落、渗漏水等情况
管线分支口	填塞物脱落、渗漏水等情况
人员出入口	出入功能、启闭情况
吊装口	封闭、渗漏等情况

续表

项目	内容
逃生口	通道堵塞、爬梯或扶手破损、缺失等情况
通风口、风道	堵塞、清洁、破损等情况
井盖、盖板	占压、破损、遗失等情况
支吊架、支墩	变形、破损、缺失等情况
排水沟、集水坑	堵塞、破损、淤积、渗漏等情况
安全控制区	沿线道路和岩土体的崩塌、滑坡、开裂等迹象或情况； 违规从事禁止行为、限制行为的情况； 从事限制行为时的安全保护控制措施落实情况

4.2.2　综合管廊本体检测监测

综合管廊本体检测计划应根据管廊建成年限、运行情况、已有检测与监测数据、已有技术评定、周边环境等制定。管廊本体检测主要内容和方法应符合表 4-2 规定。

管廊本体检测主要内容和方法　　　　　　　　　　　　　　　　　　　表 4-2

内容		方法
结构缺陷	裂缝	用裂缝观测仪、裂缝计、裂缝显微镜、千分尺或游标卡尺等进行量测，摄影测量法；裂缝深度检测可采用超声波法或钻取芯样法
	内部缺陷	超声法、冲击反射法等非破损方法，必要时采用局部破损法进行验证
	外部缺损	尺量、照相等方法
结构变形	倾斜	全站仪投点法、水平角观测法、激光定位仪垂准测量法、水准测量法或吊坠测量等方法
	收敛变形	收敛计、手持测距仪或全站仪等固定测线法、全段断面扫描法或激光扫描法
	垂直位移	几何水准测量、静力水准测量等
	水平位移	小角法、交会法、视准线法、激光准直法等
结构性能	混凝土碳化深度	试剂法
	混凝土抗压强度	回弹法、超声回弹综合法、后装拔出法或钻芯法等
	钢筋锈蚀	雷达法或电磁感应法等非破损方法，辅以局部破损方法进行验证
渗漏	渗漏水点、渗漏水量	感应式水位计或水尺测量等方法

当发生以下情形之一时，应及时对相关对象进行检测：

（1）经多次小规模维修，结构劣损或渗漏水等情况反复出现，且影响范围或影响程度逐步增大；

（2）遭受地震、火灾、爆炸等灾害或事故后；

（3）受周边环境影响，结构变形监测超出预警值或显示位移速率异常增加；

（4）巡检中发现需要进行检测的项目或内容；

（5）结构改造、用途改变等需要进行检测的其他情况。

当遇下列情况之一时，应对综合管廊本体主体结构相关区域或局部进行特殊监测：

（1）地质条件复杂，人工地基与天然地基接壤处或不同结构分界处结构可能变形；

（2）水文地质条件发生较大变化，可能影响结构安全稳定；

（3）裂缝、渗漏水等病害情况异常或变化速率较大；

（4）安全保护范围和安全控制区内存在影响结构安全的因素。

综合管廊本体的特殊监测应符合下列规定：

（1）应根据综合管廊地质条件、施工工艺、结构形式、外部作业影响特征或安全评估成果等因素制定监测方案；

（2）应以结构变形监测为主，垂直位移监测应反映结构不均匀沉降；

（3）结构变形监测精度等级不宜低于三等，干线、支线综合管廊变形监测精度等级宜采用二等；

（4）结构变形监测宜采用自动化监测方式。

结构变形监测测点应设在能反映综合管廊结构变形特征的位置或监测断面上，矩形或圆形断面结构变形监测测点布设应符合表 4-3 规定：

矩形或圆形断面结构变形监测测点布设　　　　　　　　　　表 4-3

监测项目	监测点布设	监测断面间距
垂直位移	舱室顶板或底板至少 1 处	不宜大于 30m
水平位移	两侧墙至少各 1 处	
轮廓测量（盾构法）	竖向和水平向至少各 1 条测线	

综合管廊结构变形监测时间和周期应根据埋深、结构形式、施工方法、变形特征、变形速率、观测精度和工程地质条件等因素综合确定，监测期间，可根据变形量的变化情况适当调整。在综合管廊运营初期，第 1 年宜每季度监测 1 次，第 2 年宜每半年监测 1 次，当发现变形显著或变形速率明显增大时，应增加监测次数或持续监测。

此外，综合管廊本体的检测与监测尚应符合国家现行标准《城市地下综合管廊运行维护及安全技术标准》GB 51354、《工程测量标准》GB 50026、《国家一、二等水准测量规范》

GB/T 12897 及《建筑变形测量规范》JGJ 8 的有关规定。国家《城市地下综合管廊运行维护及安全技术标准》GB 51354—2019 规定结构变形监测宜采用自动化监测方式，但并未规定何种方式。实际上，近年来除结构变形外，对于管廊本体结构渗漏水、混凝土表面应变等也都制定了相应监测方法。

综合管廊本体结构运维最为突出的 3 个问题为如何长期可靠地监测数据；通过监测数据如何判断结构所处的状态；如何实现便捷的运维。

针对第一个问题，研究开发了激光静力水准系统。激光静力水准系统利用连通器的原理（多个通过连通管连接在一起的储液罐，其液面总是在同一水平面上），通过测量不同储液罐的液面高度，可以计算出各个静力水准仪的相对差异沉降。

如图 4-1 所示，假设共有 n 个观测点，各个观测点之间已用连通管连通，安装完毕后的初始状态：各测点的安装高程分别为 Y_{01}、$\cdots$、Y_{0i}、$\cdots$、Y_{0j}、$\cdots$、Y_{0n}，各测点的液面高度分别为：h_{01}、$\cdots$、h_{0i}、$\cdots$、h_{0j}、$\cdots$、h_{0n}。

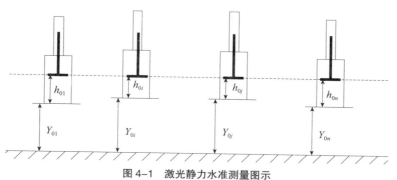

图 4-1　激光静力水准测量图示

对于初始状态存在关系 $Y_{0j}-Y_{0i}=(h_{0j}-h_{0i})$，当第 k 次发生不均匀沉降后，各个监测点沉降发生变化，只要能够测出各点不同时间的液面高度值，即可计算出各点在不同时刻的相对差异沉降值。在液面稳定时，将传感器调零，此时各个液面的初始高度值（偏差值）均为零，于是：

第 j 个观测点相对于基准点 i 的相对沉降量为 $H_{ji}=(h_{kj}-h_{ki})$，如图 4-2 所示。

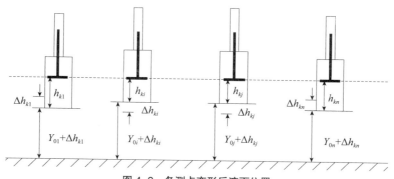

图 4-2　各测点变形后液面位置

因此只需读出各静力水准仪的偏差值，相减即可求出各点之间的差异沉降。对于液面高度的测量，分为间接测量与直接测量两种，如表 4-4 所示。间接测量即通过测量液体重量或浮力，换算得出液面高度，代表传感器类型有压差式静力水准仪与振弦式静力水准仪。直接测量即不经换算直接测量液面高度，代表传感器类型有电容式水准仪、电感式水准仪、磁致伸缩式水准仪等。

液面高度测量传感器分类   表 4-4

	间接测量（液体重 / 浮力）静力水准
	代表类型：压差式静力水准仪、振弦式静力水准仪
	对于压差式静力水准仪，温度变化引起采集电路与压力传感器漂移；温度变化引起液体密度变化，也引起测量误差。目前多数仪器未对液体密度变化进行精确补偿或者未作补偿。 对于振弦式静力水准仪，长期稳定性较差，钢弦的长期疲劳会对精度产生影响
	直接测量（液面高度）静力水准
	代表类型：电容式静力水准仪、电感式静力水准仪、磁致伸缩式静力水准仪、CCD 式静力水准仪等； 需通过浮子测量液面高度，故亦统称为浮子式静力水准仪
	对于浮子式静力水准仪，可通过浮子设计，减小液体密度的影响；但存在浸润误差，即浮子和液面接触，液体在浮子周围形成半月形，浮球上下移动都会粘有液体；也存在偏移、倾角及摩擦误差，即浮子及导杆发生偏移或倾斜，本身会引起高程变化，同时会产生导杆和传感器侧壁的摩擦误差

为克服所列举设备在温度和大气压变化时导致的误差，开发了激光静力水准系统，其监测传感器元件设计原理如图 4-3 所示。采用激光 + 微浮子的直接测量方法，液体密度变化的影响与液面高度本身无关，其数量级仅与浮子本身尺寸相关，可通过微型浮子设计大大减小其误差；且浮子设计本身避免了因导杆而导致的机械误差。辅以带温度补偿的电路设计，最大限度提升了该方法的稳定性与准确性。

针对第二个问题，该成果还对综合管廊变形机理进行了研究，提出了竖向变形控制标准。针对常见的管廊结构形式进行数值模拟，运用弹性地基梁法推导出两点位移控制的管廊本体结构纵向变形公式，参考管廊及混凝土相关标准规范中裂缝开展宽度的相关规定，推导出管廊本体结构裂缝开展宽度达到最大值时，管廊纵向单位宽度最大弯矩及钢筋最大应力。通过数值模拟并结合理论计算变形公式，得出两舱管廊及三舱管廊竖向变形修正公式，完善了管廊竖向变形标准。

近年来，随着综合管廊的建设在我国大规模开展。国家有关部委陆续出台政策文件推动综合管廊的建设。目前正在规划建设的综合管廊城市有数百个，规划长度超过 10000km。

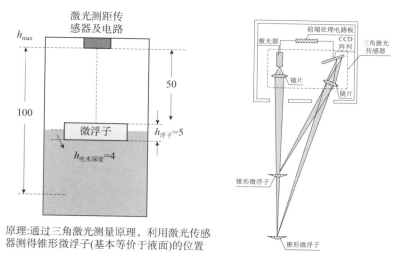

原理:通过三角激光测量原理,利用激光传感器测得锥形微浮子(基本等价于液面)的位置

图 4-3　激光静力水准监测传感器元件设计原理

管廊结构变形监测作为结构本体安全监测及预警的重要指标,对于入廊设备的安全运营保障、周边环境安全隐患监测具有重要意义。

目前设计建设的各综合管廊项目中鲜见完善的结构变形监测体系应用案例,国内外尚未能结合城市综合管廊建设特点,就管廊本体结构变形及安全监测预警技术开展相关研究。本研究内容对服务管廊本体结构及各专业管线在综合管廊内敷设后的安全经济运行和管理具有重要意义。

4.2.3　综合管廊本体结构纵向变形标准

1. 基于结构裂缝控制宽度的综合管廊纵向变形研究

（1）综合管廊裂缝等级的规定

《城市综合管廊工程技术规范》GB 50838—2015 中规定综合管廊构件的裂缝控制等级应为三级,结构构件的最大裂缝宽度限值应小于或等于 0.2mm,且不得贯通。故管廊结构裂缝开展宽度极限值为 $\omega_{lim}=0.2$mm。

对于混凝土构件最大裂缝宽度,根据《混凝土结构设计标准（2024 年版）》GB/T 50010—2010 中规定在矩形、T 形、倒 T 形和 I 形截面的钢筋混凝土受拉、受弯和偏心受压构件及预应力混凝土轴心受拉和受弯构件中,按荷载标准组合或准永久组合并考虑长期作用影响的最大裂缝宽度,可按下列公式计算:

$$\omega_{\max}=\alpha_{cr}\psi\frac{\sigma_s}{E_s}\left(1.9c_s+0.08\frac{d_{eq}}{\rho_{te}}\right) \tag{4-1}$$

$$\psi = 1.1 - 0.65 \frac{f_{tk}}{\rho_{te} \sigma_s} \tag{4-2}$$

$$d_{eq} = \frac{\sum n_i d_i^2}{\sum n_i v_i d_i} \tag{4-3}$$

$$\rho_{te} = \frac{A_s + A_p}{A_{te}} \tag{4-4}$$

式中各参数取值详见《混凝土结构设计标准（2024年版）》GB/T 50010—2010。

为了保证结构的安全性，综合管廊裂缝宽度最大值要小于裂缝宽度极限值 ω_{lim}=0.2mm，如式（4-5）所示：

$$\omega_{max} \leqslant \omega_{lim} = 0.2\text{mm} \tag{4-5}$$

参考《混凝土结构设计标准（2024年版）》GB/T 50010—2010中关于综合管廊裂缝的验算公式，可以反推出管廊达到裂缝宽度限值时的钢筋应力，继而计算出管廊所能承受的极限弯矩值。根据弯矩与曲率半径的关系，求解出管廊允许的曲率半径。

（2）综合管廊纵向钢筋受力计算

对综合管廊纵向钢筋应力 σ_s 进行求解，要求出 σ_s，须先确定其他参数，在各参数取值过程中遵循 σ_s 最小化原则，并结合工程实际，最终得出纵向受拉钢筋应力 σ_s。取值及计算过程如下：

对于钢筋混凝土受弯构件，α_{cr}=0.7。

《城市综合管廊工程技术规范》GB 50838—2015中规定钢筋混凝土结构的混凝土强度等级不应低于C30。综合管廊结构混凝土强度取C30，故 f_{tk}=2.01N/mm²。

混凝土结构纵向受力钢筋的最小配筋率 ρ_{min}=0.2%，$\rho_{te} = \frac{A_s + A_p}{A_{te}}$，对于混凝土的矩形截面的面积有 $A_{te} = \frac{1}{2}bh$，且在不考虑预应力钢筋的情况下，取 A_p=0，则 ρ_{te}=2ρ_{min}=0.4%<0.01，故 ρ_{te} 取0.01。代入式（4-2）计算得：

$$\psi = 1.1 - 0.65 \frac{f_{tk}}{\rho_{te} \sigma_s} = 1.1 - 0.65 \times \frac{2.01}{0.01\sigma_s} = 1.1 - \frac{130.65}{\sigma_s} \tag{4-6}$$

《城市综合管廊工程技术规范》GB 50838—2015中规定混凝土综合管廊结构中钢筋混凝土保护层厚度，结构迎水面不应小于50mm，$c_s = 50 + \frac{d}{2} \approx 50 + 8 = 58\text{mm}$。同时参考《日本地下综合管廊（共同沟）设计指南》中关于钢筋保护层厚度的规定，最终确定管廊结构混凝土保护层厚度为：混凝土距主筋中心的距离 a=70mm、b=50mm、c=100mm，当 c_s>58mm时，取 c_s=58mm。管廊结构混凝土保护层厚度分布如图4-4所示：

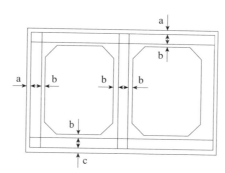

图 4-4　管廊结构混凝土保护层厚度

钢筋选取工程中常用 HRB40 钢筋，故弹性模量取 $E_s=2.00\times10^5\text{N/mm}^2$

根据实际工程经验，钢筋直径 $d_i=14\text{mm}$、16mm，且都设有箍筋 14@150。v_i 根据表 4-5

中取 $v_i=1.0$，故 $d_{eq}=-d_{eq}=\dfrac{\sum n_i d_i^2}{\sum n_i v_i d_i}=\dfrac{1.2}{1.0}=12\text{mm}$。

钢筋的相对粘结特性系数　　　　　　　　　　　　　　　　表 4-5

钢筋类别	光圆钢筋	带肋钢筋
v_i	0.7	1

将以上各参数代入式（4-2）得：

$$0.2=0.7\times\left(1.1-\frac{130.65}{\sigma_s}\right)\times\frac{\sigma_s}{2.0\times10^5}\times\left(1.9\times58+0.08\times\frac{12}{0.01}\right) \qquad (4-7)$$

$$\sigma_s=370\text{MPa}$$

HRB400 钢筋抗拉强度设计值为 360MPa，此案例综合管廊结构钢筋极限应力为 370MPa。为了保证管廊结构安全，取钢筋设计强度为 360MPa。

（3）综合管廊纵向最大弯矩计算

参考《混凝土结构设计标准（2024 年版）》GB 50010—2010，在荷载准永久组合或标准组合作用下，钢筋混凝土构件受拉区纵向普通钢筋的应力，或预应力混凝土构件受拉区纵向钢筋的等效应力，可按下列公式计算。

受弯构件：

$$\sigma_{sq}=\frac{M_q}{0.87h_0A_s} \qquad (4-8)$$

式中，A_s——受拉区纵向普通钢筋，$A_s=A\rho_{min}$；

M_q——按荷载准永久组合计算的弯矩值；

h_0——截面有效高度；由于保护层厚度相对于综合管廊全高而言很小，故 $h_0 \approx h$。

取配筋率 $\rho = \rho_{min} = 0.2\%$，箱型梁截面配筋 A_s 的计算参考林丽霞等的研究，A_s 计算如式（4-9），箱型梁截面各参数如图 4-5 所示。

$$A_s = 0.002A = 0.02bh\left(1 + \gamma_1 + \gamma_2\right) \tag{4-9}$$

式中，$b = b_1 + b_2$；$\gamma_1 = \dfrac{(b_f - b)h_f}{bh}$；$\gamma_2 = \dfrac{(b_f^{'} - b)h_f^{'}}{bh}$。

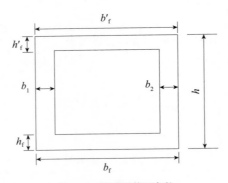

图 4-5　箱型梁截面参数

将以上参数代入式（4-9）得：

$$M_q = \sigma_{sq} \times 0.87h_0 A_s = \sigma_{sq} \times 0.87 \times h \times 0.002bh\left(1 + \gamma_1 + \gamma_2\right) = 0.00175bh^2\sigma_{sq}\left(1 + \gamma_1 + \gamma_2\right)$$

综合管廊弯矩计算式为：

$$M_q = 0.00175bh^2\sigma_{sq}\left(1 + \gamma_1 + \gamma_2\right) \tag{4-10}$$

（4）综合管廊纵向曲率半径计算

1）综合管廊纵向曲率半径计算

参考《混凝土结构设计标准（2024 年版）》GB/T 50010—2010，根据受弯构件弯矩与曲率的关系，作用在管道上的弯矩为：

$$M = \frac{B}{R} \tag{4-11}$$

则受弯构件的曲率半径为：

$$R = \frac{B}{M} \tag{4-12}$$

式中，R——曲率半径；

B——钢筋混凝土结构的长期刚度，$B = \dfrac{B_s}{\theta}$；

B_{s}——钢筋混凝土结构的短期刚度，$B_{s}=0.85EI$；

θ——影响系数，详见《混凝土结构设计标准（2024 年版）》GB/T 50010—2010，文中认为综合管廊截面上下配筋一致，θ 取 1.6。则 $B=\dfrac{B_{s}}{\theta}=\dfrac{0.85EI}{1.6}$。

将式（4-10）代入式（4-11），可得到综合管廊结构纵向曲率半径为：

$$R=\frac{B}{M}=\frac{0.85EI}{1.6\times0.00175bh^{2}\sigma_{sq}(1+\gamma_{1}+\gamma_{2})} \tag{4-13}$$

$$R=\frac{300EI}{bh^{2}\sigma_{sq}(1+\gamma_{1}+\gamma_{2})} \tag{4-14}$$

式中，σ_{sq}——综合管廊截面受拉区纵向钢筋的等效应力，若 σ_{sq} 取纵向钢筋抗拉强度设计值，则曲率半径 R 为管廊结构纵向曲率半径允许值；

EI——综合管廊纵向抗弯刚度；

γ_{1}，γ_{2}——综合管廊截面系数。

2）综合管廊纵向不均匀沉降计算

王如路等提出，上海地区隧道不均匀沉降引起的综合管廊结构曲率半径改变量经验公式为：

$$R=\frac{L^{2}}{8s_{m}} \tag{4-15}$$

参考隧道曲率半径计算公式，则综合管廊不均匀沉降最大值计算公式为：

$$s_{m}=\frac{L^{2}}{8R} \tag{4-16}$$

式中，R——曲率半径（m）；

L——沉降范围（m）；

s_{m}——不均匀沉降最大值（m），综合曲率半径经验计算示意图见图 4-6。

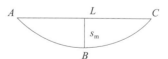

图 4-6　曲率半径经验计算示意图

2. 基于综合管廊内部管线变形的管廊纵向变形控制研究

（1）综合管廊内部管线的分类

根据《城市综合管廊工程技术规范》GB 50838—2015，给水、雨水、污水、再生水、天然气、热力、电力、通信等城市工程管线可纳入综合管廊，而各类管线对变形控制的要求不同，管廊的变形应保证各类管线均能正常使用。各类管线变形控制要求由高到低依次分为 3 类：天然气、热力；给水、再生水、雨水、污水；电力、通信。综合管廊结构纵向变形应保证天然气管道、热力管道正常使用。

天然气管道纵向曲率半径允许值按钢管的纵向许用应力，确定钢管管道的轴向允许曲率半径 R_{1}

$$[R_1] \geqslant ED / (2[\sigma_p]) \qquad\qquad (4\text{-}17)$$

式中，E——钢管的弹性模量；

　　　D——管道外径；

　　　σ_p——钢管的纵向允许应力。

（2）按钢管管道开挖施工阶段可进行弹性敷设的要求，确定钢管管道的轴向允许曲率半径 R_2

根据《输气管道工程设计规范》GB 50251—2015 的规定，垂直面弹性敷设管道的曲率半径不得小于钢管外径的 1000 倍，且应大于管子在自重作用下产生的挠度曲线的曲率半径，其计算公式如下：

$$[R_2] \geqslant 3600 \times \sqrt[3]{\dfrac{1-\cos\dfrac{\alpha}{2}}{\alpha^4}D^2} \qquad\qquad (4\text{-}18)$$

式中，R_2——管道的轴向允许曲率半径（m）；

　　　D——管道外径；

　　　α——管道的转角。

（3）参照水平定向钻技术要求确定曲率半径

根据《城镇燃气输配工程施工及验收标准》GB/T 51455—2023、《油气输送管道穿越工程设计规范》GB 50423—2007 及上海市地方标准，对于采用水平定向钻拖拉法施工的钢管管道，要求按式（4-19）控制其施工曲率半径：

$$[R_3] \geqslant 1500D \qquad\qquad (4\text{-}19)$$

式中，D——钢管的外径。

考虑到工程实际情况以及高压天然气管道长期安全运行的要求，建议其曲率半径 $[R]=\max\{[R_2], [R_3]\}$，并通过 $[R_1]$ 进行校核。

（4）地下管线安全控制标准

目前，国内外还尚未统一制定管线沉降控制标准，这里主要介绍目前国内主要采用的沉降经验控制标准，见表4-6。

管线沉降控制标准　　　　　　　　　　　　　　　　　　表4-6

标准来源	标准内容
《建筑基坑工程监测技术标准》GB 50497—2019	刚性管道：压力，累计值为 10~30mm，变化速率为 1~3mm/d；非压力，累计值为 10~40mm，变化速率为 3~5mm/d；柔性管线：累计值为 10~40mm，变化速率为 3~5mm/d
基坑工程手册（2009）	煤气管线：沉降或水平位移均不得超过 10mm，每天发展不得超过 2mm；上水管线：沉降或水平位移均不得超过 30mm，每天发展不得超过 5mm

续表

标准来源	标准内容
北京市轨道交通工程建设安全风险技术管理体系（2008）	有压管线允许位移不超过 10mm，倾斜率不超过 0.002；无压雨水、污水管线允许位移不超过 20mm，倾斜率不超过 0.005；无压其他管线允许位移不超过 30mm，倾斜率不超过 0.004
DG/TJ 08—2001—2006 基坑工程施工监测规程（上海）	煤气、供水管线（刚性管道）位移累计值 10mm，变化速率为 2mm/d；电缆、通信线缆位移（柔性管道）位移累计值为 10mm，变化速率 5mm/d
湖北省地方标准《基坑工程技术规程》DB 42/T 159—2012	煤气管道：沉降或水平位移不应超过 10mm，位移速率连续三天不应超过 2mm/d；供水管道：沉降或水平位移不应超过 30mm，位移速率连续三天不应超过 5mm/d
广州市规范《广州地区建筑基坑支护技术规定》GJB 02—98	采用承插式接头的铸铁水管、钢筋混凝土水管两个接头之间的局部倾斜值不应大于 0.0025；采用焊接接头的水管两个接头之间的局部倾斜值不应大于 0.006；采用焊接接头的煤气管两个接头之间的局部倾斜值不应大于 0.002
《地下铁道工程施工质量验收标准》GB/T 50299—2018、《建筑变形测量规范》JGJ 8—2016、《铁路隧道喷锚构筑法技术规则》TBJ 108—92、《城市工程管线综合规划规范》GB 50289—98	煤气管线的变形、沉降或水平位移不能超过 10mm，位移速率不超过 2mm/d；自来水管线的变形、沉降或水平位移不能超过 20mm，位移速率不超过 5mm/d
上海市政部门规定	煤气管线的水平位移允许值为 10~15mm，自来水管线为 30~50mm
《给水排水工程管道结构设计规范》GB 50332—2002	对于柔性管道，最大竖向位移不应超过 0.005D，D 为管线直径

对比各类地下管线沉降控制标准，入廊管线可分为刚性管和柔性管，其中刚性压力管道变形允许值较小，如：煤气管线的沉降或水平位移允许值为 10~15mm，位移速率不超过 2mm/d；柔性管线变形允许值较大，如：自来水管线沉降或水平位移允许值为 30~50mm，位移速率不超过 5mm /d。

综上所述：综合管廊结构变形应保证各类管线均能正常使用，因此管廊结构的最大沉降或水平位移允许值为 10~15mm，位移速率不超过 2mm/d。

4.3　城市综合管廊管线与环境监测预警

4.3.1　综合管廊天然气管网监测预警

对天然气舱空间甲烷气体浓度、管网流量、管网压力、可燃气体浓度、施工破坏、天然气泄漏等数据进行集成处理，实时感知天然气管网安全运行状态，科学设置报警阈值。根据级联隐患辨识模型，深度挖掘天然气管线与城市其他基础设施、地质灾害、危化企业、施工活动等级联隐患。生成天然气舱风险预警评估模型，评估各处隐患的风险高低，由被动应对向主动预防转换。通过扩散分析、爆炸分析、关阀分析等，预测事故可能的灾害与后果。可燃气体爆炸极限如表 4-7 所示。

可燃气体爆炸极限表　　　　　　　　　　　　　　　　表 4-7

可燃气体 / 蒸气	爆炸极限（%）		气体相对密度（空气 =1）
	爆炸下限	爆炸上限	
甲烷	5.0	15.0	0.55
一氧化碳	12.5	80	0.97
硫化氢	4.3	46	1.19
液化石油气	2.0	12.0	0.5~2.0

气体爆炸极限一般是在标准大气含氧浓度（20.9%）温度、压力下得出数据。结合不同的气体极限范围，在可燃气体爆炸下限的 10% 设置预警，一旦大于设定阈值，自动启动报警。SCHOOR 等人实验研究了甲烷、氢气、空气的混合气体在不同氢气含量、不同初始压力和温度下的爆炸上限，初始压力范围是常压至 1MPa，温度范围为常温至 200℃。爆炸产生的超压除对顶板、侧墙产生影响外，还会对中隔墙产生大范围的破坏，甚至使一定距离的中墙失去支撑作用，进而导致局部综合管廊发生坍塌。尤其是预制综合管廊，由于整体性相对较差，更容易在爆炸作用下发生坍塌。

在确定报警信息后，应立即对天然气泄漏燃爆风险进行研判分析，结合周边危险源、防护目标、报警超限时长、密闭空间大小、人员密集程度和报警发生时间段等因素，评估报警情况可能导致的损失程度，综合分析后，按级别发出天然气燃爆火灾等安全风险预警。同时需要将预警信息自动发送至用户手机、监控平台，用户和监控中心收到预警信息后，到现场调查分析原因，并采取长期有效措施，从根本上消除安全隐患。

不同于典型蒸汽云爆炸场景，天然气管道相邻地下空间的爆炸更加复杂，同时相邻地下管线空间的温湿度以及气体组成更加多元化，既有爆炸评价方法如 TNT 当量法、球形火焰模型、半球模型及 TNO 多能法难以对天然气管道相邻地下空间爆炸场景进行准确描述。针对天然气管线相邻地下空间爆炸研究的不足，清华大学合肥公共安全研究院通过全尺寸实验，对天然气管道相邻独立窨井、连通管线爆炸后果进行了研究。

（1）窨井爆炸影响范围分析

依据全尺寸实验，窨井爆炸损伤类型主要包括破片伤害、火焰伤害。破片伤害是指爆炸造成井盖飞起，对井附近人员产生的伤害；火焰伤害是指爆炸产生的火焰作用在附近人员而产生的伤害。

独立空间破片伤害关键因素之一就是井盖铰链是否完好，一般完好的铰链独立地下空间爆炸不会造成井盖飞起，因此在评估独立地下空间伤害时，需现场查看井盖铰链是否完好。

爆炸能力转换为破片动能 E_k 表示为：

$$E_k = \mu \partial \delta V_w \rho_1 Q_1 \qquad (4-20)$$

式中，V_w——井的体积（m^3）。

根据动能定理，破片动能 E_k 理论值为：

$$E'_k = \frac{1}{2} \alpha m_w v^2 = \frac{1}{2} \alpha m_w R_F g \qquad (4-21)$$

式中，m_w——井盖质量（kg）。

根据式（4-1）、式（4-2）得到：

$$R_F = \frac{2\mu \partial V_w \rho_1 Q_1}{\alpha m_w g} \qquad (4-22)$$

对于独立窨井，破片伤害范围近似为圆形。根据窨井爆炸实验，当铰链完好时并不会产生破片，故：

$$A_4 = \sigma \pi R_F^2 = \sigma \pi \left(\frac{2\mu \partial V_w \rho_1 Q_1}{\alpha m_w g} \right)^2 \qquad (4-23)$$

式中，σ——铰链完整度，铰链完整时 σ 取 0，否则取 1。

（2）连通管线爆炸影响范围分析

根据相关实验分析结果，连通管线的爆炸伤害主要涵盖了破片伤害、冲击波超压伤害和振动伤害。破片伤害指爆炸导致破碎物飞溅，对管线周围的人员产生伤害；冲击波超压伤害是指爆炸冲击波对人体和建筑物带来压力变化，从而造成损伤；振动伤害是指爆炸所产生的地震波对附近设备和建筑物所造成的损害。

破片的伤害范围取决于天然气爆炸作用于盖板的动能，标准情况下气体总能量的大小取决于同体积分数下的气体的体积，也就是地下连通管线的体积越大，破片伤害的范围就越大。可表示为：

$$E_k = \mu W_q Q_1 = \mu \partial \delta S_1 L \rho_1 Q_1 \qquad (4-24)$$

式中，μ——参与爆炸的气体总能量转化为破片动能的转化率，此处取值 6.41%；

δ——参与爆炸的甲烷量，通常取值 3%~4%；

W_q——参与爆炸的天然气的总质量（kg）；

Q_1——天然气的燃烧热（kJ/kg），取 50200kJ/kg；

∂——甲烷体积当量，取值 10%；

S_1——连通管线的截面积（m^2）；

L——评估单元中连通管线的长度（m）；

ρ_1——可燃气体密度（kg/m^3），天然气取值 $0.77kg/m^3$（标准状态）。

对于每个破片，破片动能 E_k 理论值为：

$$E_k = a\frac{1}{2}Mv^2 = a\frac{1}{2}S_2\rho_2Lv^2 \tag{4-25}$$

式中，a——空气阻力系数，一般为 1.1~1.2，此处取值 1.1；

M——连通管线上方覆盖物总质量（kg）；

S_2——连通管线上方覆盖物截面积（m^2）；

ρ_2——连通管线上方覆盖物平均密度（kg/m^3）；

v——破片抛出初速度（m/s），按照下式计算：

$$v = \sqrt{\frac{R_F g}{\sin 2\theta}} \tag{4-26}$$

式中，R_F——破片抛射距离（m）；

θ——破片抛出角，当抛出角为 45° 时抛射距离最远，故此处取值 45°；

g——重力加速度，取 $9.8m/s^2$。

可得破片飞溅半径为：

$$R_F = \frac{2\mu\delta S_1\rho_1 Q_1}{aS_2\rho_2 g} \tag{4-27}$$

对于连通管线，爆炸影响范围如图 4-7 所示：

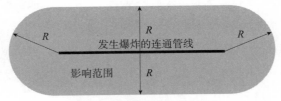

图 4-7　连通管线爆炸影响范围

则爆炸的作用面积可表示为：

$$A_1 = 4\pi\left(\frac{\mu\delta S_1 L\rho_1 Q_1}{aS_2\rho_2 g}\right)\left(\frac{\mu\delta S_1 L\rho_1 Q_1}{aS_2\rho_2 g} + \frac{L}{\pi}\right) \tag{4-28}$$

4.3.2　综合管廊供水管网监测预警

通过管网水力学专业模型与风险评估模型，识别泄漏、爆管等安全运行风险。通过模型算法进行供排水管网爆管预警分析、泄漏量预警分析、漏水淹没预警分析。水管爆管预警分析模型是一种综合分析水管爆管危险的模型，它可以根据水管资料、历史开裂记录、外部因素（如地质结构和流固级联效应）、水管规范及 POF 分析等，实现对水管系统的有效评估，以提前预警可能出现的危险情况。水管爆管预警分析可以帮助相关人员及时排除水管爆管隐患，进而降低安全风险，提高工作效率。为了更好地分析水管系统的危险性，相关人员可以应用外部和内部因素数据对水管爆管预警分析模型进行深入研究，包括地质结构分析、流固级联效应分析以及 POF 分析等。

1. 综合管廊供水管网漏失噪声特征识别技术

（1）管道漏失噪声识别技术概述

城市供水管网内的传输介质是带压水体，在管道的破损点出现泄漏时，漏点管段内的水体会加速向泄漏点方向流动喷出，与管壁摩擦产生振动，泄漏口会发出特定频率的声波。通过漏失监测仪（图 4-8）监测漏失声波，可以直接判断出管道是否漏水，结合数据相关性分析，还可以实现对漏点的定位。对供水管网的漏失信号进行在线监测，可以指导管道维护和应急处置工作，防止持续泄漏导致爆管或地下空洞等事故的发生。该方法具有自动化程度更高、易于使用、检漏实时性好、可降低检漏人员的工作强度、检测效率更高等特点，可用于大面积管道的漏水检测。

图 4-8　漏失监测仪

（2）管道泄漏发声机理

在自然界的实际流体运动中，两相邻接触层之间将产生切应力（摩擦应力）作用，这就是流体所具有的黏性。黏性流体存在两种运动形态，即层流流态和湍流流态。层流是流线平滑而又有层次的流动，流体的速度、压力等物理参数随时间和空间的变化是平滑的；湍流中的流体质点除有轴向运动外，还有不同尺度的漩涡进行强烈的横向（径向）交换掺混运动，速度、压力、温度等物理量随时间和空间都以不规则和随机的方式变化着，这种变化也称为脉动。按照湍流产生方式的不同，分为壁面湍流和自由湍流。壁面湍流是由固体壁面产生并且又不断受固壁影响的湍流，如管道中和边界层的湍流；自由湍流则是不受固壁限制和影响的湍流，如射流和尾流等。声音就是流体本身的剧烈运动和与流体媒质相接触的固体的振动产生的。供水管道发生泄漏时，管道内外的压强差使水以很高的流速从漏孔处喷出管道，水的运动形式分为两部分，即水穿过漏孔时的湍流以及水射入管道周围介质时的紊动射流。

（3）传感器类型

在信号采集方面一般采用压电传感器。压电效应是指某些晶体或人工压电陶瓷在一定方向外力作用下或承受变形时，其晶面或极化面上有电荷产生的现象。压电传感器就是利用压电效应进行工作的。

2. 综合管廊供水管网漏失相关性定位分析技术

（1）技术原理概述

供水管网的漏水损耗不仅造成了巨大的经济损失，更是对珍贵水资源的浪费。所以，解决目前水资源日益紧缺的问题，节约城市水资源，最直接的方法就是降低供水管网的漏损率。管网发生漏水时，单位时间漏水量小、漏水时间长造成的损失与单位时间漏水量大、漏水时间短的损失是相当的。因此，降低漏损率的关键在于漏水初期发现并确定漏水点的位置，及时对漏点进行检修，使漏水的时间尽可能的短。

目前，国内应用较广的检漏方法是直接观察法、听漏法和区域检漏法。但随着现代城市建设规模的日益发展，城市供水区域和供水管网规模也随之急剧扩大，旧的检漏方法已不能适应。以人工查询的方式来进行管道的泄漏检测，耗费了大量的人力、物力和财力资源。因此，利用计算机技术和通信技术，实时在线监控管网压力的变化，能够及时发现漏水点，对管道实时自动监测工作具有重要意义。

当管道发生泄漏时，泄漏处立即产生因流体损失而引起的局部液体密度减小，出现瞬时的压力降低。这个瞬时的压力下降作用在流体介质上就作为减压波源，通过管道和流体介质向泄漏点的上、下游以一定的速度传播。以发生泄漏前的压力作为参考标准时，泄漏时产生的减压波就称为负压波。利用漏水点附近流量计的变化情况，可以给出上、下游流量时序变化关系，同时对负压波法的准确性提供验证。

（2）负压波法检漏与定位技术

利用设置在漏点两端的压力传感器拾取压力信号，根据压力信号变化和泄漏产生的负压波传播到达上、下游的时间差，利用信号相关处理方法就可以确定漏点的位置和泄漏孔径的大小（图4-9）。

负压波法漏水点定位公式为：

$$X = \frac{(L - \Delta t \times V)}{2} \qquad (4-29)$$

式中，X——漏水点至第一个压力传感器的距离（m）；

L——第一个报警压力计与第二个报警压力计之间的管道距离（m）；

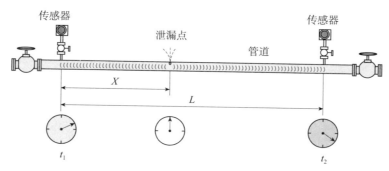

图 4-9　负压波法应用示意图

Δt——第二个压力传感器报警时间 t_2 与第一个压力传感器报警时间 t_1 的时间差（s）；

V——负压波在管道中的传播速度（m/s），一般取值 1500m/s。

由上式可以看出，压力波定位方法的两项关键在于压力波在管道内传播速度的确定，以及上、下游压力传感器采集变化压力初波时间差的确定。

准确定位的 3 个关键因素是管道的长度、管道输送流体的压力波的传播速度，以及首、末端接收到负压波的时延。其中管道长度可以根据传感器与管道关联得到传感器之间的管长；而流体中压力波波速受流体密度、黏性、管材粗细、弹性系数、压力、温度等多种因素影响；时间差受数据采集仪器灵敏度、传输时延和数据采集系统时间标准等因素影响。

管道泄漏判别必须满足下面 3 个条件：

1）上、下游两端的双压力传感器都判断压力波来源于对方；

2）必须是负压波，且上、下游两端接收到的两个负压波的时间间隔小于全程传播时间；

3）上、下游两端接收到的两个负压波必须是同一个波，即这两个波是比较相似的，其相关系数较大且大于设定的阈值。

3. 综合管廊供水管网超压运行动态预警技术

（1）技术算法概述

压力是供水管网运行的核心参数，压力过大会增加供水管道的泄漏和爆管风险，压力过小会影响用户用水的稳定性。通过监测管道的压力，一方面可以实现对供水管网压力的整体感知，保障供水管网的供水服务质量；另一方面，高频压力监测可以捕获水锤信号及爆管负压波信号，及时诊断管网异常，为供水管网的监测和预警提供依据。供水管网超压运行动态预警技术中初始化阈值依据不同类型管材承压能力进行设置，超过管道承压能力则可能导致管道破损，正常运行情况下，不应长期超过允许工作压力。管道超压三级报警阈值依据《城市生命线工程安全运行监测技术标准》DB 34/T 4021—2021要求，结合该点位历史压力运行规律，采用动态阈值的方法确定，对超出动态阈值上限一定时间的压力异常进行三级报警，提醒监测人员关注。

（2）管网超压运行动态阈值计算

供水管道常见管材为塑料管、球墨铸铁管和钢管，每种管材均有多种公称压力的产品可供选择。公称压力接近常温下材料的耐压强度，是正常情况下的管道允许工作压力。考虑到城市地下管网复杂、建设周期长，且各个供水管道所使用的管材压力等级数据难以收集，故以3种常见管材的常见压力等级作为初始阈值设置。由于塑料管材多用于城市小管径供水管道，当压力达到塑料管材的常见最小承压等级时，使用该等级塑料管材的小管径供水管道，可能存在管道渗漏破损的风险。由于球墨铸铁管和钢管多用于城市大管径供水管道，当压力达到该管材常见的最小承压等级时，使用该等级管材的大管径供水管道，也可能出现管道渗漏破损的风险。依据行业标准《建筑给水薄壁不锈钢管管道工程技术规程》CECS 153—2003的要求（表4-8），工作压力连接的不锈钢给水管的正常压力为1.6MPa（0.1MPa=10kg工作压力）。

各类管材压力等级划分　　　　　　　表4-8

管材		常用压力等级划分（MPa）
塑料管	PE	0.6/0.8/1.0/1.25/1.6
	PVC	0.6/0.8/1.0/1.25/1.6
	PPR	1.25/1.6/2.0/2.5
球墨铸铁管		1.0/1.2/1.6/2.0/2.5/3.0/4.0/4.8 等
钢管		1.6/2.5/4/6.4 等

因为资料匮乏，无法确定现状供水管材当初采购时参照的公称压力，故考虑将不同管材类型的常用压力等级（公称压力）作为二级报警阈值，正常运行情况下，不应长期超过这一允许工作压力。

试验压力为管道施工完成后水压试验中的注水压力，在预实验阶段，需维持试验压力30min以检查管道的压力承载能力。所有管道工程须经水压试验合格后方能正式验收。故试验压力是管道短时间内能承载的最高压力。根据《给水排水管道工程施工及验收规范》GB 50268—2008，试验压力可根据管道工作压力确定，高压、低压阈值参考表4-9、表4-10。由于资料缺乏，以管道工作压力为管道最大允许工作压力的极限情况，计算出对应的试验压力，设定该试验压力值为一级报警阈值。

高频压力计高压报警初始化阈值标准　　　　　　　　表 4-9

管材	报警分级	对应阈值	依据
PE	一级报警	≥ 0.9MPa	基于最低压力等级的试验压力
	二级报警	≥ 0.6MPa	常见 PE 管最低压力等级
	三级报警	超出动态阈值上限 15min	
PVC	一级报警	≥ 0.9MPa	基于最低压力等级的试验压力
	二级报警	≥ 0.6MPa	常见 PVC 管最低压力等级
	三级报警	超出动态阈值上限 15min	
PPR	一级报警	≥ 1.875MPa	基于最低压力等级的试验压力
	二级报警	≥ 1.25MPa	常见 PPR 管最低压力等级
	三级报警	超出动态阈值上限 15min	
球墨铸铁	一级报警	≥ 1.5MPa	基于最低压力等级的试验压力
	二级报警	≥ 1.0MPa	常见球墨铸铁管最低压力等级
	三级报警	超出动态阈值上限 15min	
钢管	一级报警	≥ 2.1MPa	基于最低压力等级的试验压力
	二级报警	≥ 1.6MPa	常见钢管最低压力等级
	三级报警	超出动态阈值上限 15min	

高频压力计低压报警初始化阈值标准　　　　　　　　表 4-10

报警分级	对应阈值	依据
一级报警	≤ 0.14MPa	《城镇供水厂运行、维护及安全技术规程》CJJ 58—2009
二级报警	—	—
三级报警	超过动态阈值下限 30min	—

三级报警动态阈值计算采用统计学中箱线图原理，计算流程描述如下：

1）输入前端设备上传的实时数据，获取 0：00 后的当日日期。

2）判定当日日期属于工作日还是非工作日。

3）以当日为工作日为例。将 24h 按照每 0.5h 为进行划分，将每 0.5h 定义为一个时刻。自动检索历史 2 周内所有工作日（一般为 10 天左右）当中每天在不同时刻（0.5h）内的所有流量数据。已知流量计每 2.5min 上传一个数据，根据当前参数设定，该数据量应为 $12 \times 10 = 120$ 个。

4）对自动检索收集的样本数据进行初步处理，去除以下 5 类监测数据：

①报警状态为"待审核"的监测数据；

②报警审核结果为"管网爆管预警、管网漏水预警、消火栓安全预警、设备故障"对应的监测数据（从报警开始到预警处置结束这段时间的监测数据）；

③超过 6h 一直为同一个数值的数据（即满足该条件的时间段内的所有监测值都应去除）；

④设备运行状态为"离线""数据异常""其他异常"产生的监测数据；

⑤数据的最大值、最小值。

5）考虑到信号不稳定等因素，无法保证流量计上传数据无缺失，但进行统计分析需要保证一定的样本量，故设定预处理后的数据量至少为 100，若实际收集数据量小于 100，则在目前的数据库内继续往前搜索 2 周将数据补足，若仍无法满足数据量要求，则按照现有数据量计算。

6）获得样本库后，采用箱形图对数据进行统计分析（图 4-10）。将样本数据按照从小到大进行排序，找到上四分位数 Q1 和下四分位数 Q3。通过计算获得 Q1 与 Q3 的间距 IQR，由此可设置每个时刻（0.5h）上限阈值为 Q3+1.5*IQR，下限阈值为 Q1-1.5*IQR。

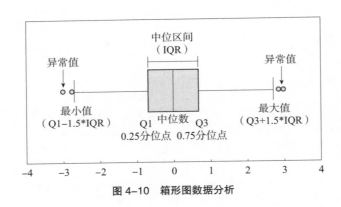

图 4-10　箱形图数据分析

7）非工作日阈值取值方法类似。

8）当阈值计算未完成或存在其他异常情况，导致未能生成对应的上下限阈值时：若此情况发生在工作日（周一至周五），则应使用该时间点前一日对应时刻的阈值；若此情况发生在非工作日（周六、周日），则应使用非工作日对应时刻的阈值。在这种情况下，需要在后续标注中排除这些未计算阈值。

9）当计算得到的上下限阈值为同一数值时：若此情况发生在工作日（周一至周五），则应使用该时间点前一日对应时刻的阈值；若发生在非工作日（周六、周日），则应使用非工作日对应时刻的阈值。在这种情况下，需要在后续标注中排除这些未计算阈值。如果所找到的阈值仍为同一数值，则按上下限的一个值显示。

10）每天 0：00 生成当天的阈值。如在 15min 内能生成，则为当天阈值；如超过 15min，则生成第二天阈值。

4.3.3　综合管廊排水管网监测预警

综合管廊排水管网的监测预警可以从两方面进行说明：一方面，通过数值模拟技术，模拟可能的排水问题，从而实现早期预警；另一方面，借助于布置在管网关键节点的传感器进行实时监测，及时发现和应对突发事件。这两种手段相辅相成，能够共同构建高效、可靠的综合管廊排水管网监测预警系统。

1. 综合管廊排水管网风险预警技术

综合管廊排水管网风险预警技术结合在线监测数据、城市暴雨内涝预测预警模型及排水管网输运模型，对城市内涝区域进行精准预测，针对综合管廊区域提供早期预警，并在发生倒灌后模拟管廊内排水管网的承载能力。

在线监测数据主要包括城市区域的降雨数据，各水文监测站的流量数据、水位数据，以及综合管廊内的排水管网运行状况等。这些数据通过传感器实时采集，并通过物联网技术传输至中央控制系统。在中央控制系统中，数据经过清洗、整合和分析后，能够为城市暴雨内涝预测模型提供可靠的输入参数。

城市暴雨内涝预测预警模型则结合历史气象数据、地理信息系统（GIS）、水文模型和计算流体力学（CFD）模型，对城市内不同区域的排水能力进行模拟和评估。CFD 模型采用浅水方程并使用扩散波近似。浅水方程组是流体动力学中用来描述浅水流动的一组偏微分方程，它是对 N-S 方程的简化，适用于水深相对于水平尺寸较小的情况，忽略垂直方向上的速度分量。扩散波近似是一种用于模拟水流特别是洪水的简化方法，主要用于描述表面流动中动量传递的过程。在扩散波近似中，浅水方程的惯性项被忽略或显著减小，通常用于模拟水流在城市等惯性效应相对较小的场景，它能够捕捉到流体在复杂地形中的动态行为，对应的方程组如下所示：

$$\begin{cases} \dfrac{\partial d}{\partial t} + \dfrac{\partial q}{\partial x} = 0 \\[4mm] \dfrac{\partial q}{\partial t} + \dfrac{\partial \left(\dfrac{q^2}{h} + \dfrac{gd^2}{2} \right)}{\partial x} = -gh\left(\dfrac{\partial z}{\partial x} + S_{\mathrm{f}} \right) \end{cases} \tag{4-30}$$

排水管网输运模型则针对外部洪水倒灌管廊的情况。模型使用基于圣维南方程的专业水文模型软件 SWMM（storm water management model）对综合管廊内排水管网的承载能力进行详细模拟。圣维南方程包括连续性方程和动量方程，可以描述水流在明渠或封闭管道的流动过程，方程组如下所示：

$$\begin{cases} \dfrac{\partial A}{\partial t} + \dfrac{\partial Q}{\partial x} = 0 \\[3mm] \dfrac{\partial Q}{\partial t} + \dfrac{\partial}{\partial x}\left(\dfrac{Q^2}{A} + gAh\right) = -gA\left(S_0 - S_{\mathrm{f}}\right) \end{cases} \tag{4-31}$$

通过应用圣维南方程组，结合实时输入的管廊内部以及排水管网内传感器数据，SWMM 可以对管网内的水位、流速、流量等关键参数进行动态模拟。通过输入在线监测数据，CFD 模型能够对管廊的具体区域进行精细化的实时模拟，帮助分析暴雨时段内的水力变化趋势，并动态展示积水点、积水范围、积水蔓延趋势及消退趋势，为早期预警提供有力支持。一旦外部洪水倒灌进入管廊，系统则切换至基于圣维南方程的 SWMM 模型，对倒灌水流进入排水管网后的水力情况进行精确模拟，以评估管网的承载能力和潜在风险，实现管廊排水管网预警功能。

2. 综合管廊排水管网监测设备

由于综合管廊位于地下，在遭遇强降雨等天气时，雨水会导致外部通风口、人员进出口、投料口等外部开口雨水倒灌；同时，地下水，消防灭火过程中喷洒的水，内部供水管道、循环热水管道的维修放空，以及其他一些发生泄露的情况，也会给管廊内部造成一定的积水，因此需要设置相应的排水及监测设备。

综合管廊排水设备及系统主要包括排水沟、集水坑、潜污泵、液位传感器，止回阀、截止阀、压力表、压力传感器等。

（1）排水沟

综合管廊沿线设置的排水沟主要负责收集和排除管廊内部及周边的雨水和地表水，防止积水对管廊设施造成影响或损害，从而减少涝灾风险。断面尺寸通常采用 200mm×100mm；地坪以 1% 的坡度坡向排水沟，排水沟纵向与综合管廊的坡度一致，但不小于 2%。排水沟布置断面图见图 4-11。

（2）集水坑

在综合管廊内部发生热力管道或供水管道泄漏时，集水坑可以作为排水的汇集点，迅速处理过量的水流，防止对管廊及周边环境造成更大的影响。集水坑一般设置在投料口、通风口、局部低洼处（如倒虹段、管道交叉等），同时内设潜水泵用于排水。集水坑内设置排水泵，有供水管道的舱室会设置双泵集水坑。天然气舱的集水坑一般设计为单泵集水坑，因为燃气舱的水量一般较少。由于雨污舱本身就有雨污水的流通通道，因此管廊除了雨污舱以外的舱室在设计时都需要设计集水坑。集水坑平面图见图 4-12。

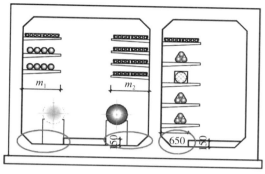

图 4-11　排水沟布置断面图

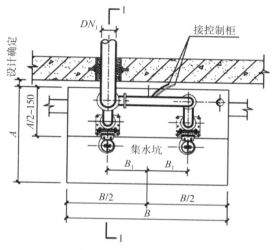

图 4-12　集水坑平面图

（3）排水泵

综合管廊内各舱室的集水坑有单泵集水坑和双泵集水坑。单泵集水坑一般用于电力舱和燃气舱，双泵集水坑一般用于综合舱。

安装于集水坑的排水泵可以分为潜污排水泵、离心泵和轴流泵。潜污排水泵通常泵与电机连体，并同时潜入液下工作，具有结构紧凑、占地面积小的优点，同时也不存在汽蚀破坏及灌引水等问题。离心泵具有构造简单、能与电动机直接相连、不受转速限制、维修方便等优点。在叶片泵中，离心泵的使用率最高、使用范围也最广。轴流泵具有流量大、结构简单、自身重量轻、占地尺寸小的优点；但轴流泵的主要缺点是扬程太低，导致其应用范围受到限制。

（4）传感器

综合管廊内传感器通常设置在集水坑内，实时监测集水坑水位的变化。当水位到达上限后，联动开启排水泵，当水位到达设定下限后，联动停止排水泵。用于测量水位的液位传感器包括接触式液位传感器与非接触式液位传感器。其中，接触式液位传感器包括浮球式液位变送器、投入式液位变送器等；非接触式液位传感器包括超声波液位变送器、雷达液位变送器等。

（5）止回阀

综合管廊集水坑内的积水从排水泵出口，经过压力表后还要经过止回阀与截止阀，然后进入排水管道输送至最近的雨污井。止回阀是启闭件为圆形阀瓣并靠自身重量及介质压力产生动作来阻断介质倒流的阀门，属于自动阀类，又称逆止阀、单向阀、回流阀或隔离阀。

（6）截止阀

集水坑内的积水在综合管廊的排水系统的水泵出口经过压力表、可曲挠橡胶软管、止回阀后，还要经过截止阀。截止阀是关闭件（阀瓣）沿阀座中心线移动的阀门。根据阀瓣的这种移动形式，阀座通口的变化与阀瓣行程成正比例关系。由于该类阀门的阀杆开启或关闭行程相对较短，而且具有非常可靠的切断功能，同时阀座通口的变化与阀瓣的行程成正比例关系，非常适合于流量调节。因此，截止阀非常适合切断、调节或节流场景使用。

4.3.4　综合管廊热力管网监测预警

在综合管廊内部，热力管网的监测预警系统扮演着至关重要的角色，它不仅确保了热力管网的安全稳定运行，也为整体供热系统的效率提升提供了保障。由于它的正常运行直接关系到城市居民和企业的供热需求，因此针对热力管网的监测和预警尤为重要。

热力管网监测预警主要通过实时监控管道内的温度、压力、流量等关键参数，及时发现和预警可能出现的故障或异常情况，如管道泄漏、温度过高或压力异常等问题。这些监测数据通过传感器网络传输到中央监控系统，由智能算法进行数据分析和处理，帮助管理人员提前发现潜在风险并采取预防措施。此外，随着智能化技术的发展，热力管网的监测预警系统也在不断升级，普遍具备以下 6 个特点（表 4-11）：

热力管网的监测预警系统特点　　　　　　　　　　　　　表 4-11

特点	具体含义
全覆盖感知	系统通过布置在热力管道上的各种传感器，实现对整个管道网络的全覆盖感知。无论是主干管道还是支线管道，都能被系统及时监测
控制功能	具备联动控制设备、传感器联动、多条件组合联动等功能，对智能阀门、水泵、风机等设备进行控制。控制方式可选择手动、自动、远程 3 种方式，三者之间可灵活切换
实时监测	系统采用物联网技术，能够实时收集数据并上传到中心控制平台。这意味着运营人员可以随时随地通过手机或电脑查看管道的运行情况，及时掌握管道的工作状态，提前预警和处理问题

续表

特点	具体含义
高精度测量	系统所采用的传感器具有高精度的测量能力，可以准确地监测温度、压力、流量等参数的变化，通过对这些参数进行分析，可以判断出管道是否存在异常情况，从而及时采取相应措施
智能预警	系统内置预警算法，能根据实时数据自动判断管道工作状态，并及时发出预警信号，警信号可通过云平台消息、App、现场声光等方式提醒相关人员，以便迅速采取措施，防止事故发生
存储功能	自动存储流量、压力、温度等监测数据以及报警事件和云平台操作等历史数据，存储频率为 1 次 /min，并形成曲线图，便于查看

　　针对当下热力管网的监测预警系统进行调研，通常可以将其分为前端监测、后端数据分析处理、实时预警与应急响应策略 3 部分。这 3 部分相互配合，构成全面的、智能化的监测预警体系，确保热力管网的安全、高效运行。

1. 综合管廊热力管网前端监测

（1）基于压力、流量、温度数据分析的管道泄漏检测

　　基于压力、流量、温度数据分析，国内外应用的较多，是管道泄漏监测系统的主流方法。这类技术依赖检测仪表，通过管网各关键点的检测，实时监测压力的变化，判断可能发生的泄漏。远程终端装置将采集的流量、压力、温度等参数传递给监控中心，对管道的运行状况进行实时监控。

　　常见的各类热力管网智能监测设备见图 4-13。

　边缘计算网卡　　　　管网压力监测仪　　　　环境温湿度监测仪　　　　智能井盖传感器

图 4-13　常见各类热力管网智能监测设备

　　按照管道类型的不同，可以将热力管网划分为蒸汽管网、热水管网。可根据其介质流向和管网拓扑结构设计监测位置，在热力管网及其支路上的必要点处安装传感器与监测设备。由前端部分来完成对监测因子的采集与汇总、转换、传输等工作，监测因子由测控终端使用不同的方法进行测量，从而获得准确的数据。考虑到管道中输送的介质与压力不同，为减少感知设备施工及运行带来的风险，避免在主管道上开孔，对于不同输运介质的热力管网，需选取不同的手段进行监测。

　　1）蒸汽管网

　　对于蒸汽管网，优先选择疏水箱进行压力、温度监测以及土壤温度监测。这是由于蒸汽管道在运行过程中会产生蒸汽凝结水，因此需安装疏水箱以起到阻汽排水的作用，从而

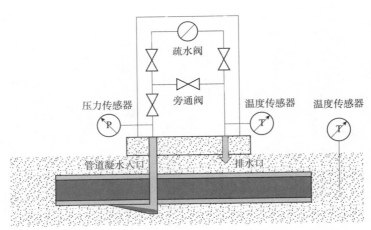

图 4-14　疏水阀传感器安装位置示意图

使蒸汽管道均匀给热，充分利用蒸汽潜热的同时，防止蒸汽管道中发生水锤（突然停电或阀门关闭太快，由于压力水流的惯性而产生的水流冲击波）。

　　由于蒸汽管网内疏水箱压力值可以直观的反映主管道内部的实时压力情况，在疏水箱内部管道中安装压力传感器（图 4-14），能够实现以下主要功能：

　　①在管网发生故障时，能实时通过压力值的变化对故障进行报警，在管网切换及关送气时，可以实时对管网各关键节点进行全方位监控。同时由于蒸汽温度与压力存在必然联系，在监测压力的同时，也能监测主管道的蒸汽温度。

　　②依据对疏水器疏水次数的统计，能够对管道内积水量进行判断，从而可以对管道的运行风险进行预测与预警。因此，在疏水箱管道中安装温度传感器，可以根据温度的变化来判断疏水次数，进而对管网积水情况进行分析。

　　③热力管道补偿器主要是用来补偿管道受环境温度变化影响而产生的热胀冷缩。在管道设计中必须考虑管道自身所产生的热应力，否则它可能导致管道的破裂，影响正常生产的进行。对于热力管道泄漏情况的统计，最大的风险点就在补偿器位置，当蒸汽发生泄漏时，外套管温度升高，因此，在补偿器附近安装土壤温度传感器可以监控补偿器及周边范围内蒸汽是否发生泄漏，以达到监控蒸汽管线运行状况的目的。

　　2）热水管网

　　对于热水管网，常见的监测装置主要包括压力计、温度计及流量计。

　　一般情况下，压力计的安装会尽量选择管道上已有的开孔位置，以避免对主管道的破坏（图 4-15）。放风阀一般安装在管线的隆起部分，用以排除从水中释出的气体；而泄水阀安装在管线的最低点，以排除水管中的沉淀物以及检修时放空管内的存水。因此，可选择在放风阀或泄水阀后接三通接头，两边各连接压力计及新的放风阀或泄水阀，以直观反映主管道内部实时压力情况，同时保留其他功能。

图 4-15　热水管道压力计安装示意图

关于温度计的安装，由于热水泄漏后直接进入土壤中可能导致地下形成空洞，而在地上难以察觉，所以具有较高的危险性，而热水管道泄漏主要位置是焊缝以及补偿器的位置，因此一般选择焊缝位置旁布设温度传感器，当传感器发生报警时，可以预测到周边焊缝及补偿器发生泄漏。

关于流量计的安装，如果经过专业设计机构研判校核，在压力、温度、管径等参数较低的主管道上进行开孔作业处于安全范围内，则可在主管道上安装插入式流量计测量流量。而一般情况下，为降低可能造成的风险，减少管道开孔，采用非插入式外夹超声波流量计，即主干管道外壁双轨道夹持安装。设备通过发射超声波穿透管壁，并测量超声波在管内流体中的传播时间差异，从而计算出流体的流速，在避免了对管道结构破坏的同时，降低了泄漏的风险。

（2）直埋预警线监测法

直埋预警线监测系统由预埋在直埋保温管道保温层中的特殊导线及监测设备组成，详见表 4-12。管道保温层内加有两根泄漏报警用的传感导线，一根为预警线，另一根为信号线。如果报警线与钢管之间的聚氨酯泡沫层有水（工作钢管漏水或保护层破损导致外部渗水），则报警线与钢管间的电阻由极大变为较小，检漏仪报警。故障点定位原理为：如果

直埋预警线监测系统各组成部分　　　　　　　　　　　　　　表 4-12

主要设备	含义
光纤预警线	光纤预警线是主要监测设备，利用光纤技术进行温度、应力、振动等参数的监测。光纤灵敏度高、抗电磁干扰能力强，适合长距离监测
电缆预警线	电缆预警线通过电阻或电容变化来检测环境参数的变化，适用于较短距离的监测，尤其是在局部区域监控时具有较高的精度

续表

主要设备	含义
数据采集单元（DAU）	DAU用于收集和初步处理预警线传输的数据，通常安装在综合管廊内监测节点或端口，将传感器数据转换为数字信号传输到中央监控系统
信号放大器／中继器	在信号的长距离传输中，信号放大器或中继器用于增强光纤或电缆传输的信号，确保数据传输的稳定性和准确性，尤其在大型综合管廊内使用
监控主机	监控主机是中央监控系统的核心设备，负责接收、处理和分析所有来自预警线的数据，并生成报警或通知运维人员进行维护

报警线与钢管间电阻不均匀（可能是故障点），故障定位仪（时间域反射仪）上就会显示出反射波峰，将测得的该波峰反射回来的时间与信号传输速率进行比较运算，就可测得起始点到电阻不均匀点的距离，实现对故障点的定位。目前，该方法在国外被广泛应用。

光纤预警线通常沿着热力管道的外部埋设，重点布置在管道的关键区域，如管道接头、弯头、沉降区、穿越区以及支撑点附近。光纤预警线负责监测温度、应力和振动等参数，可以实时检测管道表面的温度变化和结构应力，及时发现潜在的泄漏、热损失或结构性问题。

电缆预警线一般紧贴热力管道的外壁或隔热层埋设，尤其是在管道的低洼区域、连接部位和易热损失的地方，如阀门、转弯点和管道沉降区域。电缆预警线主要用于监测温度和湿度的变化，能够有效预警管道的漏水和外部腐蚀风险。

数据采集单元（DAU）通常安装在热力管道的分支点、主阀门、泵站、换热站以及其他重要的管道节点附近。这些位置是管道运行中的关键节点。DAU直接连接光纤和电缆预警线，负责实时采集并初步处理各类监测数据，确保监测信息的准确传输。

信号放大器／中继器安装在热力管道的长距离监测线路中，一般每隔500~1000m布设一个。这些设备用于增强预警线传输的信号强度，确保数据传输的连续性和稳定性，尤其在大型综合管廊内使用，防止信号衰减导致数据传输中断。

监控主机通常设置在管廊的中央控制室或其他安全的监控区域，作为整个监测系统的核心设备。监控主机接收来自数据采集单元的所有监测数据，并进行综合分析和处理，生成实时预警或报警信号，指导运维人员进行及时干预。

2. 综合管廊热力管网后端处理

后端系统是对前端采集数据进行深入分析和处理的核心部分。通过各类算法、大数据技术或人工智能，系统可以对收集到的海量数据进行清洗、整理，并识别出异常情况和潜在风险。后端分析不仅包括对实时数据的处理，还能够结合历史数据进行故障诊断、趋势预测，从而识别出可能发生的故障或效率低下的问题。该阶段的重点是实现复杂的数据向可操作情报的转化，以支持管理人员做出及时、准确的决策部署。

（1）负压波法算法

当管道发生泄漏时，泄漏处立即产生因流体物质损失而引起的局部液体密度减小，并出现瞬时的压力下降，这个瞬时的压力下降作用在流体介质上，就成为减压波源，通过管道和流体介质向泄漏点的上、下游以一定的速度传播。以发生泄漏前的压力作为参考标准时，泄漏时产生的减压波就称为负压波。利用漏水附近流量计的变化情况，可以给出上、下游关系，同时对负压波算法的准确性提供验证。

利用设置在漏点两端的压力传感器拾取压力渡信号，根据两端拾取的压力信号变化，以及泄漏产生的负压波传播到达上、下游的时间差，利用信号相关处理方法就可以确定漏点的位置和泄漏口径的大小。负压波法算法示意图见图 4-16。

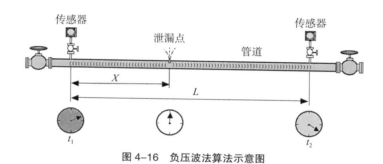

图 4-16　负压波法算法示意图

计算两个测压点负压波法漏水定位公式为：

$$X = \frac{(L - \Delta t \times V)}{2} \tag{4-32}$$

式中，X——泄漏点至第一个压力传感器的距离（m）；

　　L——第一个报警压力计与第二个报警压力计之间的管道距离（m）；

　　Δt——第二个压力传感器报警时间 t_2 与第一个压力传感器报警时间 t_1 的时间差（s）；

　　V——负压波在管道中的传播速度（m/s），一般取值 1500m/s。

管道正常运行时，管内流量可认为是恒定的，当管道发生泄漏时，上游流量增大，下游流量减小，差值即为泄漏量。泄漏量计算公式如下：

$$Q_L = Q_1 - Q_2 \tag{4-33}$$

式中，Q_L——漏损流量（m³/s）；

　　Q_1——泄漏后管道上游流量（m³/s）；

　　Q_2——泄漏后管道下游流量（m³/s）。

（2）综合管廊数字漏水探测方法

管道的数字漏水探测方法是一种综合利用多种传感器技术和数据分析算法的现代化监测手段，旨在及时、准确地检测和定位管道系统中的漏水问题。该方法通过收集管道内部和周围环境的多维数据，结合智能化的算法分析，以在漏水初期就识别出异常信号，避免因漏水造成的能源浪费和安全隐患。管道数字漏水探测方法工作流程图见图4-17。

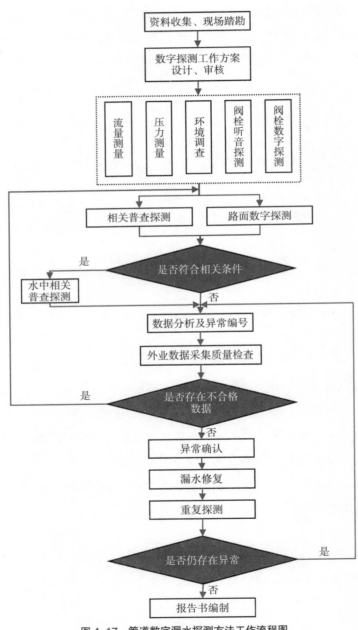

图 4-17　管道数字漏水探测方法工作流程图

智能化漏水探测的首要步骤是对多种传感器采集的数据进行融合与预处理，这些数据需要经过多个步骤的预处理，才能成为后续的智能分析的可靠基础：

1）去噪处理：传感器采集的数据通常会受到环境噪声的影响。通过滤波算法（如卡尔曼滤波、低通滤波）可以有效地消除数据中的噪声，保留有效的信号成分，确保数据的准确性。

2）数据标准化：由于不同传感器的输出数据具有不同的量纲和范围，为了进行有效的比较和综合分析，必须对数据进行标准化处理。这一过程将所有数据归一化到相同的尺度，使得后续分析能够更加直观和一致。

3）时间对齐：各类传感器的数据采集频率可能不同，因此需要通过插值或重采样技术，对数据进行时间对齐，确保各数据源在相同的时间点上同步，以保证后续分析的准确性。

在完成数据预处理后，智能化算法会实时分析管道的运行状态，识别出异常情况。常用到的算法包括：

1）基于时序分析的异常检测：时序分析是异常检测中广泛应用的方法之一。系统通过建立历史数据的时间序列模型，如自回归模型、移动平均模型或自回归移动平均模型，来预测管道在正常运行状态下的行为。当实时数据偏离模型预测值时，系统会识别出异常。

2）机器学习算法：智能化系统通过历史数据进行训练，采用支持向量机、随机森林或神经网络等分类算法，自动识别出异常数据点。这些算法通过学习正常运行模式，能够区分出与之不同的异常行为，有效减少漏报和误报。

3）深度学习与预测模型：随着人工智能的发展，深度学习模型（如长短期记忆网络和卷积神经网络）在时序数据分析中展现出强大的能力。这些模型能够捕捉到数据中的复杂非线性关系和长期依赖性关系，特别适用于检测漏水前的微小信号变化。

在检测到异常后，智能化算法能够进一步定位具体的漏水位置，并进行故障预测，相关算法包括：

1）声波定位算法：基于传感器检测到的声波信号。该算法通过相关分析或声源定位技术（如时差法、波束形成法）来确定漏水点的位置。通过计算声波在管道中的传播速度和反射时间差，系统能够精确定位漏水点。

2）概率图模型：基于隐马尔可夫模型，用于多传感器数据的融合分析，生成管道状态的概率分布图，从而判断故障的最可能发生区域。

3）贝叶斯网络：通过分析管道系统中各因素的因果关系，贝叶斯网络能够结合实时数据和历史事件，推测出漏水的可能原因，并预测故障的发展趋势。这为采取预防措施提供了重要依据。

3. 综合管廊热力管网实时预警

在后端分析的基础上，系统生成实时预警，并制定相应的应急响应策略。当系统检测到异常情况或潜在风险时，会立即触发预警信号，通知运维人员采取必要措施。预警系统不仅仅是简单的告警，还可以根据不同的情景自动执行响应措施，如调整管网运行参数、切换至备用系统，甚至在必要时自动关闭受影响的管段，以防止故障扩大。

目前实时预警可以归纳为以下 3 个方面：

（1）预警信号分类分级

1）信息性预警：这些预警主要用于提醒运维人员关注某些运行参数的轻微异常，这类预警信号通常不会直接影响管网的安全运行，例如温度或压力的微小波动。信号通常通过后台记录或发送通知的方式进行。

2）警告性预警：当某些运行参数超过正常范围或有明显的波动时，系统会发出警告性预警。这类预警表明管网存在潜在的风险，需要运维团队进行检查和分析，以防止问题进一步恶化。

3）紧急预警：当检测到严重的异常情况，如重大泄漏、设备故障或管道破裂时，系统会发出紧急预警。这类预警通常伴随强制性动作，如启动备用系统、自动关闭阀门或紧急停机，以避免事故扩大和造成更大的损失

（2）自动化应急响应

实时预警系统不仅能够发出预警信号，还可以根据预设的应急响应策略，自动执行相应的操作。这些自动化应急响应措施大大缩短了问题从发现到处理的时间，有效降低了事故风险。

1）参数调整：当系统检测到某一部分管网运行异常时，可以自动调整运行参数。例如，在检测到压力过高时，系统可以自动调节水泵转速或调整阀门开度，降低管网压力，以防止设备损坏或管道破裂。

2）切换至备用系统：在某些关键部位发生故障时，系统可以自动切换到备用系统。比如，当主供热管道出现泄漏风险时，系统可以立即切换到备用管道或热源，确保供热的持续性，不影响终端用户的使用。

3）应急停机与排险：在极端情况下，若检测到管网出现不可控的重大故障，系统可以执行应急停机操作，立即停止管网运行，并启动排险措施，防止灾难性事故的发生。这种情况下，系统会同步通知所有相关人员和应急响应团队进行现场处理。

（3）多渠道预警通知

为了确保预警信息能够及时到达相关人员，实时预警系统通常采用多渠道通知机制，主要包括以下 3 种方式：

1）短信与电子邮件：当系统检测到异常时，预警信息会通过短信和电子邮件的形式直接发送到运维人员、管理层及应急响应团队的手机和邮箱，确保预警信息的及时传达。

2）实时监控平台：在综合管廊的监控中心，所有预警信息会在实时监控平台上显示，

并伴随声光报警,提醒值班人员立即关注异常情况。

3)移动应用程序:随着移动互联网技术的发展,越来越多的综合管廊运维团队开始使用移动应用程序。预警系统可以通过专门的运维 App 将预警信息推送给现场人员,使他们能够在第一时间了解并处理问题。

4.3.5 综合管廊环境监测预警

1. 综合管廊环境监测技术

综合管廊环境预警监测基于物联网、GIS 等技术,在管廊内部署多种环境监测传感器,对海量动态数据进行采集,利用获取的温湿度、水位、氧气含量等数据和地理信息数据进行关联,实现空间位置关联的一体化。管廊内部布置了电力、通信、给水、排水、燃气等市政管线及其附属设施,为确保管廊正常运行,通过传感器获取管廊内部环境信息,实现管廊内的温度监测、湿度监测、可燃气体监测、氧气监测、水位监测等。

(1)温度监测

在综合管廊中,温度监测技术广泛应用于实时监测管道和舱室温度变化,及时识别异常情况。温度监测对于管道材料的安全性和稳定性至关重要,因为温度波动可能引发材料的收缩、膨胀或其他变形,进而导致事故并影响管道的可靠性。通过合理布局温度传感器,确保对管道内外表面温度变化的关注。传感器的数量和位置根据管道的布局、直径和材料特性确定。对于不同类型的管道(如水管、燃气管、电力管等),需根据其特定的温度需求来布置传感器,以确保准确监测温度变化。《城镇综合管廊监控与报警系统工程技术标准》GB/T 51274—2017 规定,管廊内的温度检测仪表间距不应超过 200m,并且每个通风区间内应至少设置 1 套。此外,《城市综合管廊工程技术规范》GB 50838—2015 指出,当管廊内空气温度超过 40℃或低于 5℃时,应触发报警。温度传感器实时采集管道表面的温度数据,并通过数据采集系统汇总后,传输至管廊智能系统的中央监控平台。这种实时数据传输确保了运维人员能够及时掌握管道的温度状况。智能系统中的数据分析算法能够实时处理和分析这些温度数据,将预设的温度阈值与传感器读数进行对比,一旦发现异常,系统将立即发出预警。相关人员通过中央监控平台接收警报信息,从而能够迅速采取行动。

温度监测技术的应用显著增强了综合管廊的温度感知能力。通过实时监控,系统能够迅速发现温度异常,避免因温度变化引发的事故。在管廊的温度监测中,广泛应用了铂电阻(RTD)、热电偶、半导体传感器、红外传感器、光纤传感器及无线传感器等多种类型的温度传感器,各类温度传感器的工作原理及优缺点详见表 4-13。

(2)湿度监测

在地综合管廊中湿度传感器的布置至关重要,因为湿度的变化直接影响管廊内设备的

温度传感器工作原理及优缺点

表 4-13

传感器类型	原理	优点	缺点
铂电阻（RTD）传感器	RTD 传感器通过测量金属（通常是铂）的电阻随温度变化的特性来测量温度。电阻随着温度升高而增加，这种线性关系使 RTD 传感器在精确温度测量中非常受欢迎。PT100 和 PT1000 是常见的 RTD 传感器，分别表示在 0℃ 时电阻为 100Ω 和 1000Ω	精度高、线性好、长期稳定性强，适合精确温度测量	响应速度较慢，价格相对较高，可能受外部电阻变化影响
热电偶传感器	热电偶传感器由两种不同的金属丝组成，在它们的接触点处产生电动势（电压），这一电动势随温度的变化而变化。热电偶基于塞贝克效应工作，测量该电压并参考温度表可以确定温度。K 型和 J 型热电偶是常见的选择	测量范围广、响应速度快、结构坚固，适合极端环境	精度相对较低，易受电磁干扰，需冷端补偿
半导体温度传感器	半导体温度传感器依赖半导体材料的电导率随温度变化的特性。它们通常使用 PN 结二极管或三极管来测量温度，电压输出随着温度升高而变化。典型的例子是 LM35 传感器，它输出的电压与温度呈线性关系（例如，温度每升高 1℃，输出电压增加 10mV）	体积小、成本低、易于集成，输出信号易于处理	测量范围有限，精度和稳定性不如 RTD 传感器和热电偶传感器，易受环境影响
红外温度传感器	红外温度传感器通过检测物体发出的红外辐射来测量其温度。这种传感器基于斯特藩–玻尔兹曼定律，物体的红外辐射强度与其温度成正比。红外温度传感器通过光电探测器接收红外辐射，经过滤波和放大后转化为温度读数	非接触测量、响应快，适合高温和移动物体的测量	受环境辐射和表面发射率影响大，精度可能较低，成本较高
光纤温度传感器	光纤温度传感器的工作原理主要基于光纤的光学特性随温度变化而变化。常见的类型包括光纤布拉格光栅（FBG）传感器、拉曼散射光纤传感器和光纤干涉仪传感器。FBG 传感器通过检测反射光波长的变化来测量温度，拉曼散射传感器利用反斯托克斯散射光的强度与温度的关系进行测量，而光纤干涉仪传感器则通过干涉条纹的相位变化来确定温度	抗电磁干扰、耐高温适用于长距离、高灵敏度和高精度、小尺寸和轻量化测量，以及能够实现多点测量	制造和安装成本较高，信号处理复杂，光纤易损坏，温度范围有限以及安装和维护复杂
无线温度传感器	无线温度传感器通常结合 RTD 传感器、热电偶传感器或半导体传感器的测量原理与无线通信技术，如 LoRa 或 Zigbee，将温度数据传输到远程监控系统。其主要优点是避免了布线工作，适合在难以布线的广域或分散区域进行温度监测。传感器测量到的温度数据通过无线模块发送到中央监控平台进行监控和分析	安装灵活，适合广域和复杂环境，避免布线工作	信号可能受干扰，传输距离有限，依赖电池供电，维护成本较高

运行状况和环境安全。过高湿度可能导致设备的腐蚀、电气绝缘程度下降，甚至引发短路等故障；而过低湿度则可能导致静电问题，尤其在输送 CH_4 的燃气舱中风险更高。通过实时湿度监测，可以及时采取防护措施，确保管廊设备的长寿命和安全运行。此外，湿度传感器还可以帮助优化管廊内部环境，降低维护成本。根据《城镇综合管廊监控与报警系统工程技术标准》GB/T 51274—2017，综合管廊湿度检测仪表间距不宜大于 200m，且每个通风区间内应至少设置 1 套。在管廊的湿度监测中，使用的传感器类型主要包括电容式湿度传感器、电阻式湿度传感器、露点传感器以及光学湿度传感器等，各类湿度传感器的工作原理及优缺点详见表 4-14。

湿度传感器工作原理及优缺点　　　　表 4-14

传感器类型	原理	优点	缺点
电容式湿度传感器	基于电容器的两个平行板之间的介电常数变化来测量湿度。空气中的水蒸气吸附在传感器的介质材料上，使其电容发生变化。传感器通过测量电容值的变化来推算环境湿度	精度高，响应快，长期稳定性好，受温度影响较小，体积小，功耗低，适合长期监测和集成到各种设备中	对环境中的污染物和化学气体较为敏感，可能需要定期清洁或校准。成本相对较高
电阻式湿度传感器	利用湿度引起传感器内部的电阻变化来测量湿度。这类传感器通常使用吸湿性材料，如氧化铝或聚合物，这些材料的电阻值随环境湿度变化而变化	价格低廉，响应较快结构简单，制造成本较低，适合大规模部署	精度相对较低，容易受温度和污染物影响，需要温度补偿，长期稳定性不如电容式湿度传感器
露点传感器	测量空气中的水汽开始凝结为液态时的温度（即露点温度），从而确定空气的绝对湿度	能够精确测量低湿度环境下的绝对湿度，特别适合要求严格的控制湿度的场合，同时非常适用于监测露点温度	价格昂贵，响应时间相对较慢，传感器需要复杂的冷却装置，维护成本较高
光学湿度传感器	利用光学方法测量湿度，如光吸收、光散射或光干涉技术。通过测量光在空气中传播时的变化来确定湿度	非接触式测量，适合在恶劣或远程环境中使用；具有较快的响应速度。适用于需要高精度和快速响应的应用场景	设备成本高，系统复杂，需定期校准和维护，容易受到光学元件老化和污染的影响

（3）可燃气体监测

在综合管廊中布置可燃气体监测传感器是确保管廊安全运营的关键举措。管廊中的可燃气可能有甲烷（CH_4）、硫化氢（H_2S）、一氧化碳（CO）等。管廊燃气舱内往往持续输送着大量的甲烷气体，一旦泄漏，极易引发严重的火灾或爆炸，造成巨大的人员伤亡和财产损失。由于管廊通常位于地下，通风条件相对较差，气体泄漏后的扩散速度较慢，积聚的可燃气体浓度容易达到危险水平。可燃气体监测传感器能够实时监测环境中的气体浓度，当检测到可燃气体浓度超标时，传感器会立即触发报警系统，提醒工作人员采取应急措施，防止事故的发生。根据《城镇综合管廊监控与报警系统工程技术标准》GB/T 51274—2017，管廊舱室内可燃气体浓度不应超过爆炸下限的 20%，设置硫化氢、甲烷气体检测仪表的舱室，检测仪表应设置在舱室每一通风区间内人员出入口和通风回风口气流经过处，甲烷传感器距舱室顶部不应超过 0.3m，硫化氢传感器距舱室地坪的高度应为 0.3~0.6m。根据《城市地下综合管廊管线工程技术规程》T/CECS 532—2018，天然气管道舱内应采用固定式可燃气体检测器，宜每隔 15m 设 1 台检测器。此外，由于管廊内部电线较多，随着电线慢慢老化，以及昆虫和老鼠的撕咬，容易导致电线着火。着火初期会产生 CO，需要增加检测 CO 气体的传感器来及时报警。常见的可燃气体传感器有半导体型传感器、催化燃烧型传感器、红外光学型传感器、热导型传感器、电化学型传感器等，各类可燃气体传感器的工作原理及优缺点详见表 4-15。

可燃气体传感器工作原理及优缺点   表 4-15

传感器类型	原理	优点	缺点
半导体型传感器	半导体型传感器通常采用金属氧化物（如二氧化锡）作为敏感材料。当可燃气体（如甲烷、丙烷等）接触传感器表面时，气体分子与氧化物反应，导致材料表面吸附的氧离子减少，进而改变半导体材料的电导率。传感器通过测量半导体材料电导率的变化，从而确定气体的浓度	灵敏度高、响应速度快、成本低	容易受湿度和温度影响，长期稳定性较差，功耗较高
催化燃烧型传感器	催化燃烧传感器包含一个由贵金属（如铂或钯）制成的催化元件。当可燃气体与空气混合后通过催化元件时，在催化作用下，气体在低温下燃烧，产生热量。传感器中的热敏电阻感知到温度升高，电阻随之变化。传感器通过测量这种电阻的变化来确定气体浓度	选择性好、精度高、响应时间短	对有毒气体（如硫化氢）敏感，寿命受限，需定期校准
红外光学型传感器	红外光学型传感器利用可燃气体对特定波长红外光的吸收特性来检测气体浓度。传感器发出一束红外光，当光束通过含有可燃气体的样品时，气体分子吸收特定波长的光，导致通过样品的光强度减弱。传感器通过检测这种光强度的变化来计算气体浓度	精度高，稳定性强，不受氧气、毒性气体干扰，寿命长	成本高、体积较大，维护需求复杂
热导型传感器	热导型传感器的工作原理主要基于不同气体的导热性能不同。传感器内有一个加热元件和一个温度传感器，当可燃气体存在时，由于可燃气体的导热性能不同于空气，导致加热元件周围温度的变化。温度传感器检测到温度变化，并通过这一变化来推算气体的浓度	结构简单、成本低，适用于多种可燃气体	选择性差，容易受环境温度变化影响，精度不高
电化学型传感器	传感器内部通常有 3 个电极：工作电极、对电极和参比电极，并且浸在电解液中。当目标气体（如一氧化碳）进入传感器并接触工作电极时，它与电解液中的氧化剂或还原剂发生反应，产生电流，电流与气体浓度成正比，通过测量电流数值，传感器可以确定气体的浓度	灵敏度高、功耗低，适用于多种气体的检测	响应时间较慢，寿命有限，容易受环境影响

（4）氧气监测

在综合管廊中布置氧气监测传感器是非常必要的。综合管廊通常为封闭或半封闭环境，通风条件有限，氧气浓度可能由于多种因素而降低。电力舱需要工作人员来维护，而电力舱深处可能会缺氧，工作人员进入后，可能由于缺氧造成人员伤亡，故需实时检测各舱室的氧气含量。此外，氧气浓度的异常变化往往预示着潜在的气体泄漏或火灾隐患，因此及时检测和调整氧气浓度对预防事故具有重要意义。通过在管廊内合理布置氧气监测传感器，可以实现对氧气水平的实时监控，及时发出预警信号，从而保障管廊的安全与稳定运行。根据《城镇综合管廊监控与报警系统工程技术标准》GB/T 51274—2017，管廊氧气检测仪表间距不宜大于 200m，每个通风区间内应至少设置 1 套，且氧气检测传感器距舱室地坪的高度宜为 1.6~1.8m。氧气监测传感器的类型主要有电化学型、半导体型、氧化锆型、光学型等，各类氧气监测传感器的工作原理及优缺点详见表 4-16。

（5）地下水位监测

地下水位监测技术在综合管廊智能化系统中得到了广泛应用，其核心目的是实时监

氧气监测传感器工作原理及优缺点　　　　　　　　　　　　　　　表 4-16

传感器类型	原理	优点	缺点
电化学型氧气传感器	电化学型氧气传感器利用伽伐尼电池原理。传感器内部有两个电极（阳极和阴极）浸泡在电解液中。当氧气扩散到电极表面时，在阴极发生还原反应生成氢氧根离子（OH^-），同时阳极发生氧化反应。这种反应产生电流，电流的大小与氧气的分压（即氧气浓度）成正比。通过测量该电流的大小，可以准确地检测出氧气浓度	灵敏度高、功耗低、选择性强、使用寿命长	对环境湿度和温度敏感，可能需要定期校准
半导体型氧气传感器	半导体型氧气传感器通常基于二氧化锡等半导体材料。半导体表面在高温下吸附氧分子，形成负电荷层，影响电子在材料中的流动。当周围环境中的氧气浓度发生变化时，这一负电荷层的厚度会发生变化，从而改变材料的电导率。传感器通过检测材料电导率的变化来推算氧气浓度	成本低、结构简单、响应速度快	受温度和湿度影响较大，灵敏度相对较低
氧化锆型氧气传感器	氧化锆型传感器利用氧化锆陶瓷的离子导电特性。氧化锆在高温条件下（通常为 600°C 以上）可以让氧离子通过。当氧化锆两侧的氧分压不同（即氧气浓度不同）时，会产生电动势（EMF），这种电动势的大小可以用能斯特方程来描述，且与氧分压差成对数关系。通过测量该电动势，传感器能够确定氧气浓度。这种传感器常用于汽车尾气检测和工业过程监控	精度高、检测范围广泛，适用于高温环境	成本高，需要较高的工作温度
光学型氧气传感器	光学型氧气传感器基于荧光猝灭或光吸收原理。荧光猝灭原理是利用氧气可以猝灭特定荧光物质的荧光发射，通过测量荧光强度的变化来推算氧气浓度；光吸收原理则是利用氧气对特定波长光的吸收，通过测量吸收后的光强度变化来推算氧气浓度	非接触测量、无耗材、响应速度快	价格昂贵，对环境光干扰敏感，复杂度高

控地下水位的动态变化，防范因水位异常变化对管廊造成的不利影响。地下水位的波动可能引发周围土壤的液化，进而危及管道的稳定性和运行安全，因此对地下水位进行持续监测至关重要。水位传感器实时收集地下水位数据，并通过数据采集系统进行汇总和传输。这些数据被传送到管廊智能化系统的中央监控平台，确保运维人员能够第一时间掌握地下水位的变化情况。通过这种实时监测，系统可以迅速识别水位异常，提前采取措施，防止水位波动对管廊稳定性和安全性产生的不利影响。常见的地下水位监测传感器包括浮子式、超声波式、雷达式、压力式以及电容式。各类水位传感器的工作原理及优缺点详见表 4-17。

水位传感器工作原理及优缺点　　　　　　　　　　　　　　　　表 4-17

传感器类型	原理	优点	缺点
浮子式水位传感器	浮子式水位传感器利用浮子随水位的升降运动，通过机械连接或电位计将浮子的位移转换为电信号，从而检测水位高度。浮子随着水位的变化在传感器内移动，通过磁性开关或电位器将位移转换为可测量的电信号输出	结构简单、成本低、易于安装和维护，适合监测较大的水位变化	精度较低，容易受到浮子机械卡滞的影响，适用于水面波动较小的场合

传感器类型	原理	优点	缺点
超声波水位传感器	超声波水位传感器通过向水面发射超声波脉冲,并测量回波时间来计算水面与传感器之间的距离。超声波在空气中的传播速度已知,通过测量发射和接收之间的时间差,传感器可以精确计算出水位高度	非接触式测量、精度较高,不受水质影响,适合各种液体	容易受到泡沫、蒸汽或其他障碍物的干扰,且在环境温度变化较大的条件下,测量精度可能受影响
雷达水位传感器	雷达水位传感器与超声波水位传感器类似,但它使用的是电磁波(雷达波)而不是超声波。雷达波通过天线向下发射,反射回来的信号由接收器捕捉并分析时间差,计算出水位高度。雷达水位传感器具有更高的精度和稳定性	精度高、稳定性好,适用于复杂环境和远距离测量,抗干扰能力强	成本较高,安装和维护相对复杂,适用于高精度测量场合
压力式水位传感器	压力式水位传感器基于液体压力与水位高度的关系,通过测量水体施加在传感器上的静压力来计算水位高度。压力传感器通常安装在水体底部,所测压力与水深成正比。传感器内部的压力元件将液体压力转换为电信号	适合深水和密闭环境的水位测量,精度高,不受液体表面波动的影响	需要与液体直接接触,易受腐蚀和污染影响,传感器长期使用可能需要校准
电容式水位传感器	电容式水位传感器通过检测水位变化引起的电容变化来测量水位。传感器通常由两个电极组成,这两个电极形成一个电容器,当水位上升时,电容器的介电常数变化,从而改变电容值。传感器测量电容的变化,并转换为电信号来表示水位高度	精度高,适用于多种液体介质,对污染物不敏感,反应速度快	对安装环境要求较高,容易受液体电导率和温度变化影响,成本较高

2. 综合管廊环境超限预警系统

一旦传感器监测到温度、湿度、可燃气体、氧气、水位等其中一项出现问题或超过预设的报警阈值时,便会立即联动报警系统发出警告,报警方式有现场声光报警、中央监控平台报警、远程短信/App通知、自动化应急措施等,可以立即联动通风系统或喷淋系统,将损失控制在最小。同时,根据气体浓度的不同设定有多个报警级别,例如,低浓度报警可能只是触发系统监控,而不发出现场声光报警;中等浓度报警则触发现场报警并通知管理人员;高浓度报警则会触发所有应急措施,包括现场声光报警、中央监控平台报警、远程通知和自动化应急响应。这种分级管理可以有效减少误报,确保资源和应对措施的合理使用。每次报警事件,系统都会自动记录详细的日志,包括报警的时间、位置、浓度、响应措施等。管理员可以定期生成报告,分析报警事件的频率、分布情况,进而优化管廊的安全管理策略。这些数据还可以作为应急演练和人员培训的依据,提升整体应急响应能力。通过以上多层次、多方式的预警机制,综合管廊内的可燃气体监测系统能够提供全面的风险管理,确保在发生异常状况时,各级人员和系统能够迅速响应,最大限度地保障安全。

整个监测预警系统的通信方式需要考虑到传输距离、带宽、安全等因素。目前,应用得比较多的几种通信方式的原理及其优缺点详见表4-18。

各类通信方式的原理及优缺点

表 4-18

通信方式		原理	优点	缺点
有线通信方式	以太网	以太网是一种广泛应用的有线通信技术，利用双绞线或光纤进行数据传输。它常用于局域网（LAN）中，适合大规模数据的快速传输。以太网的可靠性高、延迟低，特别适用于需要稳定连接和高数据吞吐量的场合，如综合管廊的控制和监测系统	传输稳定、抗干扰能力强，适合地下环境中复杂布线的需求	布线成本高、维护复杂，特别是在综合管廊结构较长或设备密集的情况下
	串口通信	串口通信是通过串行端口进行数据传输的一种方式，通常包括 RS-232、RS-485 等标准，适合在设备之间进行简单的数据交换，广泛应用于工业自动化领域。在综合管廊中，串口通信可以用于传感器和控制器之间的数据传输，尤其是在设备分布较广、需要长距离传输的情况		
无线通信方式	Wi-Fi	Wi-Fi 是目前广泛应用的无线通信技术，支持高速数据传输，覆盖范围广，适用于局部区域内的无线数据传输。在城市区域的综合管廊中，Wi-Fi 可以用于移动设备的实时监控和数据采集。其优势在于安装简便，无需布线，适合快速部署	安装灵活，适合综合管廊内复杂的结构或短期项目部署	信号可能受到地下环境的影响，如金属结构的屏蔽和多路径干扰，可能导致通信不稳定
	GPRS	GPRS 是一种基于蜂窝网络的无线通信技术，适合低速率数据传输，常用于远程监控和数据采集系统。GPRS 的覆盖范围广，适合在不便布线的偏远区域进行数据传输，但其数据传输速率较低，适用于实时性要求不高的场景		
	蓝牙	蓝牙是一种短距离无线通信技术，通常用于设备之间的短程数据传输。在综合管廊中，蓝牙可以用于近距离的传感器数据采集和设备控制。其优点是功耗低、成本低，但传输距离较短（通常在 10m 以内），不适合长距离通信		
光纤通信方式	光纤通信	光纤通信利用光信号在光纤中的传播进行数据传输。光纤具有极高的带宽和传输速度，能够在长距离进行大容量数据传输，同时抗电磁干扰能力强，数据传输的安全性和保密性也较高。因此，光纤通信是异地数据传输的首选方式，特别适用于需要传输大量数据且要求高安全性的场景。在综合管廊中，光纤通信通常用于连接多个监控点和控制中心，确保实时数据的高效传输	支持高速数据传输，适合大规模、长距离的数据传输，且数据安全性高	光纤布线需要精密施工，维护复杂，且初期安装成本较高

4.4 城市综合管廊安防与火灾报警系统

4.4.1 安防系统

安防系统的功能是实现对综合管廊全区域内人员的全程监控，将视频信息和电子巡查信息实时传输到监控中心，便于值班人员及时发现问题。安防系统包括入侵报警探测系统、视频安防监控系统、出入口控制系统及电子巡查系统，并在出入口处设置更严格的安全检查措施，如金属探测器、X光扫描仪等，以便检测和阻止携带潜在武器或危险物品的个人进入。在控制中心增设一套安防工作站及磁盘阵列群。视频安防监控系统与入侵报警系统、预警与报警系统、出入口控制系统、照明系统建立联动。当触发报警信号时，应打开相应部位正常照明设备，图像显示设备切换到报警区域画面，并全屏显示。

4.4.2　入侵报警系统

为防止人员入侵综合管廊，对电缆、管道等设施实施破坏，需要对能够供人员进出的地方进行监测，一旦发现有人非法入侵，立即报警。在每个进风口、出风口及吊装口设置红外线双鉴探测器，采用壁挂方式安装于综合管廊上端侧壁。其报警信号通过现场总线传送至该分区RTU，并通过监控系统传送至控制中心安防工作站。当触发报警信号时，控制中心安防工作站显示器和大屏画面上的相应区间和位置的图像闪烁，并产生语音报警信号，同时及时记录入侵的时间、地点。

4.4.3　视频监控系统

在综合管廊每个防火分区吊装口设置彩色一体化低照度网络摄像机1套，在电力舱设置2套，在供热给水舱设置4套，在管廊内每隔100m设置摄像机1套。视频数字信号经监控以太网传送至控制中心安防计算机。所有的视频监控画面都可以通过智能安全管控平台控制、显示，实现全范围监控，并且可在安防计算机和控制中心大屏幕拼接屏上切换显示各防火分区的监控画面。通过在关键区域布置高清智能摄像头，实时分析监控区域内的人员行为模式和面部特征，及时识别出已知的威胁人员和潜在的可疑行为。一旦系统检测到异常行为或识别出恐怖分子的特征信息，立即启动预警机制，自动调整监控系统的焦点到相关区域，并全屏显示可疑人物的实时图像，同时向值班人员发出语音和文字报警，确保迅速采取措施以防止可能实施的恐怖行动。

4.4.4　离线式电子巡查系统

电子巡查管理系统是考察巡查人员是否在指定时间按巡更路线到达指定地点的一种工具，能有效地对管理维护人员的巡逻工作进行管理。在综合管廊里设置离线式电子巡查系统一套。离线式电子巡查系统后台设置在管廊控制中心内。离线电子巡查点设置在下列场所：综合管廊人员出入口、逃生口、吊装口、进风口、排风口以及综合管廊附属设备安装处、管廊内管道上阀门安装处、电力电缆接头处。

4.4.5 出入口控制系统

在综合管廊内设置智能井盖防盗系统。防盗电子井盖主要由高强度复合井盖体、井盖锁、控制器等组成。防盗电子井盖内置多参量报警监测装置，可对防盗电子井盖的倾斜角度、振动进行实时监测，并将报警信息传输至过程控制器，过程控制器对报警信息进行初步分析后，通过工业以太网传至控制中心。控制中心可对每个防盗电子井盖进行远程控制，控制中心发出的控制命令通过通信网络传输至过程控制器，过程控制器对命令进行判断后，直接控制防盗电子井盖动作。

4.4.6 火灾自动报警系统

火灾自动报警系统在总控制中心设置消防控制室，消防控制室消防设备由中心 UPS 统一供电。在消防控制室设置火灾报警上位机、火灾报警控制器、消防联动控制器、手动控制盘、图形显示装置、消防专用电话总机柜、防火门监控器柜和消防电源监控柜等消防设备。

1. 系统构成

在每个电力舱的防火分区内设置一套区域火灾报警控制柜（内含火灾自动报警控制器、气体灭火控制盘、控制模块、信号模块、24V 电源），负责本区域内消防设施的控制及信号反馈。火灾报警控制柜设置在每个防火分区的配电室内，火灾报警控制器的电源由配电室内电气专业配电柜提供，控制中心火灾报警联动主机与报警区间内的区域火灾报警控制器通过单模光纤组成火灾报警通信环网。区域火灾报警控制柜完成所管辖区间的火灾监视、报警、火灾联动及将所有信号通过网络传输至控制中心等功能。

2. 系统配置

区域火灾报警控制柜：设置于吊装口设备层配电室、中间井的配电室、两端井的弱电机房。

手动报警按钮及声光报警装置：在含有电力电缆的舱内每隔 50m 设置 1 套手动报警按钮及声光报警器。

感温电缆：敷设于所有电力电缆支架上，采用正弦波接触式安装方式。

感烟探测器在含有电力电缆的舱室每隔 10m 设置一个感烟探测器，与防火门距离小于 7.5m。

防火门监控模块含有电力电缆的舱室每个防火门设置一套防火门监控模块，防火门的开启、关闭及故障信号通过防火门监控模块反馈至防火门监控器。非消防电源强切、应急照明强切控制模块设置在区域火灾报警控制柜内。

灭火控制器每个区间设置 1 套气体灭火控制器，安装于火灾报警控制柜内，用于气溶胶灭火装置的联动及控制。

3. 系统联动

在含有电力电缆的舱室，沿顶部设置智能型感烟探测器，在每层电力电缆支架上设置85℃报警可恢复式感温电缆，在每个防火分区设置手动报警按钮和声光报警器，在每个防火分区的出口设置气溶胶灭火紧急启 / 停按钮、声光报警器、放气指示灯。当防火分区内任意一个感温电缆、感烟探测器、手动报警按钮报警时，开启相应防火分区内的声光报警器和应急疏散指示；当防火分区内任意一个感温电缆、感烟探测器和手动报警按钮同时报警时，关闭相应防火分区的排风机、百叶窗、防火阀，切断配电控制柜中的非消防电源，关闭防火门，经过 30s 后启动气溶胶灭火装置实施灭火，喷放动作信号及故障报警信号反馈至火灾报警控制器及气体灭火控制盘，开启放气指示灯。

4. 其他灾害报警

在每个舱人员进出口处设置 1 套报警按钮装置，在发生突发事故时，巡检人员可及时发出报警信号。

4.4.7　通信与信息化系统

1. 通信系统

在综合管廊中设置光纤紧急电话广播系统。该系统集成电话和广播，实现管廊内工作人员与外界通话和控制中心对管廊内人员进行呼叫的功能。

在控制中心设置光纤电话中心主站，在每个防火分区设置光纤电话主机 1 台，主站与主机之间用光纤环路连接。单舱每个光纤电话主机接 2 个副机。光纤电话可兼作消防电话使用。在现场设置用于对讲通话的无线信号覆盖系统。

2. 地理信息系统（GIS）

基于 GIS 的综合管廊三维仿真系统，主要具备管廊内部各专业管线基础数据管理、图档管理、管线拓扑维护、维修与改造管理、基础数据共享等功能。该系统通过综合管廊及设施建模等技术，接收其他系统的数据，真实再现管廊内各专业管线分布情况和管廊内空间利用状况，并且显示通风、温湿度和有毒气体状态参数以及显示设备运营状况。用户可以实现在任意漫游三维环境中实时对综合管廊内的环境监控信息进行查询、浏览、各种状态模拟等操作。

3. 管理信息系统（MIS）

综合管廊设置统一的管理信息系统，功能如下：对监控与报警系统各组成部分进行系统集成，并具有数据通信、信息采集和综合处理功能；与各专业管线配套监控系统联通；与各专业管线单位相关监控平台联通；与城市基础设施地理信息系统联通或预留通信接口。

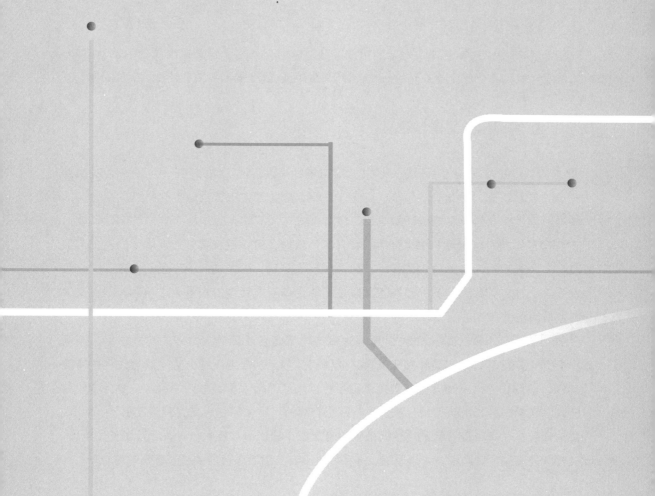

第 5 章

城市综合管廊
安全管控平台

城市综合管廊安全管控平台以安全建设、高效运维、智慧服务为核心，建设物联网基础传感网络，整合智能监控、管网运行、安全管理、应急管理、运维管理等业务流程，构建看得见、看得懂、能预警、会研判、会决策的一体化智慧管控系统，以提高安全运维效率，降低建设运维成本。同时，打破"信息孤岛"，提高"智慧管廊"开放性、扩展性、灵活性，实现信息互联共享。

5.1 城市综合管廊安全管控平台技术架构

综合管廊是未来智慧城市的重要组成部分，智能化是综合管廊运维管理的发展方向，其管控平台的信息化程度要求高，而综合管廊管控平台信息化水平由系统技术架构决定。

5.1.1 技术架构的背景与意义

在《中共中央 国务院关于进一步加强城市规划建设管理工作的若干意见》中，提出要推动城市智慧管理，强化市政设施、交通、环境、应急等城市管理数字化平台的建设与功能整合，建立综合性的城市管理数据库。国务院在《关于深入推进城市执法体制改革改进城市管理工作的指导意见》中也强调要提升应急能力，建立健全城市管理领域的安全监管责任制，加强对重大危险源的监控，消除重大事故隐患，同时进行城市基础设施安全风险隐患排查，建立分级、分类、动态管理制度，并完善城市管理的应急响应机制，提升突发事件的应对能力。

2018 年北京市政府发布的《关于加强城市地下综合管廊建设管理的实施意见》中指出，要强化运营管理，实现智慧化管理。具体措施包括加强地下综合管廊管理体系的智能化建设，统筹建立地下综合管廊信息管理平台，实现与地下管线基础信息系统和数字化城市管理系统的对接与融合，逐步提升地下综合管廊的可视化和智能化监测管理水平。同时，管廊建设及运营单位应综合利用空间地理信息集成、物联网等技术，与入廊管线单位合作，建立相关地下综合管廊信息管理系统，并实现与综合管廊信息管理平台的有效对接。

　　然而，各运营公司各自独立运营综合管廊，随着综合管廊规模的不断扩大，运营信息量激增，主管部门难以全面掌握全市管廊的运营状况，缺乏有效的管理手段，导致管理压力逐渐增加。

　　首先，应急协调难度增加，安全隐患管理复杂，风险预测滞后。由于分散式的运维管理，主管部门缺乏统一的管理手段，各运营单位与主管部门之间的信息相对孤立，主管部门只能被动等待各公司上报各类隐患和事故信息，难以及时、直接掌握事故动态。此外，入廊管线单位、管廊运营单位与主管部门之间的信息和资源分散，缺乏有效的协同机制，导致在事故发生时，主管部门难以统一协调各单位的资源进行及时抢险，影响了抢险效率和指挥效果。

　　其次，信息统计困难，考核缺乏依据，运维监管压力大。当前，主管部门无法对全市综合管廊的运维信息进行大数据统计和分析，无法为管廊的运维、安全、应急、资产和入廊管理提供建设性的意见，难以实现运维成本控制、资产保值增值及可持续运营。此外，上级管理部门难以对综合管廊的建设规模、分布情况、安全运行、节能降耗、应急事件响应与处置、管线入廊和收费盈利等方面的总体情况进行有效考核。

　　因此，综合管廊亟须建立一套集约节约的运维监管体系和配套的综合管廊信息管理平台，完善数据标准。由此，对企业发展而言，可打破由于单一层级、多通道数据传输产生的信息孤岛，提升管理效率，节省运营成本；从政府管理看，能够保证多层级传递和统一的协作模式，提高政府应急指挥效率，从而提高政府的监管水平，实现综合管廊安全、高效、经济、智慧运行的目的。

　　综合管廊作为城市的"生命线"，其运营安全直接关系到城市的整体运行和百姓的生命财产安全。由于内部管线集中且空间密闭，一旦发生事故，极有可能引发连锁反应，导致严重的危害和影响。通过综合管廊信息管理平台，理顺协调、处置、监督的管理流程，推动一般常见问题及时处置、重大疑难问题有效解决、预防关口主动前移。着眼防范化解重大风险，聚焦"最难啃的骨头"、最突出的隐患、最明显的短板，做到安全管理精细、事故处置高效。隐患排查精细、事中处置快速、事后评估客观是综合管廊安全管理的核心，其中隐患排查、防患未然是关键。综合管廊行业主管部门负责全市管廊安全隐患排查工作的监察、督促以及考核，其中考核包括安全应急物资到位情况、事故处置培训以及定期演练情况、重点部位安全隐患的处置情况，对于应急事故要对事故进行后评估等。

　　建设综合管廊信息管理平台是推动智慧城市发展的必然路径，主要原因有 3 点：

　　1. 辅助决策：该平台支持"一个监管中心、多个运营主体"的综合管廊运营监管体系，作为全市管廊的"数据中心"，可以集中统计和分析重要的运营监管信息，帮助决策者更好地掌握全局情况。

2.降本增效：通过全面整合应急物资、设备资产和运维人员，实施统一调度和集中配备，能够有效避免人力、物力资源的重复配置，显著降低全市综合管廊的运营成本，同时提高应急协调和响应速度，提升日常监管信息的传达效率。这是综合管廊运营监管中实现降本增效的有效途径。

3.服务"两张网"：该平台聚焦全市综合管廊管理，体现了全局观念和大局意识，是推动城市管理科学化、精细化、智能化发展的关键举措。同时，它辅助政务服务"一网通办"，也是实现城市运行"一网统管"的重要组成部分。

5.1.2 现状分析

1.标准体系建设现状

各省市及企业参照如《城镇综合管廊监控与报警系统工程技术标准》GB/T 51274—2017、《城市地下综合管廊运行维护及安全技术标准》GB 51354—2019 等标准规范，制定了涵盖建设、管理和运营的标准体系。然而，这些标准体系多侧重于项目验收和运营维护管理，而信息化方面的内容相对薄弱，因此亟须对信息化建设相关标准进行整理和补充。

2.基础网络建设现状

以某综合管廊为例，现状如下：通过 VPN 线路与不同区域进行网络互通，再通过跳接传输信号。其中，一个区域已经通过自拉光缆与大厦实现了数据互通，其中存在以下问题：①由于项目施工中未统一 IP 分配，导致片区之间出现 IP 地址冲突和分配混乱的情况，不利于后期的统一管理。②现有的网络拓扑结构未按照两个层级进行设计，不利于各区级分控中心对其辖区内数据的管理。

3.数据中心建设现状

机房分成多个区级分控站和一个总监控中心，其中，除了个别地点设有独立机房外，其他监控中心未设置独立机房。此外，独立机房的环境状况也不理想。主要存在以下问题：①网络机柜和服务器机柜的尺寸规格未统一，且内部设备布置不规范；②机房和监控室未进行整体规划布局，且机房环境未达标。

4.信息化平台建设现状

目前综合管廊已建成监控与报警等系统，但各系统独立建设，信息化程度较低。当前正在建设的综合管廊管理平台存在的主要问题包括：早期建设投入使用的应用软件种类繁多，不同路段的需求未得到统一，上位平台在数据采集方面面临诸多困难。

5.信息共享现状

目前，综合管廊与其他上位平台实现了部分数据互通，并通过中间数据库的数据推送方式进行共享。但尚未建立统一要求的信息共享管理平台。

5.1.3　技术架构概述

　　智慧管廊平台指的是将综合管廊本体、附属设施及入廊管线与人相互连接，实现感知、传输、控制、大数据处理和指挥调度的一体化协同解决方案。通过运用先进的传感和传输技术，全方位感知管廊的关键信息，对可能影响管廊正常运行的事故进行预警，提前采取控制措施。借助云计算、虚拟现实和物联网等前沿技术，建立统一的智能监管平台，实现智慧化管理，从而提高运营维护的效率。通过对海量数据的分析和挖掘，结合逻辑关系模型，提取有效信息，为运营维护决策提供有力支持，提升管理水平。

　　智慧管廊平台将云技术、BIM+GIS 技术、无线通信技术、大数据技术等应用于综合管廊的运营、巡检、维护、监控与报警等运维管理工作。通过一体化智慧管廊平台，依托大数据分析的预防性控制和专家系统的危机处理决策，实现场景可视化管理、自动化维护与检修、智能化应急响应、标准化数据管理、全局化分析以及精准化管控。这一平台大幅提升了综合管廊的智能化管理水平与运行效率，有效降低了运维综合成本，并显著提高了管廊的运行安全性与可靠性。

5.1.4　技术架构设计

　　智慧管廊设计应满足先进性、高可靠性、扩展性、安全性、易用性、易维护性原则，并符合以下要求：①运用物联网、云计算、大数据、GIS、BIM 等技术，实现区级系统和市级平台的互联互通与协同管理。②应采用模块化设计，各模块相互独立，并采用备份、负荷分担、冗余配置等设计方法，提高可靠性。③平台及各系统的软、硬件应采用模块化设计，满足兼容性要求，方便容量扩充和功能升级。④采用分级用户权限控制，数据库支持备份，配备系统防火墙，硬件架构上专网专用，保证系统安全性。⑤各子系统应支持自动上线和配置，提高易用性。

5.2　城市综合管廊安全管控平台业务功能

5.2.1　业务功能概述

　　智慧管廊平台业务功能应满足综合管廊综合监控、维护管理、应急管理、资产管理、入廊管理、营收管理、档案管理、数据管理、系统管理等方面的要求。平台由多个系统构成，包括基础服务系统、监测监控系统、运维管理系统、安全管理系统、管线管理系统以及数据分析系统。这些子系统模块能够相对独立地运行。基础服务系统负责提供平台所需的物联网接入、地理信息以及数据交换共享等基础服务，其中包括物联感知设备接入系统、"一张图"管理系统、流程管理系统、基础管理系统和信息共享系统。监测监控系统则用于对管廊主体和管线的监控与报警，涵盖管廊监控和管线监测两大功能。运维管理系统为管廊的运行与维护提供必要的功能支持。安全管理系统则与监测监控系统和运维管理系统相结合，实现安全预警，并满足安全检查、安全作业以及应急处理和指挥的需求。管线管理系统对入廊管线进行统一编码，确保对管线入廊业务的全流程管理，满足日常运营需求。数据分析系统通过建立数据分析模型，结合物联网传感数据、运维数据和管线管理数据等进行综合分析，帮助评估管廊环境、管线运行、能耗状况和设备损耗，并提供决策支持。

区级智慧管廊平台实现对有限区域内的单条或多条综合管廊进行管理，功能包括监测监控、运维管理、安全管理。市级智慧管廊平台负责对全市范围内的多条综合管廊进行集中管理，其业务功能包括全局监测与监控、统筹运维管理、综合安全管理以及跨区域协调与资源调度，确保各区管廊系统的高效运作和整体安全。

智慧管廊平台处理业务涉及环境与设备、消防、通风、供电、照明、安全防范、阴雨通信、人员定位、监控报警等众多领域。通过目前的先进技术手段，主要实现以下功能：

（1）统一管理平台

基于BIM+GIS技术，建立统一管理平台，可实现对综合管廊监控管理、信息管理、现场巡检、安全报警、应急联动等功能。统一管理平台可将综合管廊内各子系统进行有机集成，实现各系统关联协同、统一管理、信息共享和联动控制。统一管理平台预留接口，能够满足入廊管线单位、相关管理部门信息平台接入，实现互联互通。

（2）环境与设备监控

环境与设备监控系统根据综合管廊实际机电设备、入廊管线种类、运行管理要求设置。环境与设备监控系统能够实现对通风系统、排水系统、供配电系统、照明系统的设备进行监控和集中管理。环境与设备监控系统可实现对整个综合管廊环境参数进行监测和超阈值报警，对附属设备进行远程监控和管理。

（3）安全防范系统设计

综合管廊安全防范系统由安全管理系统和入侵报警系统、视频安防监控系统、出入口控制系统、电子巡查系统组成、人员定位系统组成，能够实现非法入侵报警、视频监控、出入口控制、人员定位等功能。

（4）火灾自动报警系统

火灾自动报警系统包括火灾探测报警系统和消防联动控制系统。火灾探测报警系统的作用是通过探测现场的火焰、热量和烟雾等相关参数，显示火灾发生部位，发出声、光报警信号以通知相关人员进行疏散和实施火灾扑救。消防联动控制系统的作用是控制及监视消防水泵、排烟风机等相关消防设备，发生火灾时执行预设的消防功能。

（5）可燃气体探测报警系统

综合管廊燃气舱设置可燃气体探测报警系统，由可燃气体报警控制器、燃气探测器和声光报警器组成。

（6）通信系统

综合管廊通信系统能实现监控中心与综合管廊内工作人员之间语音通信联络，分为固定语音通信系统和无线通信系统。

（7）运营管理系统

运营管理系统能够实现巡检管理、办公协同的电子化。具有资产管理、综合巡检、维护维修、入廊人员管理、值班管理、入廊用户管理、合同管理等日常流程性管理功能。

（8）大数据运用及辅助决策

各系统采集的数据经过平台筛选、处理、分析，实现各系统自动控制及系统间联动。通过整合各类数据，进行能耗分析、安全分析、运营分析等，为各级各类监控人员、管理人员提供分析、决策的数据支持。智慧管理平台宜提供云数据存储接口，满足云存储需求。智慧管理平台宜预留与管线运营单位、政府主管部门、智慧城市等的外部接口。智慧平台应采用开放的技术标准，使系统与未来的新增设备具有互联性和操作性。智慧管廊的信息安全应具备"边界控制，内部监测"功能，安全设备应通过国家指定部门的安全评测。智慧管理平台应具身份认证、权限管理、数据完整性控制、数据传输机密性、抗抵赖、安全审计、数据安全等安全服务。智慧管理平台数据中心应建立有效数据备份及恢复机制、软件容错机制。智慧管理平台应按国家现行保密管理要求，建立安全可靠的保密机制。

5.2.2　运维监控功能

城市综合管廊系统，如同现代都市的"生命线"，贯穿于城市的地下脉络，承载着水、电、气及信息等多种管线。在这种复杂而精细的系统中，运维监控的业务功能显得尤为关键，因为其关乎到整个城市运行的稳定性与安全性。城市综合管廊的运维监控平台不仅仅是一项"技术问题"，更是一项"城市治理的艺术"，体现了现代城市管理的智慧和前瞻性。

首先，运维监控平台是城市综合管廊"健康"的守护者。通过集成的监控系统，这一平台实时监测着管廊内的各种参数，包括管道压力、流量、水质、空气质量等，一旦发现异常，系统迅速启动预警，保障城市的基础设施运转无大碍。在日常的监测中，运维监控平台能及时发现潜在的风险点，如管道老化、破损等，及时安排修复工作，从而大大降低了因设备故障造成的服务中断风险，确保了城市生命线工程的稳定性。

这个平台的建立和运作，也体现了对城市居民生活品质的重视。当综合管廊系统运行出现问题时，最直接的影响就是居民的日常生活，比如停水、停电、网络中断等，这些都会对居民的生活质量产生巨大影响。运维监控平台能够确保这些服务的连续性，从根本上提升居民的生活质量和对城市管理的满意度。

而在资源优化配置方面，运维监控平台同样发挥着不可替代的作用。城市综合管廊集中了各种资源的输送，如何确保这些资源被高效利用、最小化浪费，是一个关键问题。监控平台通过对管廊运行数据的分析，可以为城市管理部门提供决策支持，比如调整水压、控制电网负载等，从而更加科学地调配城市资源，促进城市可持续发展的实现。

在应对紧急情况方面，运维监控平台的意义不言而喻。城市发生自然灾害或其他突发公共事件时，管廊系统可能会遭受损害，此时迅速、有效的响应尤为关键。监控平台能够快速地定位问题，调度资源进行修复，最大限度减少灾害对居民生活和城市功能的影响，体现了城市应急管理的能力。

除此之外，随着技术的不断发展，运维监控平台正在逐步向智能化、自动化发展。通过应用物联网、大数据、人工智能等先进技术，平台正变得更加智能和高效。智能化的监控系统不仅提高了管廊运行的稳定性，还能预测和识别潜在问题，实现主动维护，极大提高了维护工作的主动性和预见性。此类技术的进步不仅减少了对人力的依赖，降低了运维成本，还提高了问题处理的速度和准确性，使得城市基础设施管理进入了一个全新的时代。

此外，运维监控平台对于提升城市形象和竞争力也是至关重要的。一个先进、可靠的城市基础设施管理系统，能够提升居民和外界对城市管理能力的信心，对于提高对投资、游客的吸引力等方面也具有积极影响。在全球化的今天，城市间的竞争愈发激烈，一座城市的现代化水平和管理效率往往成为衡量其吸引力的重要指标之一。

值得注意的是，运维监控平台还承担着教育和引导公众的角色。通过公开监控数据，平台可以增强公众对城市基础设施的了解，提高公众对资源节约和环保问题的意识。当居民了解到城市基础设施的重要性以及维护成本时，更可能支持可持续的城市发展策略，并在日常生活中践行节约资源的行动。

综上所述，城市综合管廊的运维监控是维系城市安全、稳定、高效运行的关键。它的存在和发展不仅仅是技术层面的突破，更是城市管理理念和治理能力现代化的体现。运维监控平台的重要性体现在其对于提升居民生活质量的贡献，对于保障城市运行安全的作用，对于促进资源合理配置的能力，以及在应对紧急情况、提升城市竞争力等方面的重大意义。未来，随着技术的进一步发展和数据分析能力的提升，运维监控平台将变得更加智能和灵活，更好地服务于城市管理和居民生活。城市综合管廊的运维监控不仅是城市基础设施管理的需要，更是现代城市发展不可或缺的一部分。通过持续的创新和优化，这一平台将继续在提升城市生活品质、推动城市可持续发展的道路上发挥着至关重要的作用。

5.2.3　信息管理功能

城市综合管廊的信息管理是一个系统的、多维的过程，它不仅涉及数据的收集与分析，还包括信息的流通、共享与安全。我们必须认识到，信息管理是实现城市智能化的基础，它如同神经网络一样连接城市的各个组成部分，保证信息的有序流动和有效利用。

首先，城市综合管廊的信息管理平台提供了统一的信息集成环境。在这个环境中，各类管线的信息能够被统一收集和存储，形成全面的、准确的数据库，这对于维护城市运作的连贯性至关重要。比如，供水管线、电力网、通信线缆和天然气管线的信息可以实时更新和交换，为跨部门协作提供了可能，确保了在紧急情况下快速响应的能力。

信息管理平台强调的是信息的有效流动性。在动态变化的城市环境中，实时更新的信息流对于应对突发事件，如管线破裂或电力故障，是非常关键的。这一平台通过先进的信息通信技术，实现了信息的快速传播和反馈，允许决策者在第一时间内获得准确的信息，做出快速的反应，从而降低了潜在风险和损失。

进一步来说，信息管理平台在提升运营效率和服务质量方面发挥着核心作用。通过对综合管廊内运行数据的智能分析，可以优化维护计划，实现预防性维护而非事后修复。这种以数据为基础的管理方式，提高了维护团队的工作效率，减少了因设备故障带来的服务中断，最终提升公共服务的整体质量。

城市综合管廊的信息管理平台也是实现资源节约和环境保护的关键工具。通过对资源消耗数据的监控和分析，平台可以帮助城市管理者发现节约资源的潜在方式，例如通过调整管网压力来减少水资源的损失，或者优化能源分配来降低能耗。这种环保且高效的管理方式不仅节约了成本，也符合可持续发展的理念。为下一代居民留下更加宜居的城市环境。在安全性方面，信息管理平台确保了敏感数据的保密性和完整性。考虑到管廊系统中涉及的数据往往具有高度敏感性，如居民个人信息、企业运营数据等，平台必须具备强大的数据安全保护措施。通过采用最新的加密技术、访问控制和网络安全策略，信息管理平台保证了数据不被未经授权的用户访问或篡改，为所有管廊系统的用户和管理者提供了安全保障。

在智能化和自动化不断进步的今天，城市综合管廊的信息管理平台也在不断地引入人工智能算法和机器学习技术。这些技术能够对海量的数据进行深度分析，从而发现模式、预测趋势和自动化决策制支持。这种技术革新不仅大幅提升了信息管理的效率，还赋予了平台前所未有的预测能力。例如，通过对历史数据的深度学习，平台可以预测管网的磨损趋势，从而在实际故障发生前预先进行修复或更换，大大降低了城市运营的风险和成本。

城市综合管廊的信息管理还涉及公众参与和透明度提升。平台可以向居民提供接口，让他们能够了解到管廊系统的运行状况，甚至参与到管廊的维护以及安全监督和财政监督中。这种开放的态度提升了政府公共服务的透明度，居民能够通过平台提供的信息，更好地理解城市基础设施的重要性，从而更加积极地支持和参与城市管理。

此外，信息管理平台还充当着应急管理的"中枢神经"。在自然灾害或其他紧急情况下，平台能够迅速集成和调配资源，支持紧急响应和灾后重建工作。实时的信息共享和快速的决策支持，对于提高应急处理的效率和效果至关重要，这在不可预测的紧急情况下尤其显著。城市综合管廊的信息管理平台也是智慧城市建设中不可或缺的一部分。随着城市化的加深和技术的发展，智慧城市的构建越来越依赖于数据和信息技术，平台通过集成和分析城市运行的各类数据，为城市规划和管理提供了数据支撑，推动了城市管理的科学化、精细化。在长远的发展中，信息管理平台将不断适应新的技术和管理需求，比如集成物联网技术以实现更加精准地监测和控制，以及采用云计算和大数据技术支撑更为复杂的数据处理和存储需求。这些技术的融合和应用，不仅提升了平台自身的能力，也为整个城市的可持续发展贡献了力量。

总而言之，城市综合管廊的信息管理是一个涉及技术、管理、安全和社会参与等多个方面的复杂系统。平台的重要性和意义不仅体现在其技术的先进性，更在于其对于提升城市运营效率、保障居民生活质量、促进资源节约和环境保护、提高公共服务透明度和应急响应能力等方面的深远影响。随着技术的不断发展，信息管理平台将继续演进，为城市的持续发展和居民的福祉提供坚实的支撑。

5.2.4　安全预警功能

综合管廊中这些隐蔽在地下的管网，承载着电力、通信、水处理等多种城市基础设施的运行，它们的安全与否直接关系到城市的稳定和居民的安全。正因如此，一个高效、智能的安全预警平台不仅是必要的，也是确保城市生命线畅通无阻的关键。

首先，安全预警平台通过集成高精度传感器和先进的数据分析技术，为城市管理者提供了一个全方位的监控系统。这一平台能够实时监测和分析综合管廊内的环境参数，如气体泄漏、温度异常、结构变形等，一旦监测到异常情况，系统会自动触发预警，立即通知管廊管理中心和相关应急响应部门。这种预警机制的速度和准确性在很大程度上减少了由于延误响应而可能导致的灾难性后果。

安全预警平台的意义不仅仅体现在其防患于未然的能力上。在城市运营管理的各个层面，平台都起到了桥梁和节点的作用。比如，在规划和建设新的城市区域时，安全预警平台可以提供历史数据支持，帮助规划者做出更为明智的决策。同时，在城市的日常管理中，安全预警平台也可以根据实时监控数据，调整城市运营策略，优化资源配置，比如在电力需求高峰时段提前做好电网调度，以防止超负荷运行造成的安全事故。

安全预警平台还极大地增强了城市对于紧急事件的响应能力。城市综合管廊往往布局错综复杂，一旦发生火灾、爆炸或其他灾害，传统的应急响应往往难以快速有效地定位问题和处理危机。而拥有了安全预警平台，就能够实现对事件的快速定位和及时响应，甚至可以在危机发生前进行干预和控制，大幅提高城市抵御突发事件的能力。

除此之外，安全预警平台还提高了公众参与度和城市管理的透明度。通过平台，居民可以更直观地了解到城市基础设施的运行状态，增加了居民对城市服务的信任感和满意度。同时，平台还可以为居民提供教育和培训资源，提高大众对于基础设施安全的认识，从而鼓励居民参与到城市安全管理中来。

在智慧城市建设的大潮中，安全预警平台显得尤为重要。随着物联网、大数据、云计算等技术的应用和发展，城市综合管廊的安全预警平台也将不断升级和完善。未来的预警平台不仅能处理更复杂的数据，还能提供更加精确的预测模型，为城市管理提供决策支持。

同时，安全预警平台也在持续强化城市抵抗灾害的韧性。在极端天气和气候变化的影响下，城市基础设施面临着越来越多的挑战。综合管廊的安全稳定运行尤为关键。通过安全预警平台的实时监测和快速反应，即便在恶劣的自然条件下，城市也能保持其基础服务的连续性和安全性，减少因灾害引发的次生影响，确保城市的正常运转，这对于保障公众安全、维护社会稳定具有非常重要的意义。

在强调安全预警平台重要性的同时，也不得不提及其在促进城市可持续发展方面的贡献。一个能够有效防范风险、降低事故发生频率的城市，能够在保护环境、节约资源上做得更好。安全预警平台通过减少应对事故带来的资源浪费，以及通过精准调度减少系统运行能源消耗，助力城市走上更绿色、更可持续的发展道路。

此外，随着城市化程度加深，居民对生活质量的要求也在提高，一个能够提供高效、安全保障的城市，将更有吸引力。安全预警平台提升了城市的安全保障水平，这不仅能够增加居民的幸福感和归属感，同时也会吸引更多的投资和优质人才。

综上所述，城市地下综合管廊的安全预警平台不仅仅是一个技术系统，它的建立和完善是现代城市管理智能化、科学化的体现，是保障城市安全、促进城市可持续发展不可或缺的重要组成部分。随着科技的进步和城市需求的增长，未来安全预警平台将会更加智能化，其功能将更加完善，对城市的贡献也将不断增加。这不仅是技术发展的必然趋势，也是城市发展的必要选择。

5.2.5　维护与调度功能

综合管廊的维护与调度功能对于维持城市的正常运转至关重要，其平台的建立和完善直接关系到城市安全和可持续发展。在日常运维工作中，维护与调度平台确保了综合管廊系统的高效运作。平台通过实时监控系统，不间断地对管廊内的状况进行检查，及时发现并处理问题，防止了小问题积累成大问题，确保了城市运作的顺畅无阻。每一项检查、维护和修复的行动都是基于平台的统一调度，这充分体现了平台在管廊系统日常运行中的核心作用。在面对突发事件时，维护与调度平台能够迅速响应，将有限的资源以最快的速度调配到需要它们的地方，最大限度地降低事故对城市生活的影响。调度平台在这时就如同城市的救生圈，它的高效运作直接关系到城市能否安全地度过危机。

技术的进步为综合管廊维护与调度平台的升级提供了可能。传感器、数据分析、GIS、BIM 等技术的应用，让这个平台变得更加智能化和精准化。它们像城市的"感觉器官"一样，捕捉城市运行中的每一个微小变化，让维护与调度工作更加有的放矢，效率显著提高。通过对这些先进技术的整合，平台的预防性维护和应急响应能力得到了极大的增强。

管理层面上，综合管廊维护与调度平台的建立意味着我们有了一个科学、系统的方式来处理复杂的城市地下问题。这个平台不仅仅是一个技术系统，更是一种管理体系，它通过规范化、标准化的流程，保证了各个部门、各个环节的协同工作，提升了整个城市的运行效率。

综合管廊维护与调度平台的建立和完善，反映了市政工程建设者与管理者对城市发展与居民生活质量的重视，同时也体现了对未来城市生活的设想和规划。可以说，一个城市的综合管廊维护与调度平台，不仅是技术进步的象征，更是城市文明与进步的标志。通过不断优化这一平台，能够确保管廊系统的健康运行，维护城市的活力。这个平台所承载的，不仅是管线的物理管理，更是城市运行的智慧调度，它体现了城市管理者对公共安全、环境保护和社会责任的深刻认识。维护与调度平台不仅服务于当下，更通过其前瞻性的规划为城市未来的可持续发展奠定基石。

城市综合管廊的重要性在于其不可替代性和对城市功能的全方位支持。综合管廊维护与调度平台集合了多种功能，从而保障了城市的基础设施在各种条件下都能稳定运行。比如，在极端天气条件下，综合管廊内的设备可能面临更大的风险，这时维护与调度平台的应急预案就显得尤为关键，它能够快速启动，减少损失和影响。再比如，在城市快速发展、新区块不断开发的背景下，平台确保了新旧管线的有效对接，为城市扩张提供了坚实的基础设施支撑。城市综合管廊的调度和维护工作看似遥远和隐秘，但其实每一次成功的调度、每一次及时的维护，都直接影响到城市居民的日常生活。它不仅关乎每个家庭的用水用电，还关系到交通、通信等多方面的稳定和安全。维护与调度平台的另一个重要作用，是促进资源的合理分配和使用。在资源日益紧张的今天，如何合理利用每一分资源，减少浪费，是城市可持续发展面临的重大挑战。平台通过高效的调度能力，可以最大限度地发挥每一条管线的作用，优化资源配置，这对于资源节约型、环境友好型城市建设具有重要意义。

5.3　城市综合管廊安全管控运行机制

面对城市综合管廊行业的新发展，在注重硬件设施建设的同时，更应深度探索安全管控运行机制。

5.3.1　运行机制概述

综合管廊应建立安全管控运行机制，并由专业运营管理单位进行日常管理，这是确保其长期稳定运行的关键。这一机制涉及多方面的工作，包括日常监控、定期维护、应急预案与演练、信息化管理等。合理的安全管控运行机制不仅可以防范潜在的安全隐患，还能在事故发生时迅速响应，有效减少损失。综合管廊运营管理单位应制定相关制度规范接管程序，并按前期设计各项系统功能、性能指标及施工规范进行接管，并做好承接查验记录。运维操作人员上岗前应经过具有针对性培训及考核，具备相应的专业知识。

在实际运行中，综合管廊的管理应将值班、巡检、日常监测、出入控制以及作业管理等环节纳入智慧化系统，并与维护管理功能无缝对接。运维人员实行 24h 值班制度，确保对综合管廊的各项运行活动，包括监控、调度和联络等进行实时管理。与此同时，综合管廊作为城市的重要基础设施，其安全性关系到整个城市的正常运转。因此，必须制定详尽的应急预案，以应对可能发生的各类突发事故。这些预案应明确在不同事故场景下，各部门、各岗位的职责分工和应对流程。此外，应急预案还需要通过定期的演练来检验和完善。

综合管廊的运行依托于智慧管廊平台，充分利用成熟的信息技术，并结合人工智能手段，以降低运营风险并提高管理效率。运维人员需实时掌握进入管廊人员的位置和活动区域，并处理相关的入廊申请，管理智能卡或其他便携设备的发放、授权和回收，同时确保所有系统和设备的运行状态良好，网络环境稳定。针对现场实际情况，运维人员应及时调整设备参数，确保系统工作在最佳运行状态。此外，为确保监测数据的可靠性和系统操作的安全性，信息系统应严格划分权限，使用生物识别等技术来验证操作人员的身份。作业管理则可以通过移动终端与智慧管廊平台进行智能交互，动态管理项目的进度、质量、安全性和成本。运营管理单位还应通过网络管理系统持续监控网络状态，分析收集到的数据，对结构、设备、环境状态及能耗情况进行综合评估，利用智慧分析手段优化和调整管理策略，以确保综合管廊的高效、安全运营。

5.3.2　综合管廊运行维护管理机制

综合管廊的维护管理应涵盖设施维护、检测、大中修及更新改造、备品备件管理以及工单流程等各个方面。通过对运行数据的分析，综合管廊运营管理单位可以优化维护管理流程，提升整体效率。结合智慧管廊平台，管理单位应统筹人员、材料和机械设备的协调，与入廊管线单位联合制定年度的大中修及更新改造计划。此外，综合管廊内的仪器仪表及维护所需的设备应按规定定期进行计量检定，确保其精准度和可靠性。针对管廊结构、消防设备、供配电设备等关键设施的定期检测，管理单位需系统分析检测结果并进行安全评估，最终对管廊的整体运行安全性作出科学评价。在管廊设施设备发生故障时，应依托智慧管廊平台和移动终端进行快速应急抢修，确保在最短时间内完成故障处理，同时保障抢修过程的安全性。智能标识设备的有效性也应每半年进行一次检测，以确保其持续有效运作。

安全管理应将出入安全、作业安全、信息安全、安全保护、应急管理等纳入智慧化管理。应根据维护要求，按照巡检结果、数据分析及其他信息反馈结果编制维护计划，维护要求应符合《城市地下综合管廊运行维护及安全技术标准》GB 51354—2019 和《城市综合管廊运行维护规范》DB11/T 1576 的相关规定。运营管理单位应制定安全管理制度，设立安全管理机构，配备专职安全管理人员，确定安全生产目标。运营管理单位宜采用表单形式对维护计划进行编辑录入。针对天然气舱内的施工作业，必须严格遵守《城镇天然气设施运行、维护和抢修安全技术规程》CJJ 51—2016 的相关要求。此外，管理单位应至少每 6 个月在现场进行一次安全事件模拟演练，以检验安全设备的联动运行状态，并针对管廊与外部管线、轨道交通、河流、路桥等的交叉区域进行安全监测。对特殊地段，如软基与轨道交叉、过河、过海的管廊，管理单位还应定期开展专项安全检查。为了提高工作人员的安全意识和应急处理能力，运营管理单位和入廊管线单位须定期开展安全教育培训，可采用增强现实（AR）和虚拟现实（VR）等先进技术手段。面对台风、地震等自然灾害，管理单位应建立多重响应机制，并与入廊管线单位建立快速、可靠的通信机制，通信手段应不少于两种。此外，管理单位应根据季节性变化、节假日安排、重大危险源和日常运营情况，进行有针对性的安全检查。

管线管理方面，包括前置查询、路由管理、合同管理、收费管理、施工及验收管理等工作内容。入廊管线单位须提交入廊申请及相关管线信息数据。日常巡查工作由入廊管线单位负责，同时要配合运营管理单位的监督管理，确保管线的安全运行。数据交互需符合《城市综合地下管线信息系统技术规范》CJJ/T 269—2017 的相关要求。当突发事件或管线严重故障发生时，智慧管廊平台应自动启动应急和联动响应，并按照预先制定的应急抢修预案进行处理。

同时，城市综合管廊建立市级管理平台和区级管理平台对于运行维护管理至关重要。市级管理平台的主要作用在于统筹全市范围内综合管廊系统的规划与协调，确保布局合理、标准统一，避免各区之间因缺乏协调而导致的重复建设或资源浪费。通过市级管理平台，城市可以集中资源，包括技术、资金和人力，进行有效地调配和管理。这种集中化的管理模式，不仅有助于推动全市范围内的信息化和智能化建设，还能够建立一个强大的应急响应体系。市级管理平台还肩负着制定和监督执行相关政策、技术标准的责任，确保各区在实际操作中保持一致性，同时通过监控系统实现对潜在安全隐患的预防与控制。

区级管理平台则更多承担了具体的实施与日常管理任务。作为市级管理平台的延伸，区级管理平台负责落实全市的政策和标准，确保综合管廊在当地的建设、运营和维护工作顺利进行。区级管理平台的一个重要作用是快速响应区域内的紧急情况，通过灵活的管理和快速组织，减少事故对当地的影响。此外，区级管理平台能够处理本地特有的问题，并向市级管理平台反馈运行数据，从而保障全市管理的透明度和协同性。区级管理平台的另一个重要作用是贴近基层，直接为居民和企业提供服务，回应他们的需求。

总的来说，市级和区级管理平台的协同合作，是确保城市综合管廊系统高效、安全运行的关键。市级管理平台在宏观层面进行统一调控和资源整合，确保全市范围内的管廊系统稳定运行；而区级管理平台则通过具体的日常管理和应急响应，确保各区的管廊能够快速适应和解决本地问题。这种分级管理模式不仅提高了城市基础设施的管理效率，还增强了城市在面对突发事件时的韧性和应对能力，从而推动城市的可持续发展。

5.3.3 综合管廊应急管理机制

城市综合管廊作为现代化城市基础设施的重要组成部分，其安全运行直接关系到城市的整体功能和居民生活的正常运作。为了保障综合管廊的安全性和可靠性，建立健全的应急管理机制至关重要。这一机制应当具备预防、监测、响应、恢复等多方面的能力，以全面提升管廊系统的抗风险能力和应急处置水平。

首先，综合管廊的应急管理机制应当以预防为核心，通过全面的风险评估和隐患排查，提前识别可能影响管廊安全的因素。这包括自然灾害如地震、洪水等可能引发的风险，以及人为因素如施工、管道泄漏等潜在威胁。预防措施不仅限于物理防护，还应包括对管廊内各类设施的定期检查和维护，确保其处于良好运行状态。预防机制的建立，可以最大限度地减少事故发生的可能性，从源头上控制风险，保障管廊系统的安全性。

其次，监测与预警是应急管理机制的重要环节。综合管廊内部应当部署先进的监测设备，如传感器网络、摄像头等，实时监控管廊内各类设施的运行状况。一旦发现异常，如管道压力变化、温度升高、漏水等情况，监测系统能够迅速发出警报，并将相关信息传递至应急管理中心。通过实时监测和及时预警，可以在事故发生的早期阶段迅速采取应对措施，防止事态进一步恶化。这种"早发现、早报告、早处置"的机制，是应急管理中至关重要的一环。

当突发事件不可避免地发生时，应急响应机制的迅速启动显得尤为关键。综合管廊的应急响应机制应当包括人员撤离、紧急抢修、事故隔离等多项内容。为了确保响应的高效性，城市应当组建专业的应急救援队伍，并进行定期的培训和演练，确保在紧急情况下能够迅速赶赴现场，实施抢险救援。此外，应急响应还应包括与市政、消防、电力、燃气等相关部门的协同联动，确保各方在突发事件中的密切配合与快速反应。一个高效的应急响应机制，不仅能够将事故造成的损失降到最低，还能迅速恢复管廊的正常运行，减少对城市生活的影响。

最后，恢复与总结也是应急管理机制不可或缺的一部分。在事故得到控制后，应当迅速展开恢复工作，包括对受损设施的修复、环境的恢复以及事故原因的调查分析。通过总结经验教训，可以进一步完善应急管理机制，提升应对未来风险的能力。同时，恢复工作的顺利推进，还能有效稳定公众情绪，恢复城市的正常秩序。

综合管廊的应急管理机制不仅是一种防范和应对突发事件的手段，更是保障城市基础设施安全的重要保障。通过建立完善的预防、监测、响应和恢复机制，城市可以有效降低管廊系统的运行风险，提高应对突发事件的能力，确保管廊系统的安全稳定运行。这一机制的建立，不仅能够保护城市基础设施的完整性，还能有效保障居民的生命财产安全，推动城市的可持续发展。因此，应急管理机制对于综合管廊的长效安全运行具有极为重要的意义和作用。

5.3.4　综合管廊智慧管理机制

综合管廊全要素可视化管理以"硬件＋平台＋应用"为核心，实现看得见、看得懂、能预警、会研判、会决策。

智慧管理机制首先围绕"人"的管理展开，解决安全生产的命题。通过对人员的智能化管理，综合管廊可以实现对作业人员的实时监控与调度。人员进出管廊的记录、位置跟踪、工作状态等信息都可以通过智慧管廊平台进行监控。这种人性化的管理方式，不仅能够确保作业人员的安全，还能提高作业效率。此外，通过培训系统，智慧管廊平台可以为工作人员提供线上培训与考核，确保他们具备最新的技术知识和安全技能。这种以人为本的管理机制，是实现安全生产的关键。

其次，智慧管理机制在"物"的管理上，解决了高效运维的命题。综合管廊内的各种设施、设备和物资都是"物"管理的核心。通过全要素可视化管理，智慧管廊平台能够对管廊内的各类设施进行实时监测，确保设备运行状态可视化、数据化。结合物联网技术，平台能够实时采集和分析设备的运行数据，一旦发现异常，系统能够自动预警，并通过智能化分析为管理人员提供决策支持。这种"看得见、看得懂、能预警"的管理模式，使得综合管廊的日常运维更加高效、精准，减少了因设备故障带来的突发事件和安全隐患。

最后，在"事"的管理方面，智慧管理机制通过平台的智能化应用，解决了智慧服务的命题。综合管廊内的各类事件，包括日常的维护任务、突发故障处理以及应急事件的响应，都可以通过智慧管廊平台进行统筹管理。平台不仅可以记录和跟踪各类事件的处理进程，还能够通过大数据分析和人工智能技术，研判事件的潜在影响，并提出最优的应对方案。这种基于数据的智能化决策支持，使得管廊管理从传统的被动应对转变为主动管理，不仅提升了服务质量，还提高了整个系统的响应速度和处置能力。

智慧管理机制的核心在于"硬件＋平台＋应用"的有机结合。硬件方面，涵盖了传感器、监控设备、通信网络等基础设施，它们是数据采集的基础。平台则是整个管理体系的中枢，集成了数据存储、分析、显示和预警等功能。应用层面，智慧管理机制通过各种智能化应用，实现了对综合管廊全生命周期的管理和服务支持。这种多层次、多维度的管理体系，使得管廊管理不仅"看得见、看得懂"，还能够通过大数据分析和人工智能技术，实现"能预警、会研判、会决策"，为管廊的安全、运维和服务提供了全方位的保障。

综上所述，综合管廊的智慧管理机制是现代城市基础设施管理的核心手段，通过全要素可视化管理和智能化决策支持，实现了对人、物、事的全面管理。这种智慧管理不仅提升了综合管廊的安全性和运维效率，还为城市的可持续发展提供了强有力的技术支撑。通过"硬件＋平台＋应用"的有机结合，智慧管理机制真正实现了管廊管理的智能化、科学化和高效化，使得城市基础设施管理迈向一个新的高度。

5.3.5　综合管廊信息保障机制

综合管廊的信息保障机制应确保数据的完整性、安全性和实时性，以保障管廊的高效运营和安全管理。应建立数据加密、访问控制、灾备恢复等机制，防范数据泄露和损坏。同时，通过实时监控和预警系统，确保信息传输的准确和及时，支持智能化决策和应急响应，并按照国家法律法规、企业制度、人才保障和安全防护 4 个方面进行规范管理。这不仅要求保障资产信息、涉密信息以及管廊和管线信息的真实性和可靠性，还必须确保综合管廊数据中心与外部单位信息交互和共享的安全性。综合管廊的网络信息安全建设和管理应满足《信息安全技术　网络安全等级保护安全设计技术要求》GB/T 25070—2019、《信息安全技术　网络安全等级保护基本要求》GB/T 22239—2019、《信息安全技术　网络安全等级保护测评要求》GB/T 28448—2019 等现行国家标准的相关要求，并建立对应台账。

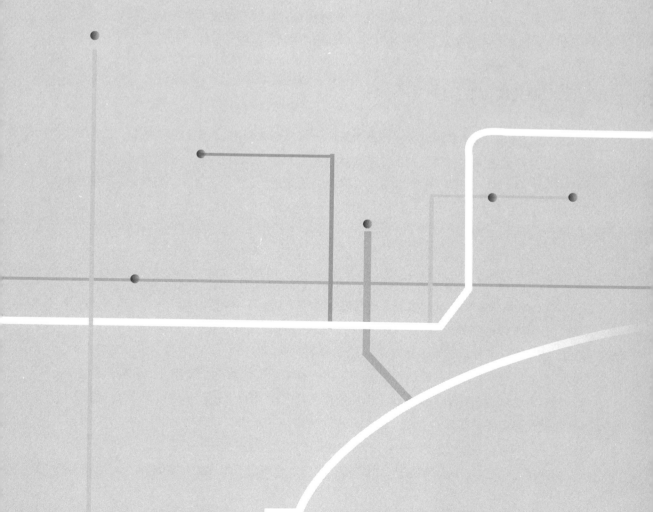

第 6 章

城市综合管廊
应急管理

城市综合管廊应急管理是指在城市综合管廊建设和运营过程中，为了应对突发事件和紧急情况而制定的一系列管理措施和应急预案，旨在保障城市综合管廊系统的安全稳定运行，最大限度地减少事故损失，并及时有效地处理各类紧急情况。

6.1　城市综合管廊应急预案体系

应急预案是指生产经营单位根据本单位的实际，针对可能发生的事故的类别、性质、特点和范围等情况制定的事故发生时组织、技术措施和其他应急措施。

6.1.1　相关规范性文件

根据《中华人民共和国安全生产法》第十一条第一款规定："国务院有关部门应当按照保障安全生产的要求，依法及时制定有关的国家标准或者行业标准，并根据科技进步和经济发展适时修订。"城市综合管廊领域根据相关法律规定，制定了如《城市综合管廊运营服务规范》GB/T 38550—2020、《化工园区公共管廊管理规程》GB/T 36762—2018、《城市综合管廊安全管理技术标准》T/CMEA 12—2020、《城市地下综合管廊运行维护及安全技术标准》GB 51354—2019 等标准。本节以《城市地下综合管廊运行维护及安全技术标准》GB 51354—2019 为例，介绍标准的构成及主要内容。

《城市地下综合管廊运行维护及安全技术标准》GB 51354—2019 由总则、术语、基本规定、管廊本体、附属设施、入廊管线及附录等几部分构成。其中，总则是总领性章节，阐述了城市综合管廊领域涉及的基本问题和基本要求，例如 1.0.1 条解释了标准制定目的："为规范城市地下综合管廊的运行和维护，统一技术标准保障综合管廊完好和安全稳定运行，制定本标准。"第 1.0.2 条解释了标准的适用范围："本标准适用于城市地下综合管廊本体、附属设施及入廊管线的运行、维护和安全管理。""术语"部分则是对标准中涉及的专有名词进行解释。"基本规定"部分对管廊的运行管理、维护管理、安全管理、信息管理作出了总体规定。在"3.1 运行管理"中规定了："综合管廊运行管理应包括值班、巡检、日常监测、出入管理、作业管理等内容。"并对以下内容涉及的常见行为进行标准化的规定。"3.2 维护管理"则对维护管理的标准化范围进行了说明："综合管廊的维护管理应包括设施维护、检测、大中修及更新改造、备品备件管理等。"并对其相关行为进行了标准化规定。同样，"3.3 安全管理"的范围也被确定为是出入安全、作业安全、信息安全、环境安全、安全保护、应急管理等。"3.4 信息管理"则是上述行为的信息化集成管理，对城市综合管廊信息化管理手段和信息管理系统的建设行为以标准的形式予以规定。在"4 管廊本体"部分中，则对其对象和范围作了一般规定："管廊本体运行维护及安全管理对象应包括综合管廊的主体结构及人员出入口、吊装口、逃生口、通风口、管线分支口、支吊架、防排水设施、检修通道及风道等构筑物。"还对管廊安全保护、本体巡检、检测与监测、本体维护作了其他规定。"5 附属设施"部分也同样对其内容作了一般规定："5.1.1 综合管廊附属设施运行维护及安全管理对象应包括消防、通风、供电、照明、监控与报警、给水排水及标识等系统。"此外该部分也对管廊消防系统、通风系统、供电系统、照明系统、监控与报警系统、给水排水系统、标识系统等标准进行了规定。"6 入廊管线"部分对其涉及内容和范围等基本问题的规定如下："6.1.1 管廊管线运行维护及安全管理对象应包括入廊管道、管件及随管线建设的支吊架、检测监测装置等。"其章节其他部分为：给水、再生水管道；排水管道；天然气管道；热力管道；电力电缆；通信电缆等。附录则对其监控与报警系统巡检与维护的主要内容进行了说明（表 6-1）。

监控与报警系统巡检维护主要内容（部分）

表 6-1

类别	项目	内容
监控中心	用房环境	清洁，维修异常温湿度仪表、更换老化或损坏的照明设备
机房	用房空调系统	清洁、除尘，清除通风口杂物，更换老化或损坏部件
通信系统	固定语音通信终端	清洁、除尘，修复通话异常问题，更换手持终端设备老化电池
	无线发射设备	清洁、除尘，加固松动的馈线系统接头，修复信号异常问题
	线缆、插接件	紧固松动线路，更换破损老化线缆及接插件

6.1.2　应急预案体系概述

生产经营单位的应急预案体系主要由综合应急预案、专项应急预案和现场处置方案构成。生产经营单位应根据单位组织管理体系、生产规模、危险源性质及可能发生的事故类型确定应急预案体系，并根据单位实际情况，确定是否编写专项应急预案，风险源单一的小微型生产经营单位可只编写现场处置方案。城市综合管廊应急预案体系应包括综合应急预案与专项应急预案，如厦门市城市综合管廊应急预案体系如图 6-1 所示。

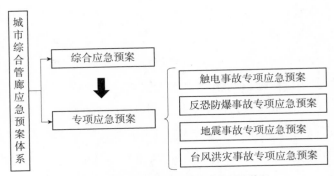

图6-1　厦门市城市综合管廊应急预案体系

（1）综合应急预案

综合应急预案是指生产经营单位为应对各种生产安全事故而制定的综合性工作方案，是本单位应对生产安全事故的总体工作程序、措施和应急预案体系的总纲。综合应急预案主要从总体上阐述了事故的应急工作原则，包括生产经营单位的应急组织机构及职责、应急预案体系、事故风险描述、预警及信息报告、应急响应、保障措施、应急预案管理等内容。

（2）专项应急预案

专项应急预案是指生产经营单位为应对某一种或者多种类型生产安全事故，或者针对重要生产设施、重大危险源、重大活动防止生产安全事故而制定的专项工作方案。专项应急预案主要包括事故风险分析、应急指挥机构及职责、处理程序及措施等内容。专项应急预案与综合应急预案中的应急组织机构、应急响应程序相近时，可不编写专项应急预案中相应内容。

厦门、长沙等试点城市综合管廊运营公司根据市级综合管廊应急预案，分别制定了公司级综合管廊专项应急预案，但由于各试点城市管廊投入运营时间较短，全国范围内尚未发生重大事故，各城市综合管廊应急预案体系均不相同，厦门、长沙综合管廊应急预案体系见表6-2、表6-3。

厦门市综合管廊应急预案体系　　　　　　　　　　表6-2

序号	级别	预案名称
1	综合应急预案	综合管廊应急预案
2	专项应急预案	触电事故专项应急预案
3		台风洪灾专项应急预案
4		反恐防爆专项应急预案
5		地震灾害专项应急预案

长沙市综合管廊应急预案体系　　　　　　　表 6-3

序号	级别	预案名称
1	综合应急预案	综合管廊应急预案
2	专项应急预案	长沙管廊运营爆管应急预案
3		长沙管廊运营触电事故应急预案
4		长沙管廊运营防洪防汛应急预案
5		长沙管廊运营火灾应急预案
6		长沙管廊运营人员伤害应急预案
7		长沙管廊运营天然气泄漏应急预案
8		长沙管廊运营停电应急预案

根据历年来综合管廊相关的安全生产事故情况及事故调查报告，结合城市地下综合管廊工程施工组织特点，梳理出综合管廊事故类型主要有触电、火灾爆炸、台风洪灾、地震灾害等事故，因此确定综合管廊应急预案体系如表 6-4 所示。

综合管廊应急预案体系　　　　　　　表 6-4

序号	级别	预案名称
1	综合应急预案	综合管廊应急预案
2	专项应急预案	触电事故专项应急预案
3		台风洪灾事故专项应急预案
4		反恐防爆事故专项应急预案
5		地震灾害事故专项应急预案
6		爆炸事故专项应急预案
7		泄漏事故专项应急预案

（3）现场处置方案

现场处置方案是指生产经营单位根据不同生产安全事故类型，针对具体场所、装置或者设施所制定的应急处置措施。主要内容包括事故风险分析、应急工作职责、应急处置和注意事项等内容。生产经营单位应根据风险评估、岗位操作规程以及危险性控制措施，组织本单位现场作业及安全管理等方面专业人员共同制定现场处置方案。

6.1.3　某综合管廊综合应急预案范例

1. 总则

（1）编制目的

为确保城市综合管廊（以下简称"管廊"）运行安全稳定，应对可能发生的管廊突发事件，及时、有序、快速、高效地开展抢险救援工作，最大限度地减少可能造成的损失，根据国家有关法律法规，结合我国管廊实际，编制预案。

（2）编制依据

依据《中华人民共和国安全生产法》《国家突发公共事件总体应急预案》《生产经营单位生产安全事故应急预案编制导则》GB/T 29639—2020、《中央企业应急管理暂行办法 国资委令第 31 号》《生产安全事故应急预案管理办法》《国务院办公厅关于印发突发事件应急预案管理办法的通知》《国家安全生产应急救援指挥中心关于进一步做好生产安全事故应急处置与救援工作的紧急通知》等法律、法规、标准、规范性文件，并结合属地政府对管廊管理的地方性法规制编制管廊综合应急预案。

（3）适用范围

管廊综合预案适用于因自然灾害、事故灾难和突发社会安全事件引发的管廊安全突发事件的应急处理。

1）自然灾害主要指因洪水、暴雨、台风、地震等非人力可抗拒的气象灾害，造成管廊设施及管线破坏的事故。

2）事故灾难主要指管廊设施及管线在运行过程中突然发生严重影响社会生产、生活正常秩序及群众生命财产安全的灾难性事故。

3）突发社会安全事件主要是指蓄意破坏管廊设施及管线的恐怖事件。

（4）工作原则

1）以人为本，安全第一。按照"安全第一，预防为主，快速有效，救人优先"的方针，始终把保障职工的生命安全和身体健康放在首位，切实加强应急救援人员的安全防护，最大限度地减少事故灾难造成的人员伤亡和危害。

2）统一领导，分级管理。对发生的重特大安全生产事故实行统一指挥，分级负责，积极救援，最大限度地减少人员伤亡及国家财产的损失。

3）依靠科学，依法规范。遵循科学原理，充分发挥技术人才的作用，实现科学民主决策。依靠科技进步，采用先进的技术，不断改进和完善应急救援的装备、设施和手段，提高应急救援的处置技术水平。

4）预防为主，平急结合。充分发挥各部门应急救援第一响应者的作用，将日常工作、训练、演习和应急救援工作相结合。充分利用现有专业力量，引导、鼓励实现一队多能、一人多长。培养和发挥兼职、辅助应急救援力量的作用。

2. 综合管廊危险性分析及突发事件分级

（1）综合管廊危险性分析

根据管廊内管线的特点，结合系统安全工程的原理，从事故的成因入手，辨识其中的危险因素，划分危险性等级，分析其转化为事故的触发条件。总体来说，管廊的危险因素可以根据源头位置的不同，分为外部危险因素和内部危险因素两种。

1）外部危险因素：主要包括环境因素与人为因素。环境因素，例如极端天气（暴雨）、地质灾害（地面沉降、地震等）；人为因素，例如蓄意对管廊外部设施造成破坏的行为、偷盗电缆的行为、人为造成的失火等。

2）内部危险因素：管廊内部运行引起的危险因素，既包括管廊本身结构引起的危险因素，也包括管廊内的管线及其附属设施带来的危险因素，以及管廊运维不当引起的危险因素。内部因素主要包括以下几方面：

一般危险因素：①密闭空间造成的通风不良，使得管廊内部含氧量低；②管廊本体结构为水泥浇筑，密封不严容易漏水；③管廊内部水坑容易积聚有毒有害气体，对检修工人健康造成影响。

电力管线危险因素：①电缆绝缘外层破损，检修人员触碰引起触电事故；②绝缘老化，金属导体外漏，引起触电事故；③35kV 以上电缆支架受力后变形，三相电缆夹角改变，在电力舱室的金属管线上产生感应电动势，可能导致巡检人员触电；④运维人员检修电缆时违反操作规定，可能导致巡检人员触电等。

天然气管线危险因素：①天然气管线法兰、阀门泄漏积聚，遇明火引起爆炸；②管道受力变形，致使天然气泄漏引发爆炸。

污水管线危险因素：①管道受力变形致使污水泄漏；②管道腐蚀后破损或接缝密封不严，泄漏出有毒有害气体（例如硫化氢），可能导致运维人员巡检时中毒。

（2）管廊突发事件危险等级划分

综合上述危险性分析，结合属地管廊总体情况与重点防护对象，参考厦门市管廊危险等级划分，按照造成直接经济损失，电力、供水中断时间等因素，突发事件危险等级划分由高到低分为重大（Ⅰ级）、较大（Ⅱ级）、一般（Ⅲ级）3 个等级：

1）重大管廊突发事件（Ⅰ级）

凡符合下列情形之一的，为重大管廊突发事件：

①管廊发生火灾、坍塌、爆炸、洪涝等事故，造成 5000 万元以上 1 亿元以下直接财产损失；

②造成管廊内电力缆线连续 72h 以上电力供应中断的；

③造成管廊内供水管道连续 36h 以上停止供水的。

2）较大管廊突发事件（Ⅱ级）

凡符合下列情形之一的，为较大管廊突发事件：

①管廊发生火灾、坍塌、爆炸、洪涝等事故，造成 1000 万元以上 5000 万元以下直接财产损失；

②造成管廊内电力缆线连续 36h 以上电力供应中断的；

③造成管廊内供水管道连续 24h 以上停止供水的。

3）一般管突发事件（Ⅲ级）

凡符合下列情形之一的，为一般管廊突发事件：

①管廊发生火灾、坍塌、爆炸、洪涝等事故，造成 1000 万元以下直接财产损失；

②造成管廊内电力缆线连续 24h 以上电力供应中断的；

③造成管廊内供水管道连续 12h 以上停止供水的。

3. 组织机构及职责

（1）管廊应急指挥机构

1）应急指挥部

在市委、市政府领导下，成立城市综合管廊突发事件应急指挥部，负责本市管廊应急突发事件的预防、应急处置和善后工作。

总指挥：市政府分管副市长

副总指挥：政府分管副秘书长、市政园林局局长、市安监局局长、市通信管理局局长、当地国网供电公司总经理、市政集团董事长

成员单位：市委宣传部、市应急办、市市政园林局、市安监局、市通信管理局、市公安局、市发改委、市国资委、市国土房产局、市设局、市卫健委、市民政局、市财政局、市环保局、市交通运输局、市城市管理行政执法局、市地震局、市港口管理局、市质监局、市水利局、市气象局、市公安消防支队、相关武警支队、各区人民政府、市市政工程管理处、当地国网供电公司、市政生团、当地广电集团及通信运营公司、管廊运营单位以及各管线权属单位。

2）管廊应急指挥部办公室

管廊应急指挥部下设办公室，设置在市市政园林局，负责市管廊应急指挥部的日常工作。市管廊应急指挥部办公室组成：

主任：市市政园林局分管副局长

副主任：市公安局副局长、市安监局副局长、当地国网供电公司分管副总经理、市政集团总经理

（2）指挥机构职责

1）市管廊应急指挥部职责

①贯彻落实城市综合管廊应急工作相关的法律、法规，落实国家、省、市有关城市综合管廊应急工作的部署；

②研究制定本市应对管廊突发事件的政策措施和指导意见，组织制定和实施本预案；

③统一领导全市管廊突发事件的应急处理，指挥应急处置、抢险救援、恢复运营等应急工作；

④指挥协调市有关部门、单位开展应急处置行动；

⑤督促检查各有关部门、单位对管廊突发事件进行监测、预警，落实应急措施；

⑥当突发事件超过市级协调组处置能力时，按照程序请求上级有关部门支援；

⑦承担市委、市政府等上级单位交办的其他工作。

2）市管廊应急指挥部办公室职责

①组织落实市管廊应急指挥部的决定，传达上级领导的有关要求，协调和调动成员单位应对突发事件；

②组织制定、修订管廊突发事件应急预案，指导管廊运营单位制定、修订相关处置类应急预案；

③负责突发事件信息的接收、核实、处理、传递、通报、报告，执行市管廊应急指挥部的指令；

④负责关于管廊运营风险信息的收集和研判；

⑤负责管廊运营单位与成员单位和相关部门之间的日常沟通和应急协调工作；

⑥负责市管廊应急指挥部专家组的组建、联系工作，联络、协调各成员单位，负责组织开展管廊突发事件的研究工作；

⑦组织应急宣传、培训和演练工作，推动相关专业应急力量建设；

⑧配合相关部门做好事故调查工作。

3）管廊运营单位职责

管廊运营单位是管廊突发事件应对工作的责任主体，要建立健全应急指挥机制，建立与相关单位的信息共享和应急联动机制，主要职责如下：

①制定处置管廊突发事件的企业层面专项预案，加强企业相关应急力量建设；

②负责所管辖管廊突发事件的先期处置工作和自身能力范围内的应急处置工作；

③负责现场人员应急疏导，整理和保存现场应急处置相关材料，根据事件级别组织或协助开展应急处置工作。

4）专家组职责

管廊应急指挥部办公室和管廊运营单位应建立管廊突发事件处置专家组，专家组成员应涵盖土建工程、设备维护管理、公安、消防、安全生产、质量监督、卫生防疫、防化、地震、反恐、防爆、水务、电力、气象、地质、环保等相关专业，为管廊突发事件应急处置工作提供技术支持。专家组的主要职责如下：

①对应急处置工作中的重大问题进行研究并提出建议；

②参加市管廊应急指挥部办公室组织的各项研究活动；

③应急响应时，根据市管廊应急指挥部办公室的通知进驻指定地点，为现场应急救援提供技术咨询和决策建议；

④为现场指挥部应急处置提供决策建议和技术支持；

⑤参与事件调查。

5）各成员单位职责

①市委宣传部：负责组织、协调有关部门做好新闻稿起草、新闻发布和舆情收集工作；指导管廊运营单位开展安全宣传，组织新闻媒体和网站宣传管廊突发事件相关知识；加强对互联网信息的管理，正确引导社会舆论。

②市应急办：指导管廊突发事件应急预案编制，指导管廊应急管理工作，协调各部门配合市管廊应急指挥部开展应急管理工作；传达和督促落实市委、市政府领导的指示及批示，负责与上级应急管理部门的衔接与协调。

③市市政园林局：负责市管廊应急指挥部办公室日常工作；指导管廊工程、设施的抢险和修复，指挥协调管廊事发地及沿线供水、供气管道及市政设施险情排查、抢险工作和灾后市政设施、园林绿化的恢复重建工作。参与事件调查和评估。

④市安监局：按照事故调查权限，负责组织管廊突发事件调查，分析原因，界定责任，对事故提出处理意见和建议。

⑤市通信管理局：负责组织通信运营企业做好管廊突发事件中通信系统的应急恢复和通信保障工作，保障应急期间市管廊应急指挥部现场指挥部、现场工作组、相关职能部门、参与应急工作的各单位间通信顺畅。

⑥市公安局：维护应急处置现场治安秩序，预防、制止应急处置过程中发生的违法犯罪行为，依法查处有关违法犯罪活动，负责维护现场交通秩序，做好事发现场和相关区域交通管制，确保抢险救援通道畅通，参与相关突发事件的原因分析、调查与处理工作。

⑦市发改委：负责安排重大防灾及灾后重建项目，协调建设资金。

⑧市国资委：负责协调相关国有企业参与应急处置和各项善后工作（包括抢器材、物资调配），配合政府相关行业主管部门，指导督促企业做好稳定工作、安抚受伤人员、尽快恢复运营等。

⑨市国土房产局：负责指导有关单位开展管廊沿线区域地质灾害隐患排查，督促相关防治责任单位做好地文隐患防治工作，协助抢险救援和善后处理工作。

⑩ 市住建局：负责提供工程技术支持；应急情况下，组织调度大型工程设备参与救援。

⑪ 市卫健委：负责组织开展伤员的医疗救治工作；根据职责，组织开展突发公共卫生事件的调查与处置；做好伤病员的心理救助。

⑫ 市民政局：负责协调为受灾群众提供基本生活救助物资，协助做好受灾群众的善后安置工作。

⑬ 市财政局：负责管廊突发事故应急资金保障工作。

⑭ 市环保局：负责事发地及周边地区环境监测与评价，提出防止管廊突发事件衍生环境污染事件的建议，参与管廊突发事件引发的环境污染事件调查工作。

⑮ 市交通运输局：协调道路运输企业开展现场人员和物资的运送及滞留乘客的疏运。

⑯ 市城市管理行政执法局：负责依法查处管廊周边、危及管廊安全等违法行为；协助开展应急救援工作。

⑰ 海事局：负责组织本单位公务力量参加海上应急行动，协助市海上搜救中心指导海上突发事件处置工作；负责发布海上航行安全相关信息，必要时对管辖水域内的搜寻救助现场实施组织海上交通管制；参与相关海上救援船舶、设备、物资的组织协调工作。

⑱ 市地震局：在发生破坏性地震时，协助、指导管廊突发事件的处置、指挥和抢修、排险工作；参与应急救援和人员防护保障的组织协调工作。

⑲ 港口管理局：在港区内发生管廊突发事件时，协助、指导管廊突发事件的应急处置，参与港区内应急救援的组织协调工作。

⑳ 市质监局：督促管廊运营单位制定各类特种设备事故应急预案；提供事故现场特种设备处置专业意见、建议，按照特种设备事故调查处理权限，负责组织特种设备事件调查，分析原因，界定责任，对事故提出处理意见和建议。

㉑ 市水利局：指导有关单位开展管廊沿线区域水利工程隐患排查，督促管理责任单位做好水利工程隐患整治工作；负责指挥协调管廊事发地及沿线水利工程险情排查、抢险工作和灾后水利设施恢复重建工作。

㉒ 市气象局：负责提供管廊沿线区域气象预报和灾害性天气预警工作；负责管廊突发事件中有关气象灾情的调查、分析和评估工作。

㉓ 市公安消防支队：负责组织指挥管廊突发事件中灭火抢险救援及防化洗消工作；指导管廊运维单位制定消防应急预案。

㉔ 武警支队：按照有关规定，组织、指挥所属部队参与应急救援工作，配合公安机关维护当地社会秩序，保卫重要目标。

㉕ 各区人民政府：按照属地管理原则，组织行政区域内应急救援力量，配合现场指挥部及市有关部门开展各项处置工作。

㉖ 市市政工程管理处：配合市市政园林局，协调、组织应急救援力量，参与管廊工程、

设施的抢险和修复，参与事件调查和评估。

㉗国网供电公司：负责组织对管廊突发事件中损坏的电力设施实施抢险救援，并为抢险救援提供电力保障。

㉘市政集团：负责供气、供水、排水（污）等市政设施（管线）的抢险救援工作。

㉙通信线缆权属单位：负责组织对管廊突发事件中损坏的通信设施的抢险救援，并为抢险救援提供通信保障。

㉚其他市级有关部门和单位：按照各自职责，配合应急救援工作。

4. 预防与预警

（1）危险源监控

各单位要认真辨识可能导致重特大生产安全事故的危险源，按照危险源监控措施要求，制定相应控制措施，建立台账，分级管理，防止事故发生。并针对危险源一旦失控可能造成的事故、灾害，分别制定相应的重特大事故及突发事件应急救援预案。各级领导、各有关业务部门，要对分管业务范围内的危险源进行辨识，建立台账，加强业务保安工作，督促隐患整改，控制风险，防范事故。根据危险源辨识、分析的结果，制定风险控制措施（见各专项预案）。

（2）预警行动

根据各单位对安全生产事故的预报和预测结果，应急救援指挥部办公室对安全生产事故采取以下措施：

1）下达预警指令；

2）及时发布和传递预警信息，提出相关整改要求；

3）根据事态发展资料，采取防范控制措施，做好相应应急准备。

（3）信息报告与处置

1）信息收集

管廊运营单位及各管线权属单位，应建立健全城市综合管廊运营监测体系及管线监测体系，根据管廊突发事件的特点和规律，加大结构工程、附属设施、通信信号、消防、特种设备、应急照明等设施设备和管线状态的监测力度；定期排查安全隐患，加强对各类风险信息的分析研判和评估，健全风险防控措施，当城市综合管廊正常运营可能受到影响时，管廊运营单位及管线权属单位，应当按规定将有关情况报告市管廊应急指挥部办公室。

2）信息报告

如发生突发事件，管廊运营单位及管线权属单位应全面掌握险情情况，及时上报人员伤亡和财产损失信息，如遇重大城市综合管廊险情，要迅速向市管廊应急指挥部办公室报告初步情况，同时做好上报工作。

3）信息处置

市管廊应急指挥部办公室对收集到的信息进行评估、分析，提出应对方案和建议，提请市管廊应急指挥部研究决定是否发布预警信息或启动本预案。

5. 应急响应

（1）响应分级

1）Ⅲ级响应

①Ⅲ级管廊应急事件发生后，管廊运营单位应当立即启动企业预案，开展应急处置工作，同时向市管廊应急指挥部办公室和相关管线权属单位报告；

②视情况拨打 110、119、120 等求救电话，主动寻求救援；

③市管廊应急指挥部办公室接报后，根据工作需要通知相关单位，组织应急救援人员赶赴现场，开展救援；其他应急指挥部成员单位组织应急救援队伍待命；

④管廊运营单位负责人担任现场总指挥。

2）Ⅱ级响应

Ⅱ级管廊应急事件发生后，在Ⅲ级响应的基础上，补充采取以下措施：

①市管廊应急指挥部办公室负责通知市管廊应急指挥部全体成员单位的应急救援队赶赴现场开展紧急救援工作，市管廊应急指挥部办公室负责通知各有关部门和单位，调配物资、装备；

②市管廊应急指挥部办公室组织成立现场处置专家组，为应急处置工作提供技术支持；

③维护现场秩序，做好应急处置记录，收集证据；

④市管廊应急指挥部办公室主任担任现场总指挥。

3）Ⅰ级响应

Ⅰ级管廊应急事件发生后，在Ⅱ级响应的基础上，补充采取以下措施：

由市政府或市管廊应急指挥部制定具体实施方案，统一组织、指挥和协调现场应急抢险工作。

（2）响应措施

1）先期处置

①出现应急事件时，管廊运营单位及时报告市管廊应急指挥部办公室，并向 119、110、120 等单位寻求救援。

②管廊运营单位应及时调整管廊运行方式，并通知相关管线权属单位。管线权属单位接到报警后，应当迅速调整管线运行方式，并立即组织抢险救援队赶赴现场，采取相应措施进行初期处置，防止事态进一步扩大。

③市管廊应急指挥部办公室组织专家进行现场诊断和研判，并将相关情况向指挥部办公室和市应急办报告。

④信息报告内容包括：突发事件发生的时间、地点；性质、简要经过；发生原因的初步判断、可能造成的后果以及已经采取的措施和控制情况；报告单位或者报告人信息及联系方式等。

2）基本应急

①维护好事发地区治安秩序，做好交通调流、人员疏散、群众安置等工作，开展自救并全力防止紧急事态的进一步扩大，随时与指挥部办公室保持联系。

②参与事件处置的各成员单位，应当立即调动有关人员和相应处置队伍赶赴现场，在指挥部的统一指挥下，按照各自职责和事件处理规程，密切配合，迅速展开处置和救援工作。

③与突发事件处置现场有关的单位，在接到市管廊应急指挥部办公室的通知后，应当迅速到达现场，主动向指挥部提供与应急处置有关的基础资料，并应指挥部的要求参与应急处置工作。

④现场应急救援措施：现场应急救援时，先由管廊运营单位、相关管线权属单位根据现场情况，启动企业应急预案，并按照指挥部的统一要求和部署进行应急处理；由专家组制定警戒范围和后续抢险救灾方案，相关责任单位负责建立警戒标志，禁止无关人员和车辆通行；转移警戒区内群众到安全地带，负责从事件现场抢救伤员，进行紧急救护；针对具体事件类型，根据专家组制定的救援方案，进行后进行救援；负责救援物资的及时供应及救援设备和车辆的及时调配。

3）扩大应急

现场处置人员应随时跟踪事态的进展情况，一旦发现事态有进一步扩大的趋势，有可能超出自身的控制能力时，现场处置人员应及时报告，由市管廊应急指挥部提请上级有关部门协助处置。

4）宣传报道与新闻发布

管廊应急突发事件的信息发布应当及时、准确、客观、全面。信息发布形式主要包括授权发布、散发新闻稿、组织报道、记者报道、举行新闻发布会等。

5）应急结束

突发事件得到有效控制，进入正常的抢修程序时，次生、衍生和事件危害被基本消除，应急处置工作即告结束。指挥部做出应急结束的决定后，应当将有关情况及时通知参与事件处置的相关部门，必要时通过新闻媒体向社会发布应急结束消息。

6. 保障措施

（1）通信与信息保障

有关人员和有关单位的联系方式保证能够随时取得联系，有关单位的调度值班电话保证24h有人值守。通过各类通信手段，保证各有关方面的通信联系畅通。

（2）应急队伍保障

企业应成立抢险救灾队伍，随时做好处理重特大事故的准备。做好应急队伍的业务培训和应急演练，增强企业应急能力；加强与其他企业的交流与合作，不断提高应急队伍的素质。管廊运营单位和各管线权属单位应加强本部门系统应急抢险与救援队伍建设，组织各相关单位组建应急专业队伍，加强应急抢险演练，确保突发事件发生时应急队伍能及时到位。

（3）应急物资装备保障

各成员单位必须储备一定数量的抢险救援物资，建立应急救援物资动态数据库，明确各单位部门、储备抢险物资、器材、设备的类型数量、性能，建立相应的管理、维护、保养和检测等制度，使其处于良好状态，保证应急需要，应急响应时服从调配。保证抢险救灾及时、有效，必须建立应急救援装备保障系统，形成全方位抢险救灾装备支持和保障。

（4）经费保障

应急救援指挥部办公室对应急工作的日常费用进行预算，财务部门审核，经企业应急救援指挥部审定后，列入年度预算；重特大事件应急处置结束后，财务部门等对应急处置费用进行如实核销。

（5）其他保障

1）治安保障：由保卫部门组织事故现场治安警戒和治安管理，加强对重点地区、重点场所、重点人群、重要物资设备的防范保护，维持现场秩序，及时疏散群众。发动和组织群众开展群防联防，协助做好治安工作。

2）应急救援医疗保障：急救站与医院负责事故伤员的抢救工作，应急救援指挥部根据情况，联系相关医院参与事故伤员的抢救工作。

7. 宣传、培训和演练

（1）宣传教育

各成员单位应注重加强组织、指导、协调各媒体的宣传报道工作，充分利用广播、电视、报纸、网络等新闻媒体，宣传应急基本知识与技能，提高群众自救意识。

（2）培训

1）各成员单位负责本单位抢险技术骨干和专业抢险队伍的培训。

2）培训工作应做到合理规范课程、严格考核，保证培训工作质量。

3）培训工作应结合实际，采取多种组织形式，定期与不定期相结合。

4）各成员单位应定期举行不同类型的应急演练，以检验、改善和强化应急准备和应急响应能力，演练成果报市协调小组办公室备案。

5）专业抢险队伍必须针对当地易发生的各类险情，有针对性地每年进行管廊灾害事件抢险救援演练。

6）各管线权属单位应制定管线应急预案，并抄送管廊运营单位。管廊运营单位应联合各管线权属单位等多个部门，有计划地开展管廊突发事件应急处置演练，保持高水平的应急响应能力。

8. 应急预案管理

（1）应急预案培训

1）根据受训人员和工作岗位的不同，制定培训计划，选择培训内容。安全教育培训时必须附带应急救援相关知识。

2）培训内容：鉴别异常情况并及时上报的能力与意识；如何正确处理各种事故；自救与互救能力；各种救援器材和工具使用知识；与上下级联系的方法和各种信号的含义；工作岗位存在哪些危险隐患；防护用具的使用和自制简单防护用具；紧急状态下如何行动；伤员急救常识；灭火器材使用常识；各类重大事故抢险常识等。务必使应急小组成员在发生重大事故时能较熟练地履行抢救职责。

3）培训时间：项目部救援组织每年至少进行一次培训，分部救援组织每半年至少进行一次培训，各架子队对新进场人员及时进行培训。

（2）演练

项目经理部每年至少组织一次触电事故应急救援演练。把指挥机构和各救援队伍训练成一支思想好、技术精、作风硬的指挥班子和抢救队伍。一旦发生事故，指挥机构能正确指挥，各救援队伍能根据各自任务及时有效地排除险情、控制并消灭事故、抢救伤员，做好应急救援工作。演练要根据制定的计划定期进行，出现特殊情况时不定期进行专项演练，演练内容如下：

1）测试预案的充分程度；

2）测试应急培训的效果和应急人员的熟练程度；

3）测试现有应急反应装置、设备和其他资源的充分性；

4）提高事故应急反应协作部门的协调能力；

5）通过演练来判别和改进预案的缺陷和不足。

（3）应急预案修订

本应急预案应当至少每年修订一次，在执行过程中有下列情形之一时，应急预案应当及时修订：

1）依据的法律、法规、规章、标准及上位预案中的有关规定发生重大变化；

2）应急指挥机构及其职责发生调整；

3）面临的事故风险发生重大变化；

4）重要应急资源发生重大变化；

5）预案中的其他重要信息发生变化；

6）在应急演练和事故应急救援中发现问题需要修订；

7）编制单位认为应当修订的其他情况。

6.1.4　某管廊触电事故专项应急预案范例

为了应对管廊可能发生的触电事故，确保事故发生时能够及时、迅速、高效、有序地应急处理事故造成的危害，最大限度减少人员伤亡、财产损失，根据《中华人民共和国安全生产法》《生产经营单位应急救援预案编制导则》《生产安全事故报告和调查处理条例》《电业安全规程》以及上级部门关于应急救援工作的指示等要求，结合项目部实际生产情况，制定综合管廊触电事故应急预案。

1. 事故危险性分析

人体是导体，当人体接触到具有不同电位的两点时，由于电位差的作用，会在人体内形成电流，这种现象就是触电。管廊电力舱室主要用于高压电力线缆的铺设，电压等级通常为 10kV、35kV、110kV、220kV。行业规定人体安全电压为不高于 36V，持续接触安全电压为 24V，铺设电压远高于规定电压，存在触电事故风险，事故危险性分析如下：

（1）电缆绝缘层破损，金属导体外露，可能导致巡检人员触电。事故触发条件为电缆受到机械损伤。

（2）电缆过度发热，导致电缆接头处绝缘老化。金属导体外露，可能导致巡检人员触电。事故触发条件为电缆截面积不足。

（3）35kV 以上电缆支架受力后变形，三相电缆夹角改变，在电力舱室的金属管线上产生感应电动势，可能导致巡检人员触电。事故触发条件为未考虑长距离输电电缆应力。

（4）运维人员检修电缆时违反操作规定，可能导致巡检人员触电。事故触发条件为岗前培训不到位，防护措施不完善。

（5）电缆发热，可能导致舱室内火灾。事故触发条件为电力舱室有易燃杂物堆放且靠近电缆。

（6）电缆短路产生高压电弧，可能导致舱室内火灾。事故触发条件为电力舱室有易燃杂物堆放且与电弧接触。

（7）运维人员在舱室内违规动火或吸烟，可能导致舱室内火灾。事故触发条件为电力舱室有易燃杂物堆放且与火源接触。

2. 应急处置基本原则

参考管廊综合预案。

3. 组织机构及职责

参见管廊综合预案。

4. 预防与预警

（1）危险源监测措施

1）每个分部、架子队作业班组均有义务对本班组工作区域进行经常性的触电危险排查；

2）对重点区域内进行触电事故监控，以便及时施救；

3）对电压电流实时监控，防止高负载击穿电线，通常采用漏电保护系统；

4）严格遵守《电业安全规程》，加强巡逻与监控力度。

（2）预警行动

1）电工作为现场触电排查的责任人，在发现事故隐患后，要及时排除隐患。不能及时排除隐患的，要在危险处设置警示标志，并向触电事故应急处置小组报告，并和小组成员一起向施工班组进行危险情况交底。班组长接到交底后，要及时告知班组内的工人，让相关人员明确危险存在的位置。

2）现场其他施工人员（安全员、技术员、物资员、施工员等）在发现触电事故隐患后，也须执行上一条所述的预警措施。

3）在阴雨、高温天气等易发生触电事故的时期，电工要向施工人员发出触电事故预警。

5. 应急响应程序

（1）应急救援信息报告程序

触电应急反应要迅速，目击者发现人员触电后：

1）立即切断电源，把触电者移到安全地段，进行紧急救护。在此过程中，目击者应大声呼救，发出触电事故警报，由听到者报告应急救援小组，进而启动应急预案。

2）不能立即切断电源的，需要迅速向分部现场负责人或调度室报告，明确事故地点、时间、受伤人数及程度；调度人员应根据现场汇报情况，决定停电范围并下达停电指令。

（2）响应程序

触电事故发生后，事故现场的主要负责人接到报告后，应按照以下程序迅速开展紧急救援组织工作：

1）迅速组织救援人员赶赴事故点并进行分工，组成救援指挥小组；

2）紧急疏散事故发生区域人员，设置警戒线；

3）切断事故点电源等危险源；

4）立即将事故情况报告上级领导和单位（公司、监理部及指挥部等）；

5）安排救援所需物资保障及设备就位；

6）对有可能导致事故进一步扩大的危险源采取有效的控制措施。

7）尽快研究救援方案并实施救援；

8）当自身无能力救援和无能力防止事故进一步扩大时，应提高响应级别，立即向公司、附近施工单位或政府主管部门请求支援；

9）上级领导及有关人员到现场后，立即组成现场临时抢险指挥小组，研究现场救援方案的可行性，或另外确定更安全有效的救援方案，实施救援；

10）在实施救援过程中，不得以要破坏事故现场抢救伤者时，应做好事故第一现场各分部照片或摄像、书面记录、旁证材料等方法取证，并妥善保管有关物证。

11）制定善后处理方案。

6. 应急处置

（1）目击者发现人员触电后

1）能迅速切断的电源要立即切断，然后把触电者移到安全地段，进行紧急救护。

2）不能迅速切断电源的，要立即向现场负责人汇报事故地点，现场负责人根据现场汇报情况，决定停电范围，下达停电指令，并向应急救援指挥小组报告。在这个过程中，目击者应大声呼救，发出触电事故警报，由听到者上报，进而启动应急预案。

（2）触电者脱离电源后，应立即就近移至干燥通风场所，根据病情迅速进行现场救护，同时应与急救中心（120）联系，通知医务人员到现场，并做好送往医院的准备工作。

（3）判断触电者是否是假死：

1）看：观察伤者的胸廓和腹部是否存在上下移动的呼吸运动。

2）听：用耳贴近触电者的口鼻处和心前区听有无呼气声音和心跳音。

3）试：用手或纸条测有无呼吸气流，用两手指摸颈动脉、肱动脉是否搏动。

4）若触电者呼吸和心跳均未停止，应立即将触电者平躺位安置休息，以减轻心脏负担，并严密观察呼吸和心跳的变化。

5）若触电者心跳停止，呼吸尚存，则应对触电者做胸外按压。

6）若触电者呼吸停止，心跳尚存，则应对触电者做人工呼吸。

7）若触电者呼吸、心跳均停止，应立即按心肺复苏法进行抢救。所谓心肺复苏法，就是支持生命的三项基本措施，即通畅气道、人工呼吸、胸外按压。

8）抢救过程中伤员的移动与转院需遵守以下要求：

①心肺复苏应在现场就地坚持进行，不要为方便而随意移动伤员，如确实需要移动时，抢救中断时间不应超过30s。

②移动伤员或将伤员送往医院时，应使伤员平躺在担架上，并在其背部垫以平硬阔木板。移动或送医院过程中应继续抢救，心跳呼吸停止者要继续心肺复苏法抢救。

③应创造条件，用塑料袋装入砸碎的冰屑做成帽状包绕在伤员头部，露出眼睛，使脑部温度降低，争取心脑完全复苏。

9）伤员好转后的处理

①如伤员的心跳和呼吸经抢救后均已恢复，可暂停心肺复苏操作，但心跳及呼吸恢复的早期有可能再次骤停，应严密监护，不能麻痹，随时准备再次抢救。

②初期恢复后，伤员可能神志不清、躁动，应设法使伤员安静。

③现场抢救用药：现场触电抢救，对采用肾上腺素等药物治疗应持慎重态度，如没有必要的诊断设备和条件及足够的把握，不得乱用。在医院内抢救触电者时，由医务人员通过医疗仪器设备诊断后，根据诊断结果再决定是否采用。

10）自我保护

在应急救援行动中，抢救机械设备和人员的应急救援人员应严格执行安全操作规程，穿戴好劳动防护用品，配齐安全设施和防护工具，加强自我保护。应急救援人员应听从指挥，防止盲目、冲动情况下擅自进行救援，造成险情的进一步扩大，威胁救援人员的生命安全及财产安全。

7. 应急结束

应急事件的危害已经停止，伤亡人员、被困人员已经救出，导致次生、衍生事故隐患消除后，或经全力救助无结果，并经科学评估后认定进一步的应急响应行动已无必要时，现场指挥部报请工程应急救援小组同意后，宣布应急救援结束。有关部门应继续做好后期处理工作。应急结束后，应明确：

（1）事故情况上报事项；

（2）需向事故调查处理小组移交的相关事项；

（3）事故应急救援工作总结报告。

8. 信息公开

事故信息发布由工程应急救援小组（或工程应急救援小组授权的事故现场指挥部）负责，其他任何单位和个人不得发布有关事故的信息，其他任何单位和个人接受新闻采访必须经工程应急救援小组同意。

9. 后期处置

事故处理结束后应组织安全事故的善后处置工作，包括人员安置、补偿，灾后重建，污染物收集、清理与处理等事项。尽快消除事故影响，妥善安置和慰问受害及受影响人员，尽快恢复正常秩序。应急结束后，各部门、项目部对应急队伍、资源、装备等应急保障能力进行评估，将情况汇报安全质量部（安全），安全质量部（安全）对上报的材料进行审核，确定突发事件类型、危害程度及次生事故内容，形成分析报告，总结分析进行整改。

10. 保障措施

（1）物资保障

1）绝缘工具：绝缘钳、绝缘棒、绝缘手套、绝缘鞋等电工常用工具。

2）应急物资：应急手电、灭火器、担架、医药箱。

（2）外部资源保障

必须将 110、119、120、医院、派出所等外部救援机构电话号码，张贴于施工现场显要位置，现场负责人及作业人员应熟知这些号码。

6.1.5　某管廊台风洪灾事故专项应急预案范例

为了应对管廊在台风汛期可能发生的事故，确保事故发生时能够及时、迅速、高效、有序地应急处理事故造成的危害，最大限度减少人员伤亡、财产损失，根据《中华人民共和国防洪法》《城市防洪应急预案编制大纲》《国家突发公共事件总体应急预案》以及上级部门关于应急救援工作的指示等要求，结合实际生产情况，制定综合管廊台风洪汛事故应急预案。

1. 事故危险性分析

（1）台风的影响

渗透水：台风带来的大量降水可能会导致地下水位上升，对管廊的防水设计提出挑战。如果管廊的防水设计不够完善，可能会有渗透水侵入。

通风问题：台风可能会影响管廊内的通风系统，造成管廊内部的温度和湿度异常。

（2）洪水的影响

水浸：如果城市的排水系统无法及时排放大量的雨水，洪水可能会进入管廊内，导致设备损坏或短路。

土壤冲刷：洪水可能冲刷地下土壤，导致管廊的基础稳定性下降或出现沉降。

生化风险：洪水可能带有大量的污染物和微生物，进入管廊后可能会对其中的设备和材料造成腐蚀或其他损害。

（3）综合影响

设备损坏：不论是由于台风还是洪水，管廊内的电气和机械设备都可能受到损害，导致供应中断。

安全隐患：如果管廊内部发生电气短路或其他事故，可能会引发火灾或爆炸，对人员和城市安全构成威胁。

2. 应急处置基本原则

参考管廊综合预案。

3. 组织机构及职责

管廊运营单位应成立防汛工作小组，具体组织机构成员如图 6-2 所示。

图 6-2　防汛工作小组

其中，组长全面负责本工程区域内的防汛抢险工作，遇有突发事件，负责指挥抢险的全部过程，以及向上级领导汇报情况；副组长负责抢险应急的组织、协调工作，负责调查和处理，对自然灾害事件进行前期预防性的宣传和疏导；成员落实有针对性的汛期防洪抢险方案，参加汛期抢险和救护伤员工作。

4. 应急处置

根据降水量的不同有不同的应急处置方式，根据气象局提供的相关资料，雨汛情分为一级降雨、二级降雨、三级降雨 3 类，如表 6-5 所示。

降雨等级分类   表 6-5

降雨等级	评价标准
三级降雨	6h 内降雨量将达 50mm 以上，或已达 50mm 以上且降雨可能持续
二级降雨	3h 内降雨量将达 50mm 以上，或已达 50mm 以上且降雨可能持续
一级降雨	3h 内降雨量将达 100mm 以上，或已达 100mm 以上且降雨可能持续

（1）三级降水应急处置

1）检查排水导流系统是否保持畅通，及时疏通排水导流系统；

2）存在重大危险的分部、分项工程部位及人员驻地，应立即组织进行排水；

3）安排专人值班，巡查值班人员向应急领导小组报告具体实际情况。

（2）二级降水应急处置

1）全面落实人员、设备和物资的准备工作；

2）切断可能存在危险的电源；

3）应急小组加强值班，密切监视汛情，落实应对措施，并每 1h 向项目公司报告防汛情况；

4）做好低洼处人员、重要物品等转移的工作。

（3）一级降水应急处置

1）禁止一切施工，所有人员进入防汛状态；

2）有突发重大险情，立即实施应急抢险措施，并迅速向防汛抗旱指挥部报告；

3）当发生人员伤亡或重大财产损失，立即启动应急预案组织投入抢救。

5. 应急响应

进入汛期，镇防汛指挥机构应实行 24h 值班制度，全程跟踪雨情、水情、工情、灾情，并根据不同情况启动相关应急程序。洪涝灾害发生后，单位防汛小组应向区防汛指挥机构报告情况。因洪水灾害而衍生的疾病流行、水陆交通事故等次生灾害，防汛指挥机构应组织有关部门全力抢救和处置，采取有效措施切断灾害扩大的传播链，防止次生或衍生灾害的蔓延，并及时向同级人民政府和上级防汛指挥机构报告。

6. 应急保障

（1）通信保障

任何通信运营部门都有依法保障防汛信息畅通的责任，在紧急情况下，应充分利用公共广播和电视等媒体以及手机短信等手段发布信息，所有防汛值班人员手机 24h 开机。

（2）应急队伍保障

防汛抢险队伍分为群众抢险队伍、非专业部门应急队伍和专业抢险队伍。群众抢险队伍主要为抢险提供辅助劳动，非专业队伍抢险队主要完成对抢险技术要求不高的抢险任务，专业抢险队伍主要完成急、难、险、重的抢险任务。

（3）材料与设备保障

后勤保障部门需要提前准备发电机、编织袋、防汛沙袋、雨衣等物资。

6.1.6　某管廊反恐防暴事故专项应急预案范例

近年来，全球恐怖活动数量和强度虽得到一定遏制，但对城市公共安全仍存在威胁。在此背景下，制定有效的反恐应急预案对于保障公众生命财产安全具有重要意义。在综合管廊应急预案体系中，反恐防暴作为公共安全保障的重要部分也被纳入其中，与其他预案情况不同的主要内容可简单概括为 3 种：

（1）敌对势力、不法分子冲击管廊基础设施处置程序；

（2）生化武器袭击应急程序；

（3）炸弹袭击程序。

反恐防暴应急组织设置如图6-3所示，管廊运营部门在应急指挥部统一领导下可分为现场警戒组、疏散组、抢险救援组以及后勤保障组。

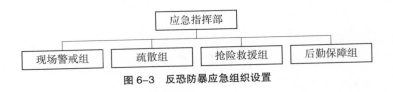

图6-3 反恐防暴应急组织设置

应急指挥部职责为制定和更新应急预案、应急救援工作程序。检查督促各小组应急措施的落实；迅速了解、收集和汇总突发事件信息并上报主管部门；协调各小组之间的应急救援工作；做好应急资金及所需物资、装备、设备、器材的调度供应。现场警戒组职责为划分警戒区、警戒线，利用防爆盾牌进行分隔，封闭现场，控制人员出入；协助救援和疏散等。疏散组职责为根据指令和现场需求，组织引导人员有序疏散，确保疏散秩序，防止拥挤伤害和踩踏事件发生；清除障碍物，确保人员顺利通行，并进行未及时撤离人员的搜救工作。抢险救援组职责为携带反恐防暴装备前往现场，执行处置和救援任务；协助公安部门的专业爆破小组工作；支援消防队员扑灭火灾、营救受伤人员，并对现场进行可疑物品和残留火源的检查，以排除任何潜在风险。后勤保障组职责为保障应急行动所需物资，协调并组织对伤员的护理与抢救工作；配合医疗部门进行伤员转移和救治工作。预案主要内容由事故报告、应急疏散、现场应急处理、治安维护、人员防护、通信保障5部分组成。

6.1.7 某管廊地震灾害事故专项应急预案范例

城市综合管廊地震综合预案，是指在城市建设中为了应对生产生活中不可忽视的可能发生的地震灾害而制定的全面、系统的应急措施和预防方案。地震应急专项预案与火灾、台风等应急预案相似，包括了各个阶段的应急工作，如地质检测、快速反应、搜救恢复等，以确保城市综合管廊在地震发生时能够承受住巨大冲击力，并保持正常运行。地震应急组织结构主要包括应急指挥部领导下的抢险救灾组、应急疏散组、医疗救护组以及安全保卫组，具体分工如图6-4所示。

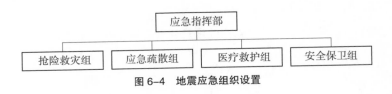

图6-4 地震应急组织设置

应急指挥部主要职责为制定并更新应急预案和应急救援工作程序；检查并督促各小组落实应急措施，提出具体的抗震救灾建议和措施；迅速了解、收集和汇总突发事件信息，并向上级主管部门报告；协调各小组之间的应急救援工作，确保应急资金及所需物资、装备、设备、器材得到妥善调度供应。抢险救灾组职责为抢救人员、重要财产、档案；抢修被破坏的供水、供电等重要设施，尽快恢复管廊基础设施功能；及时运送重伤员和救灾物资；负责可能发生的火灾预防和扑救。应急疏散组主要职责为当发生地震时负责工作人员组织有序、迅速疏散；制定管廊系统在地震时的应急方案，明确疏散场所、路线以及必要的紧急情况下保护人员安全的防护措施；组织人员进行避险和疏散演练；妥善安置受伤人员，并做好受伤人数统计和上报工作。医疗救护组主要职责为准备必要的药品、器械和设备；在发生破坏性地震后，立即展开现场救护工作；调派救援力量，妥善安置和转运重伤员。安全保卫组主要职责为制定管廊的安全保卫措施和方案；在破坏性或强烈地震发生后，负责关键部门（位置）的安全防护工作；强化对各类破坏活动的预防；调查掌握易燃、易爆和有毒物品存储场所受损情况，消除次生灾害隐患。

6.1.8　某管廊火灾爆炸事故专项应急预案范例

供电、供气、供热是综合管廊最重要的功能，在运行中容易引发火灾与爆炸事故。为了应对管廊可能发生的火灾爆炸事故，确保事故发生时能够及时、迅速、高效、有序地应急处理事故造成的危害，最大限度减少人员伤亡、财产损失，根据《中华人民共和国安全生产法》《中华人民共和国消防法》《生产安全事故报告和调查处理条例》以及上级部门关于应急救援工作的指示等要求，结合项目部实际生产情况，制定管廊火灾爆炸事故专项应急预案。

1. 事故危险性分析

管廊天然气舱室主要用于天然气管道的敷设，管道内输送的介质为天然气，主要组分为甲烷，若发生泄漏，达到爆炸极限后，遇明火会发生爆炸事故。事故危险性分析如下。

（1）天然气管道法兰、阀门处发生天然气泄漏后积聚，与空气混合形成爆炸性混合物，可能引发爆炸。危险性等级为Ⅳ级。事故触发条件为天然气管道法兰、阀门密封不严，天然气泄漏后未能及时切断气源，未能及时将已泄漏的天然气排出舱室外。

（2）天然气管道受力变形，发生管道破裂，导致天然气泄漏后积聚，与空气混合形成爆炸性混合物，可能引发爆炸。危险性等级为Ⅳ级。事故触发条件为天然气管道未考虑应力补偿。

（3）人为造成的失火导致火源进入管廊，例如行人乱扔烟头、爆竹、烟花等，可能会引发管廊内的火灾，造成管廊内管线及附属设备的损坏。危险性等级为Ⅱ级。事故触发条件为外部火源进入管廊且与管廊内可燃物接触。

（4）运维人员在舱室内违规动火或吸烟，可能导致舱室内火灾。危险性等级为Ⅳ级。事故触发条件为电力舱室有易燃杂物堆放且与火源接触。

2. 应急处置基本原则

参考管廊综合预案。

3. 组织机构及职责

参见管廊综合预案。

4. 预防与预警

（1）危险源监控

综合管廊火灾爆炸事故的监控，就是根据火灾发生与发展的规律，应用成熟的经验和先进的科学技术手段，采集处于萌芽状态的火灾信息，进行逻辑推断后给出火情报告。具体监控措施包括：

1）利用人体生理感觉预报自然发火，主要包括嗅觉、视觉、温度感觉、疲劳感觉等；

2）利用仪器分析和检测可燃物在燃烧过程中释放出的烟气或其他气体预测燃烧；

3）监控发热体如热力舱及其周围温度变化预测燃烧；

4）通过可燃气体泄漏检测工具及仪器，监控供气管道泄漏事故。

（2）预警行动

1）预警条件：检测到环境温度骤然升高；空气中检测到高浓度可燃气体；听见爆鸣声；检测到高压冲击波；井下出现高浓度气体。

2）方式及方法：发生火灾爆炸事故后，管廊工作人员向调度室汇报，调度室接到电话后，立即将事故报告给值班安全负责人，根据情况启动事故应急预案，组织实施救援。必要时，请求上级机构协助增援。

3）信息发布程序：事故发生后，经指挥中心负责人确认后，由本单位宣教部门对外宣布。

5. 信息报告程序

参考综合应急预案。

6. 应急处理

（1）响应分级

参考综合应急预案。

（2）响应程序

参考综合应急预案。

（3）处置措施

1）基本应急

①快速报警。一旦发生管道爆炸，立即拨打报警电话，通知相关人员和部门。报警时

应提供准确的事故地点和情况，以及疏散和救援的需求。

②疏散人员。根据现场情况，指挥人员迅速组织疏散，并按照预先制定的疏散计划行动。同时，为了提高人员疏散效果，可通过广播、喇叭等向人员传达相关指令。

③封锁现场事故发生后，应立即对事故现场进行封锁，采取措施确保人员的安全，并防止事故扩大。

④火灾扑救。在管道爆炸后，若发生明火火灾，应立即启动灭火装置，或使用消防设备进行扑救。同时，要注意使用合适的灭火剂，并远离火源，防止次生事故发生。

⑤急救伤员。对于受伤人员，应立即组织急救，尽快将其转移到安全区域进行救治。对于重伤员，可以通过急救车辆转运至医院进行进一步处理。

⑥事后处置。事故得到控制后，应组织对事故现场进行处理和清理。同时，要尽快成立事故调查组，依法依规进行事故原因的调查，防止类似事故再次发生。

2）扩大应急

灾情较严重、控制灾情与救治人员有困难时，指挥部可向外求援，启动上一级应急预案。现场处置人员应随时跟踪事态的进展情况，一旦发现事态有进一步扩大的趋势，有可能超出自身的控制能力时，应及时报指挥部提请上级有关部门协助处置。

3）应急结束

突发事件得到有效控制，进入正常的抢修程序时，次生、衍生和事件危害被基本消除，应急处置工作即告结束，指挥部做出应急结束的决定后，应当将有关情况及时通知参与事件处置的相关部门，必要时通过新闻媒体向社会发布应急结束消息。

（4）应急保障措施

参考综合应急预案。

7. 应急演练

为了提高应对管道爆炸事故的能力，应定期组织应急演练，让相关人员熟悉应急预案和应对措施。通过演练，可以发现应急预案的不足之处，及时进行完善，以应对更复杂的火灾爆炸事故。

8. 宣传教育

应加强对职工和居民的安全宣传教育，提高安全意识和自防自救能力。同时向大众宣传灾害事故的危险性和预防措施，提高社会整体的防灾减灾能力。

9. 应急预案完善

应时刻关注相关法律法规的更新，随时完善和调整管廊火灾爆炸事故应急预案，确保其与实际情况相符合，并及时对相关人员进行培训，以保证预案的实施效果。通过制定管廊火灾爆炸事故应急预案，并认真贯彻执行，可以最大程度地减少人员伤亡和财产损失。同时应定期进行演练和评估，以不断提升应急响应水平，确保人员和财产的安全。

6.1.9 某管廊泄漏灾害事故专项应急预案范例

管廊泄漏应急预案编制的目的是在发生危险化学品泄漏事故时，能及时、有效、有序地实施救援，减少危险化学品事故危害和防止事故恶化，最大限度减少事故损失，保障人民群众生命财产安全和社会稳定。根据《中华人民共和国安全生产法》《危险化学品安全管理条例》《生产安全事故报告和调查处理条例》等相关要求，管廊运维单位应制定相应的危险化学品泄漏专项应急预案。在专项应急预案中，其机构设置与地震灾害相同，均按要求设定了抢险救灾组、应急疏散组、医疗救护组以及安全保卫组。

应急指挥部的主要职责包括制定和更新应急预案与应急救援工作程序，评估并督促各小组执行应急措施，提出针对管廊泄漏的防治建议与措施，迅速收集、汇总并报告突发事故信息，以及协调各小组的应急救援工作，确保应急物资得到合理调配。抢险救灾组的职责涵盖抢救人员与重要财产和档案、修复受损的管道等重要设施、尽快恢复管廊基础设施功能、及时运送重伤员和救灾物资，以及负责预防和阻止泄漏扩大。应急疏散组的职责是在泄漏事故发生时组织工作人员迅速、有序地疏散，明确疏散场所、路线及紧急情况下的保护措施，组织人员进行避险和疏散演练，以及妥善安置受伤人员并完成受伤人数的统计和上报。医疗救护组的主要职责是准备必要的药品、器械和设备，在泄漏事故发生后立即展开现场救护工作，调度救援力量，妥善安置和转运重伤员。安全保卫组的职责是制定管廊的安全保卫措施和方案，负责泄漏事故后的关键部门（位置）的安全防护工作，加强针对各类破坏活动的预防和调查，掌握易燃、易爆和有毒物品存储场所的受损情况，消除次生灾害隐患。

6.2 城市综合管廊应急技术装备

应急技术装备的重要性伴随着自然灾害、事故灾难和突发公共安全事故的频繁发生而日益突出。应急技术装备是指在突发或紧急情况下，为保障人民生命财产安全和社会稳定而预先准备的各种设备、器材、工具等物品与相关抢险救灾技术。应急技术装备不仅包括了消防灭火、医疗救援、应急救援等方面的技术与装备，还包括了个体防护、通信、预警、后勤等多方面的设备设施。应急技术装备能在应对突发事故灾害的救援任务中发挥重要的作用。

城市综合管廊作为集中了电力、通信、给水、排水、天然气等多种市政基础设施管线的地下空间，存在火灾爆炸、泄漏、洪水等灾害事故发生的风险，投资高质量的应急技术装备是确保综合管廊安全运营的关键。

6.2.1　城市综合管廊应急技术

1. 泄漏事故

（1）泄漏检测技术

综合管廊铺设天然气与污水管道，天然气与污水管道中存在的沼气的主要成分是甲烷。在实际检测中发现疑似泄漏，可采取探地雷达技术、示踪线探测技术、声学定位技术等锁定泄漏位置。综合管廊泄漏检测技术的使用可以保障人员与设备的安全，防止环境污染，减少资源浪费，确保系统的稳定运行，并提高应急响应的效率。

1）探地雷达技术

探地雷达技术是通过地面上移动的发射天线向地下发射高频电磁波，电磁波遇到不同的界面时，会发生反射、透射和折射。被反射回地面的电磁波会被移动中的接收天线捕获，并由雷达主机精确记录反射回波的到达时间、相位、振幅、波长等特征，如图 6-5 所示。随后，通过信号叠加、放大、滤波、降噪以及图像合成等数据处理方法，生成地下结构的扫描图像。探地雷达技术可用于检测埋藏的 PE 管道。然而，由于地质条件复杂，可能存在其他管道和物体的干扰，因此需要具备专业基础知识和丰富的现场经验的检测人员来执行此任务。探

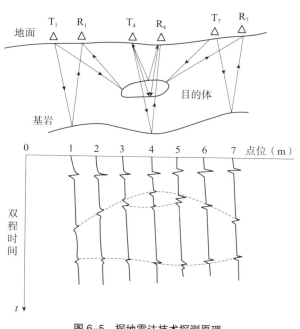

图 6-5　探地雷达技术探测原理

地雷达技术在综合管廊事故中发挥着重要作用，它可以用于管线检测和定位、地下障碍物探测、地下结构评估、非破坏性测试、数据可视化和分析等工作中。

2）示踪线探测技术

示踪线探测技术是一种用于探测和定位地下设施如电缆、管道等的方法，是目前探测效率最高、效果最好的探测技术。这种技术通过在地下设施中添加特殊的示踪线来实现。示踪线通常是导电材料，可以与地面探测设备协同工作以确定地下设施的位置和深度。示踪线通常与地下管道或电缆并行放置。通过向示踪线中传送特定频率的电信号，地面探测

器能够接收这些信号，并据此确定示踪线的确切位置和深度。与传统的地下探测技术相比，示踪线探测技术可以更精确地定位地下设施的位置，尤其是在复杂的地下环境中。同时，这也是一种非破坏性检测方法，不需要挖掘或破坏地表，因此在城市综合管廊复杂工作区域作用明显。除了定位，某些示踪线系统还能提供关于管道完整性或损坏的信息。适用于多种类型的地下综合管道，包括水管、天然气管道、电缆等。该方法的缺点是聚乙烯管道建设时需要随管敷设示踪线，且示踪线不能断开。

3）声学定位技术

声学定位技术是利用声波发射器向地面发射短波脉冲，遇到不连接界面时声波反射，管道外表面与土壤接触发射系数低，管道内表面与气体接触界面反射系数100%，接收器接收地表反射和管道反射波（图6-6），通过分析确定管道位置和埋深。

声学定位技术是一种基于声波原理的定位方法。它主要通过发射声波，并根据声波在不同介质中的传播特性、反射、折射或衰减情况来确定物体的位置或特征。在声学

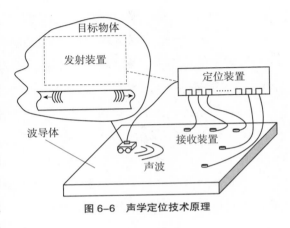

图6-6 声学定位技术原理

定位系统中，一般包含一个或多个声源和接收器。声源发出声波，这些声波在遇到不同介质或物体时会产生反射波，然后由接收器捕获。通过分析这些反射波的特性，比如时间延迟、强度衰减和波的频率变化，可以推断出物体的位置、形状和其他特性。例如，在水下声呐系统中，声学定位技术被用来探测和映射海底地形，以及寻找水下物体。在医学领域，超声波扫描利用声学定位技术来获取人体内部结构的图像。而在综合管廊工程中，它可以用于探测地下管道和结构的完整性。

（2）泄漏控制技术

1）泄漏源控制技术

泄漏源控制技术是指通过适当的措施，有效控制和管理危险化学品泄漏的源头，这是综合管廊应急处理的关键。只有成功地控制泄漏源，才能有效地控制泄漏。综合管廊危险化学品泄漏与常见危险化学品泄漏有所区别，泄漏源控制技术涉及以下几方面：

①工艺措施：工艺措施是有效处置化工、石油化工企业泄漏事故的技术手段。一般在制定应急预案时已予以考虑。综合管廊发生危险化学品泄漏事故时，相关工艺措施必须由技术人员和熟练的操作工人具体实施。工艺措施主要包括关阀断料、火炬放空、紧急停车、管阀断流、停输送泵等。

②封堵：管道、阀门或容器壁发生泄漏，无法通过工艺措施控制泄漏源时，可根据泄漏的具体位置和状况，采用恰当的封堵技术控制危险化学品的泄漏。这一过程技术要求高、风险较大，通常需在系统带压的情况下操作。常用的封堵方法有调整法、机械紧固法、焊接法、粘接法、强压注胶法、化学封堵法等。

③外加包装：当一个容器出现泄漏而无法修复或转移时，可采用外加包装的方式控制泄漏。这时通常将泄漏的小容器放入一个较大的、防泄漏的容器中，以防止化学品的进一步泄漏或扩散。外加包装是处置容器泄漏最常用的方法，特别是运输途中发生的容器泄漏。在管道泄漏的情况下，建议尽量调整泄漏部位使其朝上，并使用合适的修复方法进行修复。若遇到严重损坏的容器，既无法移动也无法修补时，最佳选择是将其安放进一个预先准备好的大型容器内，或直接将内含物质转移到另一个安全的容器中。用于外加包装的大容量容器，应当与所处理的危险化学品兼容，并符合相关技术规范和安全标准。

2）泄漏物控制技术

①陆地泄漏物围堵技术

a. 修筑围堤：精确平衡围堤的位置是控制泄漏并最小化环境污染的关键。修建围堤是为了阻止泄漏物的进一步扩散。在这个过程中，除了考虑泄漏物的性质外，确定围堤的具体特征也至关重要。围堤需设置在距离泄漏源适当的位置，这不仅能够确保在泄漏物达到之前能够及时完成建设，而且可以避免将其置于距泄漏点过远的地方，这样做可能会无谓地扩大受影响区域。

b. 挖掘沟槽：这种方法是指在泄漏点附近挖掘沟渠，以便收集并引导泄漏物。这不仅有助于控制泄漏物的扩散，还可以防止其污染周围的土壤和水源。在实施此措施时，应考虑泄漏物的流动特性和环境因素，以确保沟槽有效地收集泄漏物，并将其引导至安全地点或处理设施。

c. 使用土壤密封剂：对于有毒有害泄漏物，可使用土壤密封剂。土壤密封剂的作用是形成一层阻隔层，防止泄漏物渗透到土壤甚至地下水中，从而降低环境污染的风险。

②蒸汽 / 粉尘抑制技术

a. 覆盖：这是一种临时控制泄漏物蒸汽和粉尘危害的常用方法。通过使用合适的覆盖材料（如合成薄膜、泡沫或水）直接覆盖在泄漏物上，可以暂时减少蒸汽或粉尘的散发，降低对大气和周围环境的影响。

b. 低温冷却：该方法是将冷冻剂散布于整个泄漏物的表面，减少有害泄漏物的挥发。冷冻剂不仅能降低有害物质的蒸汽压，从而减少其挥发，还能通过冷冻作用将泄漏物固定，降低进一步的扩散风险。常用的冷冻剂有二氧化碳（固态或液态）、液氮和冰。

c. 化学中和：对于某些特定类型的化学泄漏，如酸或碱泄漏，可以通过化学中和剂来抑制蒸汽的生成。中和剂会与泄漏的化学物质反应，生成更为稳定和安全的中性物质。

d. 阻燃剂：在易燃或爆炸性化学物质泄漏的情况下，可以使用阻燃剂来抑制蒸汽的形成。阻燃剂通过改变空气和化学物质的混合比例，或通过形成阻隔层来降低火灾或爆炸的风险。

③泄漏物处理技术：泄漏物处理技术是指在发生危险化学品泄漏时，为了降低或消除对人员健康、安全以及环境的影响而采取的一系列措施。这些技术的目的是有效地处理泄漏物，防止其进一步扩散。

a. 通风：去除有害气体和蒸汽的有效方法。应当谨慎使用通风方法，且不要用于固体粉末。对于沸点大于等于 350℃的物质通常不使用。

b. 蒸发：当泄漏发生在人员不能到达的区域时，或泄漏量比较小，其他的处理措施又不能使用时，可考虑使用就地蒸发法。使用蒸发法时，要时刻注意防止有害气体扩散至居民区。

c. 喷水雾：控制有害气体和蒸汽最有效的方法。可降低有害气体的浓度，提高大气中有害物的扩散速度，使其尽快稀释至无危害的浓度。该方法还可用于冷却破裂的容器和冲洗泄漏污染区内的泄漏物。但此法将产生大量的被污染水，污水必须作适当处置。如果气体与水反应，且反应后生成的物质比气体自身危害更大时，则不能用此法。

d. 吸收：利用吸收剂吸纳泄漏物的方法，是处理陆地上的小量液体泄漏物最常用的方法。选择该方法时，应重点考虑吸收剂与泄漏物间的反应和吸收速率。应注意被吸收的液体可能在机械或热的作用下重新释放出来。当吸收材料被污染后，必须按危险废物处置。

e. 吸附：使用吸附剂（如活性炭、沸石等）来吸收或吸附泄漏的化学物质，对于处理油类和某些有机溶剂的泄漏特别有效。

f. 固化 / 稳定化：通过加入能与泄漏物发生化学反应的固化剂或稳定剂，使泄漏物转化成稳定形式，以便于运输和处置。常用的固化剂有水泥、凝胶和石灰。

g. 化学中和：向泄漏物中加入酸性或碱性物质形成中性盐的方法。用于化学中和处置方法的固体物质通常会对泄漏物产生围堵效果。中和反应常常是剧烈的，由于放热和生成气体产生沸腾和飞溅，应急人员必须穿防护服、戴防烟雾呼吸器。

h. 沉淀：沉淀是一种物理化学过程，通过加入沉淀剂使溶液中的物质变成固体不溶物而析出。常用的沉淀剂有氢氧化物和硫化物。

i. 生物处理：对于某些有机污染物，例如石油产品，可通过微生物分解进行生物处理。该方法是一种环境友好型的处理方式。

④泄漏物转移技术

泄漏物转移技术是将被有害物污染的泥土、沉淀物或水转移到别处的方法。常用的泄漏物转移技术有抽取、挖掘、真空抽吸、撤取、清淤等。

2. 地震事故

（1）搜索应急技术

综合管廊地震事故后，需要迅速寻找困在管廊内或其他隐蔽空间的被困者，确定被困人员的准确位置及相关信息。按照搜索方法可分为人搜索、犬搜索、仪器搜索、综合搜索。

1）人搜索：包括呼叫搜索、空间搜索、网格搜索、其他人工搜索方式。

2）犬搜索：包括自由式搜索、验证式搜索、配合救援搜索、报警。

3）仪器搜索：包括声波/震动生命探测仪搜索、光学生命探测仪搜索、红外线仪搜索、电磁波生命探测仪搜索。

4）综合搜索：综合上述搜索方式的搜索方法。

（2）顶撑技术

顶撑技术指采用专业设备或专业技术对倾斜或损坏的混凝土墙体、楼板、门洞、窗洞、柱、梁等危险建（构）筑物进行顶升和支撑。该技术是综合管廊地震事故救援行动与灾后处理的一项主要技术工作。顶撑技术的目的是支撑和加固结构，防止进一步的倒塌或损坏，确保搜救人员和被困者的安全。

1）顶升技术

顶升是指采用专业设备对整体性好、强度高、重量大的废墟构件整体或部分短距离移动，目的是打开救援通道和创造救援空间，同时也用以减轻压迫在受困人员身上的重量。顶升操作可以垂直、水平或采用其他方向进行。顶升设备主要分为液压和气动两种类型，应用于倒塌的混凝土墙体、柱子、梁以及层状的楼板等结构。

2）支撑技术

支撑技术是应用于救援行动中的关键措施，旨在为救援人员及幸存者提供安全的通道和空间。这种技术主要应用于局部破损或不稳定的结构中，通过临时支撑结构来确保人员安全。支撑技术利用顶升设备、方木、板材以及专业工具，对救援通道和空间进行加固，以防止已损坏或不稳定的建筑物进一步坍塌。

（3）破拆与瓦砾移除技术

1）破拆操作及注意事项

破拆是指在创建营救通道、空间和营救被困伤员过程中，对不能直接移动或移动困难的建筑物构件所采取的分解、切割、钻凿、扩张、剪断等解体措施。

①切割：用无齿锯（砂轮锯）、水泥锯、链锯、焊枪等工具，将板、柱、条、管等材料分离、断开。

②钻凿：用钻孔机、冲击钻、凿岩机等工具将楼板、墙体穿透。

③扩张 / 挤压：用扩张钳、顶杆等工具或设备将破拆对象分离、啮碎。

④剪断：用剪切钳、切断器等工具或设备将金属板、条、管等材料断开。

2）瓦砾移除技术

瓦砾移除技术是指在创建通道过程中移开体积较大的障碍物和清除废墟瓦砾的方法。当移动被压埋人员周围的瓦砾时，需要一定的方法和技巧，应遵循以下几个原则：①判断建筑物的倒塌方式并评估废墟的稳定性；②在移除任何废墟构件前，先估计其重量，评估移除后的潜在后果，并规划出相应的移除策略；③优先移除小块破碎物，再处理能被移动的大块废墟，避免搬动被压住或卡住的破碎物；如有疑问，应咨询结构工程师。

移动瓦砾的方法主要有 4 种：提升并稳固重物、滚动重物、牵拉拖曳重物、利用重型起吊与挖掘设备。

（4）后勤保障

后勤保障工作是地震灾害紧急救援工作的重要组成部分。应坚持"以人为本"，为地震灾害紧急救援行动、训练和演练等提供强有力的保障。这一工作领域涵盖了多个方面：①救援装备的集成与调配：确保救援设备完备，符合救援行动的需求；②装备更新及维修保养计划：保持装备在最佳状态，随时准备投入使用；③救援队伍的财务预算与管理：确保救援行动的资金支出有序且合理；④救援行动前的准备：包括救援装备、个人装备及必要的食品、药品等的供应和发放；⑤提供受灾地区或救灾现场的本地资源情况：了解并规划当地资源，以更好地支持救援行动；⑥联系和协调运输工具：确保救援人员和物资能迅速、安全地到达目的地；⑦救援现场的装备管理：救援人员到达救援现场后，对救援装备进行清点检查，并建立临时装备储存点；⑧救援行动基地的规划与建设：建立有效的救援行动基地，以支持持续的救援行动。

3. 火灾爆炸事故

（1）人员疏散和逃生技术：综合管廊发生火灾事故时，人员疏散是最重要的一环。综合管廊通常有复杂的结构，容易造成人员迷失，因此要采取有效措施确保将人员迅速疏散到安全地带。应预先规划疏散路线，增设清晰的逃生指示标志，同时确保逃生通道照明使用备用电源，以防主电源中断。

（2）应急通风技术：综合管廊往往缺乏自然通风条件，一旦发生火灾，烟雾迅速弥漫，给扑救带来困难。因此，需要利用应急通风系统进行烟雾控制，减小烟雾蔓延，并向火灾区域供给新鲜空气。

（3）火灾扑救器材：火灾扑救采用的器材应考虑到特殊环境的要求。例如，应选择适合在封闭空间内使用的灭火剂，不会产生或产生较少的负面影响，如二氧化碳灭火剂等。

（4）阻断火势蔓延方法：通过关闭防火门、封闭通风管道、堵塞通道等方式，限制火势在特定区域内蔓延，便于消防部队集中力量扑灭局部火灾。

（5）火灾控制方法：结合综合管廊的结构特点，对于连通通道，采用封闭措施切断火势蔓延路径；对于管廊内的设备和物品，及时拆除或转移，避免火势扩大。

6.2.2　城市综合管廊应急装备

应急装备是指用于安全生产应急管理与安全生产应急救援的各类装备。根据《安全生产应急装备分类编码标准（试行）》（应指技装〔2012〕24 号附件 3）将应急装备分为 10 大类：救援交通装备、通信装备、预警及侦检装备、灭火与气体排放装备、培训演练及训练装备、工程救援装备与工具、信息处理设备、个体防护装备、医疗及救生器材、其他。综合管廊由于其特殊的结构与功能，面临火灾爆炸、水管破裂、天然气泄漏、电气事故、坍塌、通信故障等风险。

1. 救援交通装备

救援交通装备是应急救援中实现运输、装备装载、现场指挥等重要功能的辅助工具。救援交通装备在综合管廊事故中发挥着关键作用。事故发生时，救援交通装备具有保障救援队伍快速到达现场、撤离伤员、运输救援物资、现场指挥和协调等功能。它不仅能够提高救援效率，还能够保护救援人员的安全，减轻事故的影响。

（1）火灾事故

火灾事故救援交通装备包括：应急指挥车、消防车、气体化验车、多功能救护车、多功能集成式救援装备车、移动式排水供电车等。

1）应急指挥车为应急指挥中心派驻现场的临时指挥场所，在紧急情况下，尤其是在大型事故或灾害现场，发挥着至关重要的作用：①提供现场移动指挥中心，应急指挥部可以直接在事故现场对救援行动进行指挥和协调；②作为通信中枢，配备先进的通信设备，确保救援队伍之间、灾害现场与外界之间的通信畅通无阻；③协调现场资源，包括人员、设备、物资的调度，确保按需分配，提高救援效率；④帮助维护现场秩序，指导疏散和现场安全措施的执行。

大型应急指挥车整体分为指挥控制中心、通信系统电力供应系统、会议室、遥感设备、数据管理系统等主要功能区。大型应急指挥车如图 6-7 所示。指挥控制中心通常配备多个工作站、电脑、通信设备和大屏幕，用于地图显示、事故监控和资源调度；通信系统包括无线电、卫星通信、电话和网络系统，确保应急指挥车与外界和现场各部门之间的通信畅通；电力供应系统包括内置发电机和备用电源，确保在没有外部电源的情况下也能维持操作；会议室用于举行紧急会议，讨论救援策略和决策；遥感设备可包括无人机（UAV）或其他远程控制和监控设备，用于获取现场信息；数据管理系统用于记录和管理事故数据，包括救援队伍信息、受害者信息和资源利用情况。

图 6-7　大型应急指挥车
（图片来源：吉林省应急管理厅）

2）消防车是专门为消防人员提供运输、装载消防工具和灭火化学品的定制车辆，用于扑灭火灾、执行救援任务。消防车一般装备有梯子、高压水枪、手提式灭火器、独立呼吸设备、防火服、拆除工具和急救设备等，可能还包含大型设备如水箱、水泵和泡沫灭火系统。消防车大多为醒目的红色，部分消防车则是黄色，如特种消防车。它们的顶部装有警报和警灯以提高能见度和警示作用。常见的消防车类型包括水罐车、泡沫车、干粉车、远程供水车、高举车和云梯车等。重型抢险救援消防车集重型吊重、牵引、发电、照明以及移动模块化器材箱等功能于一体。主要应用于综合管廊事故救援、隧道低矮空间救援、高速公路救援、桥梁事故救援等（图 6-8）。

图 6-8　重型抢险救援消防车
（图片来源：应急装备之家）

3）多功能气体化验车的应用主要是针对综合管廊出现的泄漏、火灾、爆炸事故。车上安装有各种气相色谱仪、甲烷分析器、一氧化碳分析器、化学气体分析器以及标准气体钢瓶，并采用了防振措施保护仪器。多功能气体化验车可以随时开往事故现场，也可定期到事故现场校准甲烷检测器和化验管廊气体成份，灵活方便，提高了仪器的利用率。多功能气体化验车如图 6-9 所示。

图 6-9　多功能气体化验车
（图片来源：应急装备之家）

4）多功能集成式救援装备车是用于快速响应综合管廊各类紧急事故的高度定制化车辆。它配备了先进的救援工具和医疗设施，包括高级通信系统、技术援助工具和灾害响应设备，能够在交通事故、自然灾害、火灾中提供有效救援支持。车辆的设计包含动力系统、防护装备、警示设施、指挥设施、后勤保障和多功能器材装备等主要部分，使其能够快速到达现场并有效处置管廊发生的各类事故。多功能集成式救援装备车如图 6-10 所示。

（2）水管破裂、洪水汛情

移动式排水供电车是一种多功能应急响应车辆，专为大规模的水管破裂事故和严重洪水设计，能够提供快速的排水和电力支持。车辆装备有液压支腿以保证在施工期间的稳定性，并且具备优秀的通风散热系统以保证设备的正常运作。可提供 230V/400V 的电源输出以及夜间操作所需的照明。其灵活、快速部署的特点使得其能迅速响应紧急情况，提升对综合管廊的洪水、水管破裂事故救灾和应急安全性能。移动式排水供电车不仅适用于城市管道破裂和洪水事故，还可用于无固定泵站或无电源区域的紧急排水，如防洪排涝、抗旱救灾、农业灌溉、水产养殖以及工业和市政的临时排水等。移动式排水供电车如图 6-11 所示。

图 6-10　多功能集成式救援装备车
（图片来源：应急装备之家）

图 6-11　移动式排水供电车
（图片来源：应急装备之家）

（3）天然气泄漏、有毒有害气体泄漏

在天然气泄漏或有毒有害气体泄漏的紧急情况下，除了应急指挥车、装备车、多功能救护车、多功能集成式救援装备车和移动式排水供电车外，还需部署救援直升机（图6-12）和消防车等设备。救援直升机是一种多功能、高效的应急设备，可用于灾情巡查、监控追踪、辅助救援和运输。使用救援直升机侦察灾情有多个优点：①可以迅速穿越复杂地形，提高侦察效率，避免人员直接进入危险环境；②可以全面详细地了解现场状况，并且通过集成的侦测模块进行环境监测；③在处理灾害事故时，救援直升机的实时监控功能可以提供精确的灾情信息，帮助指挥部做出快速而准确的决策，以最大限度减少损失；④救援直升机还可以携带关键器材，为各种救援场合提供支持。

（4）地震、坍塌、综合管廊本体结构损坏等

地震、坍塌、综合管廊本体结构损坏等事故需要配备应急指挥车、装备车、多功能救护车、多功能集成式救援装备车、移动式排水供电车、全路面起重机、叉车等辅助用车。全路面起重机（图6-13）是一种移动式起重机，其结合了粗糙路面起重机的强大起重能力和公路起重机的快速移动性。这种起重机设计用于在各种地形上运行，包括公路和未铺砌的地面，因而得名"全路面"。全路面起重机通常有轴并且可以自行驱动，这使得它们在公路上行驶时速度较快，而且不需要额外的运输设备。全路面起重机广泛应用于建筑、桥梁、电力和通信等领域建设，能够在复杂多变的作业环境中提供高效率的起重和安装服务。

全路面起重机使用方便，可以在狭窄的城市环境中快速部署。此外，其多轴设计和高度可调的起重臂可以在有限的空间内进行精确操作，这对于在狭窄或限制性的综合管廊区域内部工作至关重要。在紧急响应时，全路面起重机能迅速到达现场，并具有移除事故现场的碎片和阻碍物、安装或更换重型泵与阀门和管道部件、举升和定位用于修复或维护的设备、协助进行结构支撑以防止进一步坍塌等作用。

2. 通信设备

综合管廊事故常导致通信线缆损坏，这使得配备高效的应急通信设备成为综合管廊应急管理的必要工作之一。应急通信设备涵盖从传统固定电话到先进的卫星导航技术，包括

图6-12　救援直升机
（图片来源：应急装备之家）

图6-13　全路面汽车起重机
（图片来源：应急装备之家）

有线视频对讲机、应急通信系统、各类对讲机、专业移动电话、便携式和固定卫星通信站点、信号喇叭等设备。通信设备确保了即使在复杂的地下环境中，救援团队也能够保持协调一致，迅速传递关键指令和信息，这对于灾害响应的效率和救援人员的安全都是至关重要的。

1）应急通信网络系统是一种专为应对突发事件或灾害情况设计的通信系统（图 6-14），用于在常规通信网络不可用或受损时保持信息流通。这种网络系统包括各种通信手段，如卫星电话、无线电对讲机、移动通信车、临时搭建的无线网络等，能够确保救援人员、政府机构和关键应急服务在关键时刻能够相互联系和协调行动。应急通信网络通常具有高度的灵活性和可靠性，即使在极端条件下也能运作，保障通信的连续性。

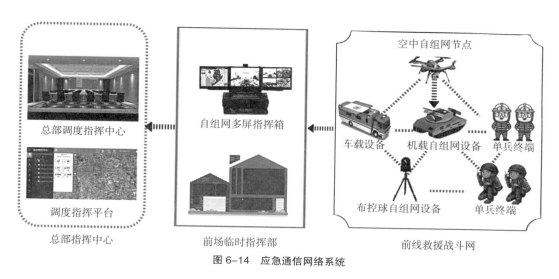

图 6-14　应急通信网络系统

2）对讲机是关键的应急装备，其为现场救援人员提供了一种稳定且独立于传统移动网络的通信方式。在紧急情况下，尤其是在移动信号覆盖不佳的环境中，对讲机能够保障团队成员进行实时语音通信。对讲机通常坚固耐用，有时还具备防水和防尘的特性，以适应各种恶劣环境。许多对讲机还具备额外功能，如集成的手电筒、SOS 信号发送以及加密通信，进一步增强了在复杂应急情况下的实用性和安全性。对讲机有三大类：模拟对讲机、数字对讲机、IP 对讲机。

3）应急卫星通信站（图 6-15）作为保障社会公共安全、应对突发事件、抢险救灾的一线通信保障和指挥场所，可以快速部署到现场，

图 6-15　应急卫星通信站
（图片来源：应急装备之家）

为一线救援人员提供图像、数据和语音通信，确保现场指挥所与高级指挥中心之间的信息流畅，从而有效传达命令。这种应急卫星通信站在新闻报道、地震监测、水利管理、森林防火、金融服务、军事和警务操作、国家安全、边境控制、气象服务和民防等多个领域发挥着至关重要的作用，是实施应急通信的核心工具。

3. 预警及侦检装备

（1）火灾爆炸事故：有害气体检测仪、环境检测仪、侦检机器人、一氧化碳检测仪、氧气检定仪、多功能气体检测仪、便携式爆炸三角形测定仪、热红外探测仪、生命探测仪、无人机探测系统等。

1）有毒有害气体检测仪（图6-16）是一种用于实时监测综合管廊内有毒气体浓度的设备，气体检测仪的使用和气体监测主要有以下几个方面的目标：①检测有毒有害气体的组分和浓度：气体检测仪能够检测和分析作业场所空气中是否存在有毒有害气体以及其浓度。当监测结果显示气体浓度超过安全标准时，采取相应的措施来保护人员的安全，如组织人员疏散、佩戴防护设备等。②评估净化效果：气体检测仪还可用于监测净化设备排放气体中的有毒有害气体浓度。通过对排放气体进行检测和分析，评估净化效果，及时发现问题并进行改进，以确保排放到大气中的有毒有害气体浓度符合国家标准，保护环境和公共健康。

2）侦检机器人（图6-17）主要是用来代替人工接近易燃、易爆物品以及复杂恶劣的环境，进行环境侦查、气体侦检等作业，同时也可用于侦察车体底部、货架底部等狭小低矮空间。侦检机器人具有抗火、防爆和耐高温等特性，可以安全地进入危险区域。其通常采用履带和前双摆臂结构的底盘，使机器人能够适应各种地形，快速部署到需要的位置。同时，侦检机器人具备多功能拓展接口，可以搭载不同的上装模块，以适应不同的任务需求，

图6-16　有毒气体检测仪

图6-17　侦检机器人

如气体检测设备、摄像头等。侦检机器人还配备有线控制系统，使其能够在存在信号干扰的情况下，通过有线远距离进行操作和作业。侦检机器人通常具有双摆臂，使其能够在不同场景下自由拆卸和应用，增强了其多功能性。

3）生命探测仪（图 6-18）通过监测人体的生理迹象，如心跳、呼吸、体温等，来确定特定区域内是否有人存在。生命探测仪通过传感器感测这些生理迹象产生的微小振动、电信号或温度变化，并将数据传输到仪器中进行分析，一旦检测到异常，警报系统被触发，发出声音或光信号，引起救援人员的注意。同时，探测仪还可以通过通信设备传输信息到远程位置，进行远程监控和响应。生命探测仪在救灾工作中发挥着至关重要的作用，能够帮助救援人员及时发现被困人员并提供急救援助。

4）便携式爆炸三角测定仪（图 6-19）通过使用取样器抽取气样，随后通过氧气、甲烷和一氧化碳传感元件生成电信号。这些信号经过电路放大后，通过模拟开关进行选择，然后经过 A/D 转换器，将模拟数据转换为数字信号，传送到 ARM 处理器。ARM处理器利用接收到的数据，通过软件运算程序进行数据处理，考虑非线性因素并进行温度补偿，以校正并在液晶显示屏上显示 O_2、CH_4、CO 浓度值。液晶显示屏上还会显示爆炸三角形及气体组分的坐标点位置，并在临近或达到设定的报警值时触发声光报警和图形报警。

（2）水管破裂、洪水汛情：水管检测仪连接的报警仪器、报警电话、生命探测仪等。

（3）天然气泄漏、有毒有害气体泄漏事故：有害气体检测仪、环境检测仪、甲烷检测仪、一氧化碳检测仪、氧气检定仪、多功能气体检测仪、便携爆炸三角形测定仪，热红外探测仪、生命探测仪、无人机探测系统等。

（4）地震、坍塌、综合管廊本体结构损坏等事故：地应力检测仪、环境检测仪、氧气检定仪、热红外探测仪、生命探测仪、无人机探测系统等。

图 6-18 生命探测仪

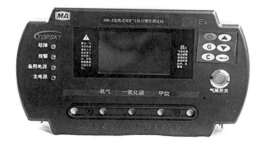

图 6-19 便携式爆炸三角测定仪

4. 灭火与气体排放设备

对于综合管廊出现的火灾爆炸、天然气泄漏、有毒有害气体积聚事故，管廊运营公司需要配备灭火与气体排放设备。

（1）灭火设备：二氧化碳（氮气）发生器、脉冲气压灭火装置、惰气（惰泡）灭火装备、高倍数泡沫发生器、灭火剂、风障、消防机器人等。

1）二氧化碳发生罐车是一种装载二氧化碳气体的车辆，通常用于运输二氧化碳气体到各种应用场所。车辆具有特殊的储存和输送系统，可确保二氧化碳气体以高压或低温形式安全地储存和运输。二氧化碳发生罐车在多个领域发挥重要作用，包括食品加工、医疗、火灾救援、化工和制造等。

2）压缩脉冲灭火装置是一种利用压缩空气作为动力的设备（图6-20），能够迅速喷射高速雾化的水流进入火源中心，实现灭火。这种装置可以实现对火源的迅速冷却、窒息和隔离，从而有效地扑灭A、B、C类火灾以及电气火灾。

3）消防机器人旨在帮助消防救援人员解决复杂场景下的救援问题，降低救援人员风险。目前我国的消防机器人具备了灭火、排烟、侦测、巡检、危险处置、应急救援、预警和通信的功能。

（2）气体排放设备：气体排放装备包括灾区有毒有害气体智能排放系统、移动式排烟机、坑道小型空气输送机、排烟消防车等。

1）移动式排烟机主要用于灾害现场的排烟和送风，主要由排烟机、排烟软管、吸烟管、发电机或发动机等关键部件组成（图6-21）。移动式排烟机运用正压送风排烟原理。正

图6-20　压缩脉冲灭火装置

图6-21　移动式排烟机

压送风排烟利用流体力学原理，向建筑物安全
疏散部位送风加压，或在起火烟气部位开设排
烟口泄压，通过重构建筑内部气压差，控制烟
气扩散方向与人员逃生疏散方向总体相反，实
现将高温烟气封锁在着火点附近或排到建筑物
外的一种防排烟方式。

2）坑道小型空气输送机是确保地下作业
安全的重要设备（图6-22）。坑道小型空气输
送机通常指的是在矿井、隧道施工等地下工程

图6-22　坑道小型空气输送机

中使用的风机或风筒系统，用来输送新鲜空气。其采用正压送风、负压抽风的方法，实现
坑道内部的通风换气、降温降湿，排出有害气体，保障环境质量。

5. 培训演练及训练装备

包括多媒体电教设备、氧气呼吸器智能训练检测装置、体能综合训练装置、拓展训练
系统、高温模拟演练系统、演习巷道、演习巷道设施与系统、演练评价系统、急救模拟训
练系统等。

6. 工程救援装备与工具

（1）排水设备：在综合管廊管道漏水、洪水汛情等事故抢险时，必须迅速将水排出，
这时就需要使用大功率排水设备快速排水。排水设备包括离心式斜井救援排水救灾装备、
矿用潜水泵、小型潜水泵和污水泵、排水泵配套附属设备等。

（2）破拆、清障设备：包括液压剪、液压钳等液压破拆工具，电动剪切钳、气动破拆
组套、切割锯、链锯、圆锯、等离子切割器等切割设备，重型支撑套具、液压支撑套具、
机械支撑套具、液压扩张器、液压救援顶杆、液压机动泵、手动液压泵、开门器、冲击钻、
凿岩机、破碎器、手持式钢筋速断器、起重设备、挖掘机等。

（3）堵漏器材：包括堵漏袋、金属堵漏套管、堵漏枪、阀门堵漏套具、注入式堵漏工
具、粘贴式堵漏工具、电磁式堵漏工具、木制堵漏楔、气动吸盘式堵漏器、管道黏结剂等。

（4）排放器材：包括高压胶管、排放烧嘴等。

（5）输转器材：输转器材多用于化学事故应急救援中，主要包括手动隔膜抽吸泵、防
爆输转泵、黏稠液、体抽吸泵、排污泵、围油栏、集污袋、污水袋、有毒物质密封桶、吸
附袋、吸附垫等。

（6）洗消器材：洗消器材主要用于综合管廊化学事故的应急救援。对染有毒剂、放射
性物质的人员、装备等进行消毒和消除，是降低受害人员、装备的受害程度，为救援人员
提供防毒保护的重要手段。洗消器材包括各种防化洗消车、小型洗消器、排水泵、强酸碱
洗消器、强酸、碱清洗剂、洗消帐篷、洗消粉、公众洗消站、生化洗消装置等。

（7）动力与照明：包括防爆移动式应急动力源、发电机组、强光照明设备等。

（8）测量设备：包括三维激光量测仪、激光垂准仪、罗盘、激光测距仪、红外激光指向仪、手持激光测距仪等。

（9）救生钻机及配套设备：包括水平钻机、水平定向快速钻机、大口径水平救生钻机、垂直快速钻机、高风压空压机等。

（10）应急打捞、潜水装备：包括打捞浮吊、浮吊自卸船、施救气囊、纹盘设备、锚及系缆装备、潜水工程车载系统、潜水生命保障系统、饱和潜水装置、常规潜水装置等。

7. 信息处理装备

信息处理装备是指进行信息传输与处理的装备。主要包括多路传真和数字录音系统、摄影摄像装备、计算机，无线上网卡、传真机、复印机等。

8. 个体防护装备

个体防护装备包括正压氧气呼吸器、正压空气呼吸器、空气呼吸器充气机、防热辐射安全头盔、个人防护可视网络系统、自救器、战斗服、防护服、防护靴、安全帽、防护手套等。

9. 医疗及救生器材

包括躯体固定气囊、肢体固定气囊、逃生面罩、折叠式担架、伤员固定抬板、多功能担架、救生气垫、灭火毯、医药急救箱、医用简易呼吸器、急救医疗设备、山岳救助装备、自动苏生器等。

10. 其他

如警戒器材等。

6.3　城市综合管廊应急演练培训

由于城市综合管廊是城市基础设施的重要组成部分，因此，在发生紧急情况时，需要对城市综合管廊进行应急处理，以保障城市的正常运行和市民的生命安全。为此，需要定期进行城市综合管廊应急演练培训，通过培训，使应急管理人员和应急队伍掌握城市综合管廊的应急处理知识和技能，提高应对突发事件的能力，确保在发生紧急情况时能够快速、有效地进行应急处理，最大限度地减少灾害损失。城市综合管廊应急演练培训包括以下内容：

（1）对城市综合管廊的应急处理流程和应急预案进行学习和掌握，以便在发生紧急情况时能够快速、有效地进行应急处理；

（2）对城市综合管廊的应急设备和工具进行熟悉和操作练习，以提高应急处理能力和效率；

（3）对城市综合管廊的事故预警进行学习和掌握，以便在发生紧急情况时能够及时、准确地获取事故信息。

6.3.1　城市综合管廊的应急处理流程及应急预案演练培训

根据城市综合管廊安全风险特性，在发生事故前需要制定一整套应急处置流程，包括事故信息接收与通报、信息处置与研判、现场处置等流程。

1. 信息接收与通报

综合管廊应急救援指挥部办公室主任手机应 24h 保持开机。一旦超出现场应急处置能力的事故发生，现场人员或部门主管应立即将事故情况报告应急救援指挥部办公室。

应急救援指挥部办公室在接到事故信息报告后，应记录报告时间、报告人员姓名、双方主要交流内容。

（1）信息初报

当综合管廊内发生生产安全事故时，综合管廊管理单位应急救援指挥部办公室负责人在接到报告后，应如实向综合管廊管理单位应急救援指挥部总指挥报告，相关工作人员应根据总指挥指示第一时间赶赴现场组织开展救援。综合管廊管理单位要严格按照安全事故上报制度要求，发生事故应立即上报、抢救伤员、保护现场。综合管廊管理单位的总指挥应坐镇指挥救援或第一时间前往事故现场指挥救援。紧急情况下，事故现场第一发现人可越级上报。若已出现 1 人及以上人员死亡，综合管廊管理单位主要负责人应在 1h 内向所在地县 / 区级应急管理局和负有安全生产监督管理职责的有关部门报告。

（2）信息续报

当综合管廊内安全事故应急救援、善后处置等工作取得新进展，应由事故责任部门以书面形式及时向综合管廊管理单位应急救援指挥部办公室进行续报；发生人员伤亡事故信息续报由综合管廊管理单位应急救援指挥部办公室向上级单位和政府相关部门报告。

（3）信息终报

当综合管廊安全事故应急救援工作完成、善后处置工作完成或稳定后，综合管廊管理单位安全管理部应协调组织成立事故调查组。事故调查组可由综合管廊管理单位安全管理部牵头，由相关部门抽调技术专家人员组成，负责综合管廊事故调查、处理和内部责任认定。在事故调查工作结束、相关政府部门出具调查报告后，综合管廊管理单位事故责任部门应以书面形式向应急救援指挥部办公室进行终报，内容应包含：事发单位基本情况、事件原因分析、应急处置过程、造成的后果和影响、善后处理、责任追究、教训总结等。

事故报告应当包括下列内容：

1）事故发生单位概况；

2）事故发生的时间、地点以及事故现场情况；

3）事故详细地址及周边醒目标志、建筑物等。报告接引人员的电话，事故现场起火物资、火势大小等情况；

4）事故已经造成或者可能造成的伤亡人数（包括下落不明的人数）和初步估计的直接经济损失；

5）已经采取的措施；

6）其他应当报告的情况。

2. 信息处置与研判

综合管廊管理单位应急救援指挥部办公室接到事故信息报告后，应根据事故性质、严重程度、影响范围和可控性研判，做出是否启动应急响应程序以及响应级别的决策。

事故应急期间，综合管廊管理单位应急救援指挥部应注意跟踪事态发展，科学分析处置需求，及时调整响应级别，避免响应不足或过度响应。加强对突发事件的早期预警、趋势预测和综合研判，预测突发事件的影响范围、影响方式、持续时间和危害程度等，从而达到避免原生事件发生或减少其灾害损失，有效预警，防止衍生、次生事件，为应急处置、决策指挥、救援实施提供技术支撑。突发事件发生发展往往具有确定性和随机性的双重特性，依据这种双重性规律，可以预测突发事件的发展趋势、影响范围及其发生的概率。

预测预警包含了 3 个层面：

（1）针对事前。突发事件发生前，根据一系列前提条件和参数预测事件的发生发展，提前预警。例如，灾害性天气的预测，可以根据对台风路径、降雨范围等的预测分析，发布天气预警。

（2）针对事中。在突发事件发生后，对突发事件下一步的发展趋势、影响进行分析，提早准备，有效应对。如暴雨、台风等自然灾害事件发生后，根据降雨量、地形、排水设施情况等，推演预测综合管廊受影响的时间、地点以及预测区域受影响的严重程度。

（3）针对次生、衍生事件。可以根据事件链对当前事件可能引起的次生、衍生事件进行定性、定量分析，从而采取有针对性的控制、预防措施。

6.3.2　城市综合管廊事故预警培训

应急预案演练培训是在综合管廊运营管理单位范围内，组织管廊运营单位、管线单位和公安、消防、主管部门等相关单位的人员，根据假设可能发生的突发情况进行演练活动。应急演练方式有：

（1）桌面演练：由应急组织的代表或关键岗位人员参加的，按照应急预案及其标准工作程序，讨论面对紧急情况时采取的行动。

（2）功能演练：针对某项应急响应功能或其中某些应急响应行动的演练。

（3）全面演练：专门针对应急预案中全部或大部分应急响应功能的演练，同时也是评价应急组织应急运行能力的演练活动。

应急演练的目的在于验证、评价和提高工作人员的操作技能与应急反应能力，在事故发生时，能有效降低事故造成人员伤亡和财产损失。演练计划制定部门可根据公司的实际情况分批组织演练。

应急演练应当立足实战，保证事故发生后，相关人员都能够及时准确地按照预案规定的内容进行应急处理。演练不能影响社会公众正常的生产和生活。应每半年至少组织一次现场处置方案演练，每年至少组织一次综合应急预案演练和专项应急预案演练。

6.3.3　城市综合管廊应急设备使用培训

城市综合管廊都是位于地下较深的位置，且相对封闭，发生事故时，排烟、照明等比较困难，为了应对城市综合管廊内发生的事故，各城市综合管廊管理单位都应配备一定数量的应急设备，主要包括：数码变频发电机组、牵引式柴油发电机、正压式空气呼吸器、手提式抽送风机、抽送风机风管、救援三脚架、水泵、应急担架、三角吊架等。

下面主要介绍发电机及正压式空气呼吸器使用操作方法：

1. 正压式空气呼吸器

正压式消防空气呼吸器（self-contained breathing apparatus）是一种自给开放式消防空气呼吸器，主要适用于消防、化工、船舶、石油、冶炼、厂矿、实验室等处，使消防员或抢险救护人员能够在充满浓烟、毒气、蒸汽或缺氧的恶劣环境下安全地进行灭火、抢险救灾和救护工作。

2. 应急发电机

柴油发电机组准备运行之前要先作好准备工作，启动前先对设备的水电气进行检查，然后打开预热开关，预热完成后启动运行。运行过程中要密切注意设备的电流、电压和温度变化。

6.3.4　城市综合管廊的事故预警

事故预警需要完成的任务是针对各种事故征兆的监测、识别、诊断与评价，及时报警，并根据预警分析的结果对事故征兆的不良趋势进行矫正、预防与控制。由于城市综合管廊内容纳的管线类型繁多，为了确保城市综合管廊安全平稳运行，在管廊内不同位置、区域设有不同报警装置和设施，如火灾自动报警系统、消防联动控制系统、消防应急照明和疏散示系统、自动灭火系统、建筑灭火器、可燃气体探测报警系统和消防设备供电系统的设置要求。其中火灾自动报警系统、可燃气体探测报警系统对事故的预警起着至关重要的作用，当消防控制室或中心监控室监测到异常报警或灯光闪烁时，预警可能发生事故。值班人员须及时报告并进行查核工作，同时告知其他相关人员提高警惕。在实际工作中，可以根据报警内容、报警位置、报警数量、报警频次等，设置相应的预警分级标准，以便制定相应的对策和措施。管廊运营维护单位应建立健全突发事件预警制度。可以预警的自然灾害、事故灾难和公共卫生事件的预警级别，按照突发事件发生的紧急程度、发展势态和可能造成的危害程度分为一级、二级、三级和四级，分别用红色、橙色、黄色和蓝色标示，一级为最高级别。

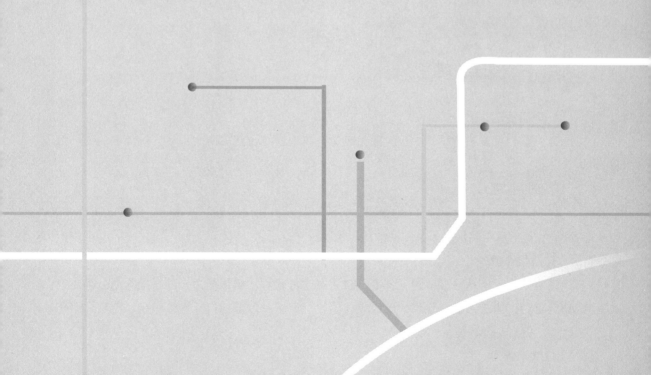

第7章

城市综合管廊

安全工程典型案例汇编

7.1　典型案例 1：综合管廊安全应急指挥平台

7.1.1　工程概况

厦门市综合管廊安全管理系统平台主要结合综合管廊安全管理制度，构建"发现问题 – 解决问题 – 验收反馈"的线上闭环管理流程，通过定期开展安全检查，形成隐患清单，动态整改跟踪，有效提高综合管廊设备异常及管廊本体缺陷及时反馈处理效率，实现无纸化办公的同时，为分析廊内常见问题、危险源等积累了数据。同时从实际运维出发，通过应急管理模块，将应急响应要求、应急联动单位、应急设备、应急值守队伍、应急处置情况等数据实时融合，结合应急预案，打造安全应急防控联动机制，实现面向管廊的安全应急处置方案，提高不同部门间应急响应效率。

7.1.2　日常安全管理

1. 项目管理

建立综合管廊在建项目、运营项目清单，实现对综合管廊所有项目详细信息的统一汇总管理。

2. 安全管理人员

根据人员安全角色进行分类管理，实现 4 类人员基础信息汇总管理。绑定人员证书、关联项目等信息，实现对人员到岗、离岗管理。

3. 危险源管理

建立综合管廊危险源清单，提高管理人员对危险源的辨识能力，并将危险源分为生产经营危险源、建筑工程危险源，关联具体项目，展示其监管部门、风险级别、负责人等相关信息，提高安全管理工作效率。

4. 隐患管理

建立综合管廊安全管理制度，通过派发安全检查计划，督促安全管理人员按期执行安全检查工作，并将检查结果通知到责任部门，同时生成隐患清单，实时跟踪整改情况。

5. 应急管理

对综合管廊应急预案进行管理，设置各项应急预案内容、等级、联动部门、处置流程等。发生紧急情况启动应急预案时，平台会根据设定的应急预案发送相应任务给相关人员，接到指令的人员则根据任务分工采取应急措施，实现综合管廊安全管理及应急处置。

7.1.3　应急指挥管理

综合管廊应急平台的建设立足于综合管廊安全应急管理和救援指挥业务，以"平战结合"为指导思想，统筹应急预案、预案启动、应急响应、应急值守、决策指挥、资源保障、管线联动等综合管廊应急指挥调度的全方位信息化支撑，实现预测预警与综合研判、决策指挥和综合调度、过程评估与能力评价、应急资源保障、可视化指挥调度等功能，满足日常状态下的应急管理和处突状态下应急处置的工作需要，提升综合管廊运营管理部门面对各种突发应急事件的快速响应和应对能力。

1. 预测预警与综合研判

应急平台可实现突发事件的早期预警、趋势预测和综合研判，预测突发事件的影响范围、影响方式、持续时间和危害程度等，从而达到避免原生事件发生或减少其灾害损失，有效预警，防止衍生、次生事件，为应急处置、决策指挥、救援实施提供技术支撑。平台可以实现的预测预警包含了 3 个层面：

（1）突发事件发生前，根据一系列前提条件和参数预测事件的发生发展，提前预警。例如，灾害性天气的预测方面，可以根据对台风路径、降雨范围等的预测分析，发布天气预警。

（2）在突发事件发生后，对突发事件下一步发展的趋势、影响进行分析，提早准备，有效应对。如暴雨、台风等自然灾害事件发生后，根据降雨量、地形、排水设施等情况，预测综合管廊受影响的时间、地点以及预测区域受影响的严重程度。

（3）可以根据事件链对当前事件可能引起的次生、衍生事件进行定性、定量分析，从而采取有针对性的控制、预防措施。

（4）在预测预警分析的基础上，结合应急平台 GIS 功能，进行查询统计和空间分析，将相关的结果可视化并直观展示，协助决策者进行事前预警、事中调整等决策，并可以与分级指标进行比对，核定事件的预警级别。

2. 预案一键启动

通过应急平台，可以将应急预案转化为具体工作指令，结合人员管理系统，针对不同响应等级、不同响应内容、不同岗位的人员，制定不同的应急处置指令。当需要启动应急预案时，通过应急平台"一键启动"应急预案，快速向应急处置人员精准下达指令，减少信息传达时间，提高应急响应速率。

3. 应急资源保障

应急平台实现了应对突发事件所需要人力、物力、财力、医疗卫生、交通运输、通信保障等资源的管理，提供了应急资源的优化配置方案和应对过程中所需资源的状态跟踪、反馈，保证了资源及时到位，满足了应急救援工作的需要。对于不同突发事件，其所需的应急资源是不同的，应急平台的先进性在于事先配置了各类突发事件所需应急资源的类型，事件发生时，能够根据条件快速进行检索，自动列出所需应急资源。为实现这一点，必须在平时加强对应急保障资源的管理，建立较为全面的数据库。以应急物资管理模块为例，根据应急处置场景的不同，建立通用物资、防汛物资、消防物资和有限空间救援物资等应急救援物资清单，并结合现场库存情况，对应急物资储备实行动态管理，保证各类应急物资储备充足，同时确保库存信息准确，抢险作业人员能及时获取物资工具，第一时间开展应急处置。

4. 决策指挥与综合调度

应急平台的通信调度台、视频会议及指挥调度软件系统可以辅助应急指挥人员有效部署和调度应急队伍、应急物资、应急装备等资源，并及时将突发事件发生发展情况和应急处置状况传递给相关人员，实现协同指挥、有序调度和有效监督，提高应急效率。应急平台在综合调度方面具有许多功能，包括情况掌握，实现情况接收、情况处理、情况掌握显示、情况分发等功能；在应急指挥方面，平台具有实现任务分析、方案协同推演、命令生成、命令执行与行动掌控、效果评估等功能。

应急平台可以通过电话会议、视频会议、软件等方式进行信息交互和会商，协同指挥和会商的参与方可以通过平台进行信息和方案的交流，甚至通过计算机网络实现远程控制和显示功能，使行业专家、各级职能部门可以在坚守岗位的同时，通过实时完成突发事件相关的商议和决策，最大限度地缩小空间距离所带来的不便，保证决策的高效和实时性。

例如，因城市内涝导致道路积水倒灌至综合管廊内，仅靠管廊内的排水系统已经无法满足应急排水的需要，可能需要道路管养、城市排水等部门的协助。通过应急指挥管理平台，可以快速将积水点的精确定位信息发送给各救援单位，便于救援人员快速抵达救援位置。同时通过视频共享功能，帮助救援单位快速了解现场情况，科学、准确地研判灾情险情，合理调派救援队伍、设备。

5. 可视化指挥调度

平台可采用固定目标数字化监控技术、城市管网地理信息系统（GIS）、网络和 GPS 数据采集系统、无线调度指挥体系，集服务、监控、调度、指挥于一体。构筑城市综合管廊视频监控、廊内环境参数、管廊附属系统的调度和指挥平台，实现在突发情况下快速获取事件现场的实时信息，为分析研判突发事件的苗头和源头，在第一时间进行科学指挥应急处置，调度有关应急资源和力量。

6. 过程评估与能力评价

应急平台对突发事件的类别、事故情况、指挥记录、现场反馈、危害程度、措施有效度等进行综合分析，辅助形成事件总结报告并存档，方便相关人员进行应急经验教训总结和总体应急功效的评估。应急平台通过建设应急评估系统，实现对突发事件应对处置过程的记录，并采用根据应急预案及其他相关规定建立的评价模型，对突发事件的应急能力进行评估，对应急处置工作进行过程中和过程后评估，形成评估报告。并且可利用系统的相关记录，再现应急过程。

通过对突发事件的评估，有利于找出应急工作存在的问题，明确改进的方向，促进突发事件现场处置过程中的监测、预警、决策支持、指挥调度、现场处置等能力的建设。

7.2　典型案例 2：合肥市大众路综合管廊导轨式智能巡检机器人系统应用

7.2.1　工程概况

合肥市大众路综合管廊工程南起包公大道，北至浍水路，全长约 640m，由 160m 涉铁段和 480m 非涉铁段组成。工程内容包括非涉铁段管廊本体工程及全段管廊附属设施（消防、电气、通风、排水及监控等）工程，不包含 160m 管廊涉铁段的土建工程和基坑工程，以及管廊内各市政管线的设计、建设及投资内容。根据《合肥市地下综合管廊规划》和《新站少荃湖片区地下综合管廊规划》大众路管廊规划为干线管廊，是连通新站区与瑶海区的唯一干线管廊通道，未来将与包公大道综合管廊和魏武路管廊共同构成完整的综合管廊系统。

根据《安徽省合肥市地下综合管廊规划（2016—2030）》大众路综合管廊为三舱干线管廊，分别为天然气舱、综合舱和电力舱，规划入廊管线为：DN300 天然气管线、DN400 污水管线、DN400 给水管线、弱电综合管线、110kV 高压电力线缆和 10kV 电力线缆。断面尺寸为 7.8m×3.0m（宽 × 高）。详见图 7-1。

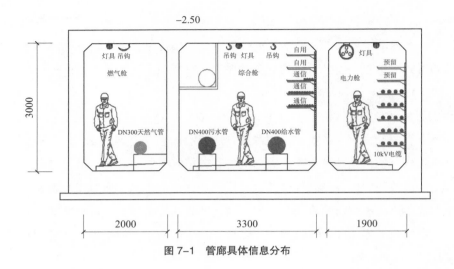

图 7-1 管廊具体信息分布

7.2.2 智能巡检机器人系统

（1）机器人技术参数

巡检机器人由灭火储气罐、机械臂部分、监控部分三段组成，整体安装在工字轨道上（图 7-2）。机器人主体集成了多功能摄像头、多种传感器、6 自由度机械臂、灭火气体储存罐等设备，同时采用滑触线供电和通信，可在无人值守的情况下对综合管廊进行全天候巡检、探测和灭火。

图 7-2 巡检机器人系统结构示意图

巡检机器人采用紧凑型设计，其截面尺寸为 472mm×496mm。机器人底部设计有多功能挂载点，根据场景需要，三段式机器人分别挂载了机械臂、灭火气体储存罐以及监控摄像头（图 7-3）。

巡检机器人安装的轨道为工字铝合金 6063，规格 180mm×82mm。表面采用阳极氧化处理。巡检机器人的轨道通过竖直安装的轨道固定座与综合管廊顶端连接，用于供电的管式滑触线与轨道平行安装，轨道固定座的高度可根据管廊的环境设置（图 7-4）。轨道直线段固定座的布设间距为 3m，管廊结束端使用 U 形轨道，转弯半径为 1.635m。

（2）巡检机器人功能特色

作为固定式监测设备和人工巡检的重要补充，巡检机器人可为综合管廊提供全方位、全时段的安全监测。导轨式巡检机器人具备部署安装可靠、可拓展性强等特点。同时考虑

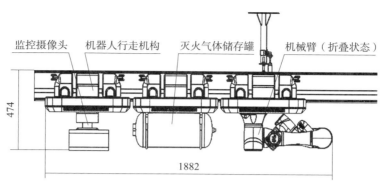

图 7-3　三段式机器人示意图

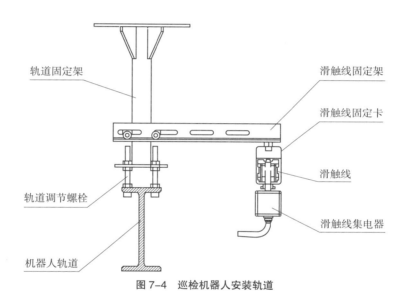

图 7-4　巡检机器人安装轨道

管廊内部可能存在高差，根据管廊的实际运行环境开展定制化研制，使导轨式综合管廊巡检机器人具备优异的地形适应能力以及全自动自主巡检功能，可以实现预设路线与特定任务的定期、定点巡视及安防工作，并且具备针对重点部位、重点设备的监控、检测等功能。巡检机器人可携带红外、可见光镜头，能够完成在线测温与实时图像采集，采用先进的图像分析技术，实时发现廊内缆线、管道等的安全隐患，及时预警。

　　巡检机器人结合远程监控平台，对综合管廊运行环境及各类设备进行全面巡查，实时掌握管廊运行状况，及时预警处置，与管廊内各分布式设备协同，共同构筑综合管廊智能综合管控系统，提高城市综合管廊的运维效率，助力提升综合管廊的安全水平。具备早期火灾处置功能，集感知、预警、干预处置等多功能一体化协同设计的综合管廊巡检机器人是未来的发展趋势。

7.3 典型案例 3：非接触式激光静力水准系统在综合管廊结构变形监测现场的应用

7.3.1 工程概况

红塔大道综合管廊工程西起玉溪火车站，东至抚仙路，本项目 PPP 模式采用 BOT（建设－运营－移交）方式运作。玉溪市为 2016 年云南省综合管廊 3 个试点城市之一，红塔大道为连接火车站贯穿市区东西的城市主干路——玉溪市迎宾大道。该项目现场情况复杂、技术要求高、施工周期短，为玉溪市 2016 年重点项目之一。示范段管廊结构形式为双舱，净尺寸为 4.7m×3.8m，入廊管线包括电力、通信、给水、中水、天然气等。

非接触式纵向变形监测系统可高精度监测综合管廊纵向沉降，对服务管廊本体结构及各专业管线在综合管廊内敷设后的安全经济运行和管理具有重要意义。

7.3.2 监测方案概述

依托玉溪红塔大道综合管廊工程开展工程示范应用，在施工过程中，根据示范工程要求，在监测段的各个监测点安装前期设计研发的激光静力水准系统监测元件，监测综合管廊使用期间的纵向变形。对网关进行通信测试，确保信息不丢包，确保无线数据传输的安全性，确保全天候稳定通信。对数据层服务器进行检查，确保监测数据安全、有序存储，确保通用数据接口可以高效访问各自用户权限内的数据。对于应用层软件平台，将在示范工程进行试运营，根据使用中的反馈情况，进一步优化整个系统。

1. 元件开发及订制

静力水准系统利用连通器原理。多个通过连通管连接在一起的储液罐，其液面总是在同一水平面上，通过测量不同储液罐的液面高度，可以计算出各个静力水准仪的相对差异沉降。在发生差异沉降之后，只需读出各个静力水准仪的偏差值，相减即可求出各点之间的差异沉降。

对于沉降监测，最核心的问题是保障测量的稳定性、有效性和准确性。压差原理设计的传感器在温度变化时会导致液体密度变化，对测量数据影响最大，此类误差比其他类型误差大一个数量级，而目前多数仪器未对该影响进行精确补偿或者未作补偿。同时温度变化还会导致压力传感器温飘和采集电路温飘，可通过电路设计和传感器内部温度补偿电路解决，使得绝对误差得到有效控制。

在传感器设计上，通过浮子设计减小液体密度的影响。元件采用无导杆的漂浮浮子，非接触式"激光"静力水准测量液面高度，通过三角激光测量原理，利用激光传感器测得锥形微浮子（基本等价于液面）的位置。分析可知，液体密度变化的影响与液面高度本身无关，其数量级仅与浮子本身尺寸相关，可通过微型浮子设计大大减小其误差。同时，通过漂浮浮子设计，避免因导杆而导致的机械误差。通过以上设计，保障了元件的测量精度，测量沉降误差小于 0.2mm。

2. 示范工程硬件平台搭建

根据示范工程需要，结合工程的土层特性和结构特点，埋设监测元件，对重要结构部位和软弱土层处适当加密监测点。搭建通用的数据平台，实现实时在线监测，大幅提升结构物的安全性。全天候全自动数据采集，大大节约人工监测成本，实现智能数据管理，进一步提升管理与运营效率。

在硬件平台搭建中，包含采集层、网关层、数据层和应用层。

采集层通过一体式（含传感器与采集电路）及分体式（仅包含采集电路但可接入各类标准传感器）采集测点进行结构物现场数据的实时采集，同时采集测点可将获得的物理数据上报通用网关，实现数据的远传。网关层通用网关负责采集所有类型的物理测点数据，并通过移动网络将数据上传至通用数据接口。网关层安装设备支持通用数据协议，支持 Toehold 全系列数据采集测点，可选无线低功耗配置，支持现场快速组网布点，同时外形小巧坚固，达到 IP67 标准，具备全天候防护设计。数据层通过通用数据接口负责管理海量物理测点数据，并通过标准 Web Service 协议与平台进行数据传输。应用层数据存储于云端服务器，高效安全，弹性利用云端计算资源。应用层基于通用数据接口的云端管理平台，管理整个示范工程的监测运维，并可以通过定制融入其他 OA 系统。

3. 软件平台功能

软件平台的作用在于高效率的管理海量的监测数据，便捷监测、运维工作。实现监测数据管理与企业办公流程的一体化，大大提升了管理效率，降低运营成本。软件平台是在应用层直接与用户接触，根据工程需要包含通用管理平台和多个订制平台。

通用管理平台的功能包含监测工程信息的管理、监测方案布点图的导入、数据曲线及表格的查看、测点数据标定系数及公式的自定义、预警设置与管理和用户管理等。

4. 现场应用试验和优化

搭建完成硬件系统之后，将针对数据采集稳定性和有效性进行测试检验。对网关进行通信测试，确保信息不丢包、无线数据传输的安全性以及全天候稳定通信。对数据层服务器进行检查，确保监测数据安全、有序存储，并确保通用数据接口可以高效访问各自用户权限内的数据。对于应用层软件平台，将在示范工程进行试运营，根据使用中的反馈情况，进一步优化整个系统。

5. 监测依据

（1）综合管廊运营方提供的相关资料；

（2）《工程测量标准》GB 50026—2020；

（3）《国家一、二等水准测量规范》GB/T 12897—2006；

（4）《城市工程管线综合规划规范》GB 50289—2016；

（5）《城市综合管廊工程技术规范》GB 50838—2015；

（6）《建筑变形测量规范》JGJ 8—2016；

（7）《混凝土结构设计标准（2024年版）》GB/T 50010—2010；

（8）《爆炸性环境 第1部分：设备 通用要求》GB 3836.1—2010。

6. 监测要求

（1）监测精度误差不大于 0.2mm。

（2）沉降监测点的布设应能反映综合管廊变形特征，并应顾及本体结构和地质结构特点。

（3）综合管廊健康监测应采用自动化健康监测系统采集本体结构及现场环境信息，并应通过分析结构的各种特征对结构健康状况进行评价。

7.3.3　监测简报

1. 监测简报

本项目自 2021 年 4 月 23 日开始进行自动化监测，测点监测了综合管廊的沉降数据。

传感器总数为 3 个（图 7-5），其中 1 基准点 1 个，水准测点 2 个。截至 2021 年 5 月 25 日，最大累计变化量为 0.288mm，点位为 CJ2；单日最大变化量为 0.104mm，点位为 CJ3。本项目累计变化量和单日变化量均小于设计控制标准，无报警。

图 7-5　现场安装的传感器

通过管理平台可视化功能能够实时查看监测数据的变化趋势，以测点 CJ2 为例，绘制的数据走势曲线如图 7-6 所示。

2. 监测结论

（1）综合管廊纵向变形阈值要求

玉溪红塔大道综合管廊入廊管线包括电力、通信、给水、中水、天然气等。各类管线变形要求由高到低依次分为 3 类：天然气、热力；给水、再生水、雨水、污水；电力、

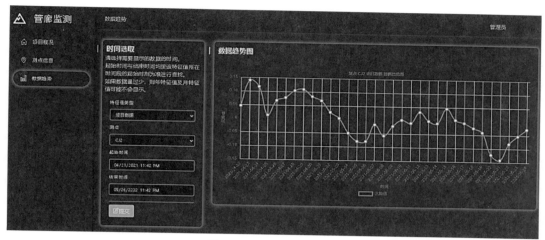

图 7-6　测点 CJ2 数据曲线

通信。综合管廊结构纵向变形应保证天然气管道正常使用。综合考虑管廊内部各类管线的变形要求，综合管廊结构纵向变形允许值为 10~15mm，位移速率不超过 2mm/d。

（2）纵向变形监测结论

2021 年 4 月 23 日至 2021 年 5 月 25 日的典型监测数据显示，玉溪红塔大道综合管廊结构沉降的日变化量和累计变化量均未超过预警阈值，结构无明显的过大纵向变形，能够保证管廊本体结构和其内部管线的安全使用，总体处于健康状态。

通过在玉溪红塔大道综合管廊示范工程的现场应用所研发的激光静力水准系统，检验了系统在实际工程中的应用效果。激光静力水准系统能够实现管廊本体的实时在线监测，达到全天候自动数据采集的智能化长期监测、预警的效果，具有完整的数据系统和通信系统；可实现自动高精度采集，通过加密可靠地传输和处理数据；设备工作状态平稳，受温度、环境等因素影响较小，能精准、有效的反映出结构实际状态。其监测原理、精度、通信方式、数据处理及预警方式的设计科学合理，能够适应工程环境，达到预期效果，可以推广应用。

第 8 章

城市综合管廊安全创新发展

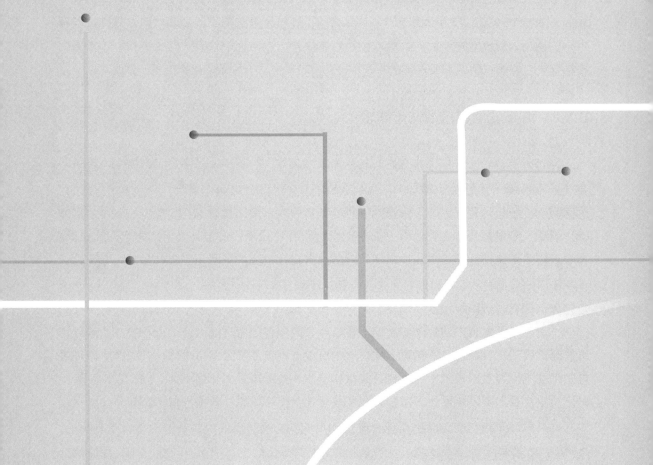

城市综合管廊容纳多类市政管线，日常运维安全管理要求较高，亟须数智化技术手段赋能，提升城市综合管廊的安全运行管理水平。智慧城市建设发展为综合管廊数智化升级提供了新理念、新技术、新方法。

8.1 新一代智慧城市数智化技术

当前我国重大自然灾害频发、生产安全事故多发、城市规模逐渐扩大，城市公共安全面临重大挑战，城市对于安全性的需求已达到了前所未有的高度。与此同时，我国应对突发事件的能力存在诸多不足，城市安全运行水平需要多方面的提升。随着智慧城市发展的不断推进，智慧城市的数智化技术为城市安全问题提供了一种新的解决方案。

8.1.1 城市安全运行数智化需求

城市安全运行是一座城市正常运转的最基本要求，它关乎人民生命财产安全与经济社会发展，也是政府和人民普遍关注的热点和焦点。目前，我国正处在公共安全事件易发、频发阶段，地质灾害、洪涝、极端天气事件等重特大自然灾害频发，如图 8-1 所示。部分城市建筑、生命线工程、地下管网等基础设施随着使用年限的增长，事故隐患逐步显现；由生产安全事故、污染物排放或自然灾害等因素导致的突发环境污染事件多发，危及公众生命健康和财产安全，威胁生态环境，造成了重大的负面社会影响。

与此同时，现有城市安全应急也存在诸多问题。当前，城市在处理突发事件时存在明显的不足，对突发事件的处理缺乏统一性，对突发事件的管理能力还远远不够。由于城市的应急管理还没有统合化的管理方式，这也造成当城市面临突发事件时，它的应急管理效果受到了不同程度的技术限制。在救援机构、信息处理单位与管理机关之间，缺乏整体沟通，在应对重大突发事件时，容易造成现场管理责任不明确、救援指挥不科学等问题，从而耽误了最佳救援时机，影响了应急救援的时效性。在当前的公共安全应急信息系统中，系统的反应速度仍然不够理想。市级层面的应急信息系统平均响应时间约为 1h，整体响应

图 8-1　台风灾害、化工厂爆炸、城市污染

时间较长。由于各地区和部门的应急管理体系尚未整合为一个统一的系统，信息共享存在障碍，导致各地区和部门之间的协调不力。突发事件的理想响应时间应为 30min 左右，但在城市突发事件中，信息传递滞后、数据缺失、瞒报和漏报等问题严重影响了事件的处理效率。而且在实际处理突发事件时，缺乏适当的应对措施，加之对突发事件的预防意识不足，公共安全应急管理无法对事件的发生进行合理预测，也无法有效控制事态发展。这种情况导致突发事件发生后，无法按照预案对各应急联动部门的力量进行有效调配，最终错失处理事件的最佳时机。

基于对我国城市安全现状的调研发现，未来的公共安全需要从更全面的准备、更准确的预测、更科学的响应和更迅速的恢复等维度出发。同时，公共安全领域科技的发展将更加重视预防、应对和韧性理念，推动公共安全保障向风险可控化、预测智能化、应对高效化和保障一体化发展。具体而言，我国智慧城市安全运行要对自然灾害、城市基础设施、环境污染、交通安全等方面进行管理，将会有以下方面的需求：

1. 对非常规、未知风险识别和评估能力。由于环境和社会经济的不断变化，新的、未知的风险和威胁可能随时出现。智慧城市必须建立强大的风险评估体系，能够识别并评估这些潜在的威胁。

2. 主动感知、智能预测和预警应急联动能力。通过大数据、人工智能等技术，对各种数据进行实时分析，实现对突发事件的预测、预警，从而提前采取措施，最大程度地减少损失。

3. 突发事件应对多元协同和高效化。突发事件的应对需要多方合作，包括政府、企业、公众和其他组织。智慧城市应建立高效的协同机制，确保各方在危机时刻能够迅速、准确地进行响应。

4. 公共安全与应急管理具备系统性和协同性。公共安全不是孤立的，而是与如交通、医疗、教育等其他领域紧密相关。因此，应急管理需要与这些领域紧密协同，共同维护城市的安全。

5. 公共安全与应急管理向多行业大整合、高共享、深应用发展。通过技术手段，如物联网、大数据等，实现各行业之间的数据共享和整合，从而实现更加深入、全面的应急管理。

近年来，数智化技术不断发展，智慧城市的建设不断推进，智慧城市的新理念以及所依托的数智化技术给城市安全问题提供了一种新的解决思路。党的二十大报告提出："加快转变超大特大城市发展方式，实施城市更新行动，加强城市基础设施建设，打造宜居、韧性、智慧城市"。

8.1.2　智慧城市的发展

智慧城市概念最早源自对未来城市的设想，其核心在于利用数字化、信息化手段，对城市的各项资源进行智能化管理和运用。它是指在城市规划、设计、建设、管理与运营等领域中，通过应用物联网、云计算、大数据、空间地理信息集成等智能计算技术，使得城市管理、教育、医疗、交通运输和公众安全等城市组成的关键基础设施组件和服务更互联、高效和智能，代表着一种城市发展的新思维。近年来，随着信息技术的快速发展，城市信息化应用水平不断提升，通过综合运用现代科学技术、整合信息资源、统筹业务应用的"智慧城市"建设也逐渐深入到城市规划、建设和管理等各个方面。

智慧城市的概念并非一蹴而就，它的发展经历了数年的技术进步和社会演变。智慧城市的概念起源于 20 世纪 90 年代的数字城市，初期主要聚焦于将城市信息数字化，方便公众访问和使用。随着互联网和移动通信技术的进步，城市逐渐变得更加网络化，这为提供实时、便捷的在线服务和增强市民与政府的互动打下了基础。进入 21 世纪，物联网（IoT）、大数据、云计算和人工智能等技术的兴起更是推动了智慧城市概念的形成。2008 年，IBM公司首席执行官彭明盛首次提出"智慧地球"概念。该概念一经提出，受到世界各国广泛关注，并聚焦于经济发展最活跃、信息化程度最高、人口居住最集中、社会管理难度最大的城市区域。

我国高度重视智慧城市建设。我国智慧城市发展大体上经历了 4 个阶段：第一阶段为探索实践期，各部门、各地方按照自己的理解来推动智慧城市建设，相对分散和无序。2010年，北京经信委在《关于对智能北京发展纲要征求意见的函》中提出要"全面建设智能北京"。南京、上海等城市在 2011 年也制定了相关规划，初步探索智慧城市发展建设。2012年，住房和城乡建设部在全国组织国家智慧城市试点工作，分三批公布 290 个试点城市。第二阶段为规范调整期，国家层面成立了"促进智慧城市健康发展部际协调工作组"，各部门不再"单打独斗"，开始协同指导地方智慧城市建设。2014 年出台的《国家新型城镇化规划（2014—2020）》提出推进智慧城市建设，并推进建设创新城市、智慧城市、低碳城镇试点工程；同年 8 月，发展改革委等 8 部委发布《关于促进智慧城市健康发展的指导意见》。2015 年，中央网信办、国家互联网信息办共同提出了"新型智慧城市"概念。第三个阶段为战略攻坚期，智慧城市发展逐渐上升为国家战略，智慧城市的建设标准和相关技术标准更加明确，各地新型智慧城市建设加速落地。2016 年，国家"十三五"规划纲要明确提出要大力建设智慧城市。2017 年，党的十九大报告提出"建设网络强国、数字中国、智慧社会，推动互联网、大数据、人工智能和实体经济深度融合"。第四阶段为全面发展期，从党的十九大召开到现在，各地新型智慧城市建设加速落地，建设成果逐步向区县和农村延伸。

目前，我国智慧城市的建设正在经历蓬勃发展阶段，得益于国家层面的战略规划与政策支持，智慧城市技术发展已成为推动城市转型与升级的重要力量。在技术推进方面，物联网、云计算、大数据分析和人工智能等核心技术的应用成为提升城市智能化管理和服务水平的关键驱动因素。众多领域如智慧交通、智慧政务、智慧医疗等，都已经展现出智慧城市理念的广泛融入与实际效益。

8.1.3　智慧城市数智化技术

如今智慧城市的核心数智化技术主要包括物联网技术，无线通信技术，大数据技术、人工智能技术和云计算技术，数字孪生技术，机器人和无人机技术等。

1. 物联网技术、无线通信技术

物联网技术、无线通信技术常常相互结合实现对城市安全的信息监测功能。物联网是将各种设备和物品连接到互联网的技术，实现智能化识别、定位、追踪、监管等功能，最早于 1999 年由美国麻省理工学院提出。它的核心原理是将传感器、设备和物品与互联网连接，使它们能够实时收集数据，并将数据传输到中央系统或其他设备。这些设备可以通过各种通信技术连接，如无线通信技术、有线通信技术等。无线通信技术通过电磁波在开放空间中传输和接收声音和数据，消除了对有线连接的需求。如今无线通信技术已经发展到第五代移动通信技术，5G 技术提供了更快的数据传输速度、更低的网络延迟以及更高的网络容量。

物联网技术和 5G 技术在城市安全运行方面有着诸多的优势。物联网技术可以实现实时监控和数据收集功能，通过在城市部署各种传感器和设备，对城市日常运行进行实时监测；物联网技术还能够显著提升效率和生产力，通过实时监控系统合理分配城市资源，实现远程监控、控制和自动化操作；物联网技术还能够帮助降低运营和维护成本，无需大量人工即可实现预测维护操作。5G 技术的高速数据传输能力为实时监控、实时数据收集等应用提供了便利，极低的延迟确保了数据传输几乎是实时的。高可靠性和广泛的覆盖确保了城市任何地方都能获得可靠的网络连接，而能够处理大量设备连接的能力为物联网传感器的大规模应用提供了基础。

如今，物联网技术和 5G 技术已经用于智慧城市安全运行的诸多方面。物联网技术的传感器网络可以用于交通管理、环境监测、公共安全预警监测和城市运营管理等方面。传感器可以实时收集数据，并将其传输到中央系统，为城市管理者提供有关城市运行状况的实时信息。同时物联网技术可以用于环境监测，在城市内部署大量环境传感器，定期监测环境参数，如空气污染水平、水质、噪声水平等。当传感器检测到异常值或环境问题时，系统会自动发出警报，并将数据传输到中央监测中心。物联网技术还可以用于城市灾害预警领域，通过部署各种传感器，如气象、地震传感器，实时监测城市的环境参数和基础设施的状态，为及时发现异常情况和预警可能的灾害提供了重要数据支持。物联网技术能够分析实时和历史数据，预测可能的灾害事件如洪水、地震和台风，及时向相关部门和公众发送预警信息，以采取必要的预防措施。此外，公众也可以通过物联网技术，如手机应用或社交媒体，实时接收灾害预警信息和应急指南，提高自我保护和应对灾害的能力。

5G 技术为大规模的设备和传感器网络提供了快速、可靠的连接，使得实时数据收集、处理和分析成为可能。它支持着智慧交通、智慧安全、智慧能源等多个领域的发展，为城市管理提供了基于数据驱动方法的决策支持，并改善了公共服务的质量和效率。在更广泛的城市安全范围内，5G 技术的应用可以与智能监控、交通管理和其他需要强大可靠通信网络的智慧城市应用相结合。通过利用 5G 技术的潜力，城市可以建立更具弹性、效率和安全的城市综合管廊基础设施，为实现智慧和安全的城市环境迈出重要的一步。5G 技术的全球部署正在加速进行，许多国家和地区已经启动了 5G 商用服务。与此同时，5G 技术也在推动着相关产业的创新和发展，为未来更多新技术和应用的出现奠定了基础。然而，它也面临一些挑战，如网络安全、基础设施投资和频谱资源分配等问题，这些都需要得到妥善解决以实现 5G 技术的广泛应用和智慧城市的持续发展。

2. 大数据技术、数字孪生技术

大数据和数字孪生技术的相互结合，可以对物联网产生的数据进行处理，实现对城市安全的预测预警功能。大数据具有大容量、高速度和多样性特点，主要技术包括 4 个方面：大数据采集、大数据存储、大数据分析、大数据可视化。数字孪生技术是一种基于计算机技术的模拟方法，其目标是创建物理对象或系统的虚拟模型，并通过实时数据更新该模型，以辅助决策、模拟和优化实际的物理对象或系统。简单来说，数字孪生技术是现实世界与数字世界之间的桥梁，它为我们提供了一个实时、动态的模型来反映、预测和增强真实对象的行为和性能。在构建这些复杂的数字模型时，数字孪生技术往往包含了建筑信息模型（BIM）和地理信息系统（GIS）技术。BIM 技术为我们提供了建筑物和基础设施的详细、多维度的数字表示，涵盖了从设计、建造到运营的所有阶段。而 GIS 则捕获、存储和分析与地理位置有关的空间和地理数据，为数字孪生提供了物理资产在更大的地理和空间上下文中的宏观视角。数字孪生技术不仅能够详细地模拟特定的建筑或设备，还可以在更广阔的地理和城市环境中对其进行上下文分析。

大数据和数字孪生技术是智慧城市安全建设的重要支撑，它们在智慧城市安全工作中有着充分的优势。大数据技术能够通过实时监测和分析海量数据，帮助城市管理者及时发现和响应各类安全风险为城市安全预警和决策提供准确的支持。数字孪生技术通过构建城市的数字副本，实现对城市基础设施、交通、环境和公共安全等方面的实时监测和分析，实时发现安全隐患和异常情况，为城市安全预警提供技术支持。同时，通过模拟和预测安全事件的发生和影响，为决策者提供精准的安全评估和决策支持，帮助优化资源配置和提高应急响应效率。数字孪生技术还能优化公共安全和应急管理流程，增强城市基础设施的安全性和韧性，促进不同部门和领域的协同合作。

　　与此同时，大数据技术还可用于自然灾害预测。通过大数据分析结合历史气象数据、地质数据和实时传感器数据来预测自然灾害。例如，在台风预测方面，系统可以通过分析气象数据、海洋温度和气压数据，预测台风的路径和强度。城市管理者可以根据这些信息采取预防措施，如疏散居民或强化建筑物。数字孪生技术还能应用于城市规划工作中，通过创建城市数字模型，更准确地预测和评估城市发展方案的效果，助力决策者做出更合理的规划决策。

3. 机器人和无人机技术

　　机器人和无人机技术在智慧城市中的应用主要基于自主导航和定位、远程控制和监视、数据收集和传输以及实时分析和决策支持等基本原理。通过 GPS 和其他传感器技术，机器人和无人机技术能够实现自主导航和定位。借助无线通信技术，操作员能够远程控制和监视其操作，而配备的传感器和摄像头能够进行实时数据的收集和传输。

　　机器人和无人机技术在城市安全工作方面的应用具有独特的优势，它们能为城市安全管理提供创新和高效的解决方案。无人机具备高空监视和快速响应的能力，能在广泛的区域内快速收集和传输实时数据，为城市安全监控和应急响应提供重要的视角和信息。机器人技术则能在危险环境或难以到达的环境中执行任务，如在化学泄漏或放射性材料泄漏的场景中进行侦查和处理，极大地降低了人员的安全风险。同时，机器人还能执行重复或耗时的监控和维护任务，释放人力资源，提高城市安全管理的效率。此外，通过与其他智慧城市技术如大数据、人工智能和云计算的集成，无人机和机器人技术能实现更为智能和自动化的安全监测和应急响应，提高城市安全管理的实时性和准确性，为构建更为安全、高效和智慧的城市提供强有力的技术支持。

　　机器人和无人机技术在智慧城市中有广泛的应用场景。无人机和机器人利用实时监控能力可以实现对城市安全的监控以及对基础设施巡检和维护。无人机还可以进行应急响应，在发生火灾、交通事故或自然灾害时，快速到达现场进行空中侦察，而机器人能在危险环境中进行救援和处置。在交通拥堵、火灾或其他紧急情况下，无人机能快速到达现场，为决策者和应急人员提供第一手的情况信息，大幅提高了应急响应的效率和效果。无人机可以快速飞越城市上空，通过搭载的高清摄像头和传感器，对桥梁、道路、建筑、电力线路、管网等基础设施进行实时监测，捕捉潜在的损坏和安全隐患。例如，在桥梁检查中，无人机能够在短时间内完成大面积的视觉检查，识别裂缝、错位和腐蚀等问题。机器人技术则能在地面或难以人工到达的区域进行巡检和维护。例如，管道检查机器人能够进入狭小的管道内部，进行视频监控和数据采集，识别管道漏损、堵塞和腐蚀等问题；维修机器人可以在高危或高空环境中执行维修任务，如电力线路的维修和建筑外墙的维护，大幅降低人员的安全风险。

8.2 综合管廊安全数智化创新发展

智慧城市数智化技术已经在城市综合管廊安全方面得到了广泛的应用，随着技术的进步，数智化技术在城市综合管廊安全应用中将出现创新发展。

8.2.1 综合管廊风险征兆识别评估

综合管廊系统所面临的各种潜在风险和威胁需要得到充分的关注，风险识别与评估是确保管廊系统的安全性和可靠性不可或缺的步骤。传统的城市综合管廊风险识别和评估方法通常侧重定量分析和基于经验的方法，数据量有限，在某些方面存在一些局限性，难以捕捉潜在风险。此外，传统方法通常是一次性的评估，而无法提供实时的监测和反馈，这在运行维护和应急管理方面仍显不足。

数智化技术的迅速发展为综合管廊风险识别提供了新的可能性。基于数字孪生等数智化技术，可以对城市综合管廊进行全生命周期风险评估管理，还可以进行跨领域、跨行业的全链条风险评估管理。数字孪生技术通过为物理实体创建一个数字复制品，为我们提供一个实时的、动态的数据模型，使得从设计、建设到维护和运营的各个阶段，我们都能进行持续、实时的风险监控和预警。通过建立城市智慧综合管廊平台，管理者可以对地域分布面积广、集群规模大、管网类型数量众多，涉及供水、排水、天然气、热力、供电、通信等多领域综合性业务，对跨地域大规模管网进行常态化监测。此外，结合大数据、人工智能等先进技术，更能够将该技术纵深地链接到与之相关的多个行业和领域，如能源、交通和通信等，形成全面的风险管理体系。

综合管廊风险征兆识别还将向实时数据收集与传输方向和数据精细处理方向发展。通过物联网技术收集数据，结合传感器前端数据处理、后端平台数据处理，我们能够持续监控综合管廊内的各种物理参数，如温度、湿度、压力以及机械振动等，从而迅速识别出潜在的危险因素。这些实时数据，相较于传统的定期检查，为风险评估提供了更为连续、精确的依据。

风险征兆识别将向多种传感器的融合与数据整合方向发展。如今，物联网技术产生的数据处理整合能力较差，通过平台系统进行数据整合和各种传感器相配合，可以实现更为全面的风险画像。例如，地震传感器可以监测地面振动，而视频监控可以捕捉到异常活动或泄漏情况，两者结合能够提供更为准确的风险评估。

此外，风险征兆识别将向多种数智化技术相结合方向发展。物联网技术可以结合人工智能技术、大数据技术等，智能算法可以基于收集的大量数据，自动识别异常模式，提前预警潜在的风险，从而使得响应措施更为迅速、更具针对性。基于大数据分析技术，尤其是数据的清洗与处理以及历史数据与实时数据的对比与分析，城市综合管廊的风险识别、评估及安全创新表现出深远的影响和变革潜力。在大数据的支撑下，我们不仅能够处理海量的信息，还能确保数据的质量和准确性。数据清洗过程中，无效、重复或误导性的信息被有效地筛选和排除，为风险评估提供了纯净、可靠的数据源。通过对历史数据和实时数据进行细致的对比与分析，我们能够发现并预测出易被忽视的风险趋势。例如，对于对某个特定区域历史上的泄漏事件数据和实时的传感器反馈信息进行对比，可以预测该区域在未来的某个时间点可能出现的泄漏风险。这种预测性的风险管理方式大大增强了城市综合管廊的安全防范能力。同时，基于大数据的深度学习和机器学习技术，使得自动化的风险评估和智能响应成为可能，极大提高了风险管理的效率和实效性。例如，机器学习算法可以自动识别出新的风险模式，并自主调整风险评估策略，确保持续、高效的风险管理。

数字孪生、物联网和大数据分析等技术不仅增强了风险评估的准确性和实时性，还促进了更广泛、深入的风险管理和预警机制的建立。随着这些技术的进一步发展和应用，可以期待综合管廊的风向征兆识别评估将变得更加高效、精确和智能化，为城市的稳定和可持续发展提供坚实的保障。

8.2.2　综合管廊风险演化监测与预警

综合管廊风险演化的监测与预警对于维护城市基础设施的稳定性与安全性至关重要。在日益复杂的城市环境中，综合管廊承载着电力、通信、给排水等多个关键领域的功能，任何风险的发生都可能引发严重的社会影响与经济损失。通过对风险的持续监测与分析，能够及时发现并预防潜在问题，如管道老化、水渗漏、电缆短路等，从而避免或减少事故的发生。同时，风险演化预警能够提供重要的数据支持，帮助决策者做出更加合理与有效的决策。总体而言，综合管廊风险演化的监测与预警是保障城市基础设施安全、确保城市正常运行的重要保障，对于提升城市的整体抗风险能力具有重要意义。

综合管廊风险演化预警在数智化创新方面的发展，体现在通过集成最新技术来提升系统的效能和精准度。通过运用高级数据分析方法，如机器学习和深度学习，系统能够更准确地识别和预测潜在风险。物联网技术的应用增强了对管廊环境和设备状态的全面实时监控，而数字孪生技术则允许通过构建管廊的数字模型来模拟和分析其运行状态。无人机和机器人的使用在管廊巡检中发挥重要作用，尤其是在人类难以抵达的区域。此外，先进的可视化技术和集成通信技术也在提高信息的可理解性和传输效率方面发挥着重要作用。通过这些数智化创新，综合管廊风险演化预警系统正变得更加快速、准确和自动化，极大地提高了预防管廊安全风险的能力。

在智慧城市建设的背景下，综合管廊风险演化预警的数智化已成为必然趋势，未来数智化发展方向及其内容将集中在以下几个关键领域：

首先，物联网技术的进一步融合与创新是未来数智化发展的核心。这将进一步加强传感器网络的构建，提高数据采集的精度与效率，实现对综合管廊环境的全面监测。这不仅提高了数据收集的全面性，而且为后续数据处理与分析奠定了坚实基础。

其次，人工智能与大数据技术的应用将成为数智化发展的重要支撑。通过算法的优化与模型的创新，将进一步提升对复杂数据的处理能力，增强风险预测的准确性和时效性。特别是深度学习等前沿技术的应用，将为综合管廊风险预警提供更加强大的数据分析能力。

第三，数字孪生技术在综合管廊风险管理中将展现出更大的潜力。通过构建高度仿真的数字模型，可以在虚拟环境中模拟和分析各种风险情景，为决策提供科学依据。未来，数字孪生技术的发展将更加注重与实体管廊的实时数据同步，提高模拟的准确性和实用性。

第四，边缘计算技术将在未来的数智化发展中扮演重要角色。通过在数据产生的源头进行初步处理，不仅可以降低数据传输的成本，还能提高系统的响应速度。这对于实时性要求较高的风险预警系统来说尤为重要。

第五，无人机和机器人技术的应用将进一步拓展。这些自动化设备不仅能够提高对工程检查和维护的效率，还能在紧急情况下迅速响应。未来的发展将更加注重这些设备的智能化，使其能够更好地适应复杂的环境。

最后，云计算技术将继续为综合管廊风险演化预警的数智化提供强有力的支持。通过云平台的高效计算能力和强大的数据存储能力，更好地支持大规模的数据处理和复杂的分析任务。

综上所述，未来综合管廊风险演化预警的数智化发展将集中在提高数据采集的全面性与准确性、加强风险预测的智能化与精准化、提升系统的实时响应能力和自动化水平、增强数字孪生技术的实用性与准确性等方面。与此同时，降低综合管廊数智化布置成本也是未来发展的关键方向之一。通过采用更高效的技术、优化设计方案，以及集成创新的管理方法，可以显著降低数智化的实施成本。这不仅提升了项目的经济与可行性，而且促进了智慧城市建设的广泛应用，从而实现成本效益与技术创新的良性循环。通过这些关键领域的创新与发展，可以有效提升综合管廊的安全管理水平，为智慧城市的可持续发展提供坚实的技术支撑。

8.2.3　综合管廊安全应急智能联动

综合管廊传统的应急联动方法存在一些局限性。首先，其往往依赖于人工检查和报告，这可能导致响应延迟，尤其是在需要快速决策的关键时刻。其次，由于缺乏实时数据和先进的分析工具，传统方法可能难以准确识别和评估风险，有时可能过度或低估了某些风险。此外，传统的应急联动往往涉及多个部门和机构，由于缺乏统一的通信和协调平台，各方之间的信息共享和合作可能不够顺畅，导致应急响应的效率降低。

随着数智化技术的发展，城市综合管廊应急联动得到了创新发展，相应策略也得到了前所未有的提升。城市综合管廊平台应急联动将向数字化、智能化和趋势预测方向发展。基于大数据和 AI 技术，智慧预警系统为综合管廊的安全管理提供了强大的技术支持。结合大数据和 AI 技术，智慧预警系统能够对大量的实时和历史数据进行深度分析，从中挖掘出隐藏的风险趋势，从而提前识别并预测潜在的危险。这不仅大大提高了风险识别的准确性，还为决策者提供了宝贵的时间窗口，允许提前制定并调整应急响应策略，最大程度地降低损害。此外，数字孪生技术作为一种能够为物理实体创建数字副本的技术，为综合管廊的安全应急联动提供了前所未有的模拟能力。通过数字孪生技术，管理者可以在虚拟环境中模拟各种突发情况下的应急响应，从简单的设备故障到复杂的多系统交互事件，这些模拟为决策者提供了一种安全的、低成本的方式来测试和验证各种应对策略，确保在实际情况下选择最佳响应方案。

随着城市综合管廊的复杂性和重要性日益增强，单一部门或行业的应急响应已无法满足当前的挑战。在此背景下，跨部门、跨行业的应急联动变得尤为关键。应急响应将向平台系统数据联动、各部门行业联动方向发展。首先，基于数智化技术，可以建立数据交换平台，确保各层信息传递迅速、各级工作人员高效应对。这样的平台能够确保在面对突发事件时，各部门和行业能够实时共享关键信息和资源，从而快速做出决策和协同响应。而这种共享不仅限于数据，还包括了经验、技术和策略。其次，基于数智化技术，可以通过计算机辅助制定明确的应急联动策略和流程，增加应急响应的精准度和正确性。数智化技术能够帮助各部门和行业制定基于实时数据和先进算法的策略与流程，确保在任何突发事件下，各方都能明确自己的职责和任务，并与其他部门或行业进行无缝对接，不仅提高了应急响应的速度，还确保了响应的准确性和效果。

在应急资源配置和调度方面，随着技术的融合和升级，将向自动化、智能化发展。

首先，基于实时数据分析，AI 算法现在可以在短时间内处理大量信息，从而预测可能发生的突发事件或风险。例如，对于可能发生的管道泄漏事故，系统可以预测其可能的影响范围和严重程度，并自动为应对方案提供最佳的资源配置建议。这些建议考虑多个因素，包括资源的可用性、距离、效率等，确保在最短的时间内实现最优的响应。其次，智能决策支持系统通过与现场设备和传感器的连续互动，可以根据实时反馈进行资源的调整和再配置。例如，如果某一应急团队在赶往现场的途中遇到了交通拥堵，系统会自动重新调度其他可用团队，或为其提供更快速的路线建议。同样，这种连续监测和反馈机制也确保了应急资源的有效利用和管理。更为重要的是，智能化的应急资源配置与调度不仅限于事故发生时的响应。预测模型可以根据历史数据和当前环境参数进行持续学习和优化，确保应急响应计划始终是最新、最有效的。这为决策者提供了一个强大的工具，使他们能够基于确凿的数据进行决策，而不仅仅是基于直觉或经验。

综合管廊应急联动还将向事后恢复和管理全过程发展，完成应急响应后，持续的后续监测和管理是确保综合管廊系统稳定运行的关键。物联网和数字孪生技术在这方面发挥了巨大的作用。物联网技术使得各类传感器可以在广泛的地域范围内进行部署，从而实时收集关于管廊的各种数据。这些数据可能包括温度、压力、流量以及其他与管廊运行状况相关的参数。通过这些实时数据，管理者可以迅速识别并应对任何潜在的问题或异常。数字孪生技术为物理实体（如综合管廊）提供了高度精确的数字模型。这种模型可以模拟实际系统的行为，使决策者在不影响真实系统的情况下测试各种假设或策略。例如，如果发现某段管廊存在潜在的风险，决策者可以在数字孪生模型中模拟各种应对措施，从而选择最有效的策略。结合大数据分析，后续的监测数据可以与历史数据进行对比，识别出潜在的趋势和模式。这样的深入分析不仅帮助了解当前的运行状况，而且可以预测未来可能出现的问题。此外，通过对应急响应进行回顾和总结，管理者可以从中汲取经验，不断完善和调整应急联动策略。

8.3 综合管廊安全数智化实践应用

智慧城市数智化技术在城市安全方面发挥了重要作用，同时，智慧城市数智化技术也在城市综合管廊安全方面有很多应用。通过配合物联网、大数据和人工智能等现代监控技术，能实现对管线的实时监控和数据分析，及时发现并预警可能的安全隐患和风险，为城市安全提供前瞻性保障。在紧急情况发生时，管廊的集中管理和数字化监控能快速定位问题、调度资源，大幅提高应急响应和处置效率。数智化技术为管廊的安全运行提供有效支撑。本节将从物联网技术、无线通信技术、大数据技术、数字孪生技术以及机器人与无人机技术，对管廊应用场景、应用案例、应用成效和不足进行说明。

8.3.1　综合管廊物联网与无线通信技术

物联网技术和无线通信技术在综合管廊安全方面的应用是多方面的，其目标是通过实时监控和数据分析，保障管廊内基础设施的正常运行和安全。

物联网技术能实时监控管廊内的环境条件和设备状态，如温度、湿度、天然气和水位等，同时实时收集和传输关于供水、排水、天然气、热力等多种地下管线的监测数据。此外，它能实现安全防范和预警系统，通过实时数据分析预测和警告可能的安全问题，以提前采取措施预防事故的发生。物联网技术还可以协助实施智能巡检系统，为巡检人员提供必要的信息和指导，以确保管廊内设施的正常运行和安全。在通信与数据集成方面，物联网技术能优化管廊管控系统网络架构，解决通信协议多样、集成难度大、跨系统联动响应迟缓等问题，保障海量设备并发接入，提高数据安全性和响应速度。最后，它还能推动管廊的数字化转型和智慧化管理，以满足经济和城市规划发展的需求。通过这些应用，物联网技术不仅提升了管廊的安全运营水平，也为城市的持续发展提供了有力的技术支持。

5G 技术作为最新一代无线通信技术，它优越的通信速度可以促进对综合管廊内各种系统（如通风、照明和火灾检测系统）的实时监控和控制。通过先进的端到端通信基础设施，5G 技术可以实现传感器（部署在管廊内）与中央监控系统之间的快速数据传输，确保及时检测和应对任何异常或紧急情况。此外，5G 技术支持每平方公里大量连接的能力，使其成为处理管廊中传感器和设备网络的可行解决方案。这种大规模连接可以促进城市地下基础设施内更加协调和响应的安全生态系统。这些传感器收集的数据，经过实时或近实时分析，可以提供关于管廊和其中城市关键基础设施的运营状态的宝贵见解。

如今，物联网技术和无线通信技术在综合管廊中已有许多实际应用，如图 8-2 所示。物联网低代码平台具备强大的画面引擎仿真管廊动态功能，可对管廊内管线、环境、设备及运行进行实时监控、运营管理和安全预警。通过地理地图与人员定位相结合展现人员动态，全面采集驱动应对多种复杂接入，为城市"生命线"的可靠运行提供软件产品支撑和技术保障。同时，物联网低代码平台具备灵活应用、降本增效等特点，极大缩短了软件的建设周期与建设难度，大大提升了工程的交付效率，同时为跨层级、跨地域、跨系统的协同管理和服务提供了智慧解决方案。物联网低代码平台通过对管廊的物联网设备监测，将供水、排水、天然气、热力等 20 多种地下管线实时监测数据统一接入平台，实现包括消防、通风、照明、电力及综合环境实时监测数据信息的共享，进而有效整合管线资源、减少事故发生、保证了救援及时性，保障城市各类资源的正常供给。

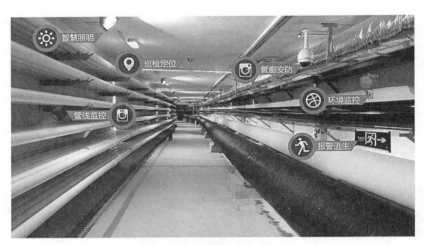

图 8-2　管廊物联网设备示意图

现阶段推出的 5G 服务解决方案和操作系统，将为综合管廊的巡检、数据传输提供极大便利。目前已经有项目在管廊内的所有传感器设备安装统一的操作系统，统一通信协议，实现设备的快速接入、互联互通和业务协同。利用开源生态与分布式软总线能力，通过特定的触碰功能实现手持终端与廊内设备的即时连接，实现单一终端对接控制多种设备，提高廊内设备巡检、维护效率。新型无线通信技术的应用，将大幅便利管廊的安全管理，廊内巡检人员携带的设备相应减少，行动更加方便，单一设备操作更简洁，有效提升管廊巡检效率。

物联网技术的应用能够实时监测综合管廊内的各种参数，及时发现和预警可能的安全隐患。同时，物联网技术还可以提高管廊的运维效率，降低运维成本，通过远程监控和智能分析，降低人工巡检的频率和强度，提高管廊系统的安全和稳定性。同时，目前物联网技术在综合管廊安全领域仍面临一些困难：部署和维护大量的传感器和相关硬件可能需要较高的初期投资和持续的运维成本。管廊环境复杂，普通物联网设备可能无法适应，需要特别定制，成本进一步增加。物联网设备的运行高度依赖稳定的网络连接，网络不稳定或中断可能导致监控和控制功能失效。不同制造商的设备可能存在兼容性问题，缺乏统一标准可能导致集成和运维复杂化。物联网设备产生的大量数据需要有效处理和存储，对后端的数据处理能力和存储系统提出更高要求。

无线通信技术在综合管廊安全方面的价值体现在其实时监测、数据传输、应急响应、安全巡检与维护、防盗与安全监控，以及数据分析与预测维护等多个方面，它不仅提高了管廊设施的运行安全性，还增强了应对紧急情况的能力，优化了维护流程。但无线通信技术仍存在一些问题需要解决：综合管廊多位于地下，复杂的地下环境可能导致无线信号受到干扰和覆盖不足。随着设备数量的增加，尤其是高清视频监控等数据密集型应用，可能面临带宽不足的问题，无线通信系统也需要定期进行维护和技术升级，带来额外成本。管廊的特殊环境可能对无线设备性能和寿命造成影响。无线通信也可能面临数据泄漏、非法侵入等安全风险，需要额外的安全措施。

8.3.2　管廊大数据与数字孪生技术

在综合管廊安全领域，大数据、数字孪生技术的应用发挥着至关重要的作用。大数据技术通过各种传感器和监控设备收集实时的管廊运行数据，如温度、压力、流量和振动等，形成了庞大的数据池，并存储和分析管廊长期运行的数据，以确定正常运行模式和辨认异常模式。大数据联合人工智能、物联网技术，可以实时预测和警告可能的安全隐患或故障，大幅提升综合管廊的安全管理效能。而数字孪生技术的目标是提高管廊的安全运营、监控和维护，预测潜在的危险，以及优化应急响应。数字孪生技术可以为管廊提供一个实时的、数字化的反馈。例如，它可以实时监测流体的流速、压力，电缆的电流，温度等关键指标。任何超出预设范围的读数都可以立即引起关注，并触发警报。通过对历史和实时数据的分析，数字孪生技术可以预测设备或系统可能出现的故障，这有助于提醒运维人员提前采取措施，避免安全事故。使用数字孪生模型，可以模拟各种紧急情况，如泄漏、火灾、电气故障等。这不仅可以用于评估应对策略的有效性，还可以作为培训材料，让工作人员熟悉应急程序。数字孪生技术可以模拟管廊在各种环境和工况下的响应，帮助工程师和运营团队评估潜在的安全风险，从而制定更为合适的运营策略。当检测到异常情况时，数字孪生技术可以与控制系统相结合，自动调整系统参数或关闭潜在的危险设备，快速响应紧急情况。

许多大型综合管廊项目已经开始采用大数据与数字孪生技术，以提高管廊预测预警能力，如图 8-3 所示。基于云计算技术推出的视频监控云服务，可有效解决城市媒体大数据的获取、存储、检索、智能应用等问题，为视频监控的快速精确检索、智能应用等提供了端到端的解决方案。目前，视频监控云服务已经在多个城市的建设项目中被应用，有效缓解了视频数据的无限量积压。结合机器视觉、前端感知、边缘计算、大数据、无人交互等技术的研发和积累，制定搭载人工智能技术的综合管廊改造的整体解决方案已经有所实践，这类整体解决方案可以在不断电的情况下科学施工，将各项技术进行标准化、模块化建设，大到电缆架设，小到施工人员进场是否佩戴安全帽、是否着工装都能被现场的监控视频捕捉到。既节省了施工成本，又保障了施工效率和质量，尤其是在后期系统运维方面优势明显。

综合管廊的大数据应用旨在通过全面的数据采集、系统梳理和高效管理，实现数据资源的全方位整合与应用服务的覆盖。为了构建"新型智慧管廊"，应摒弃传统的分散管理方

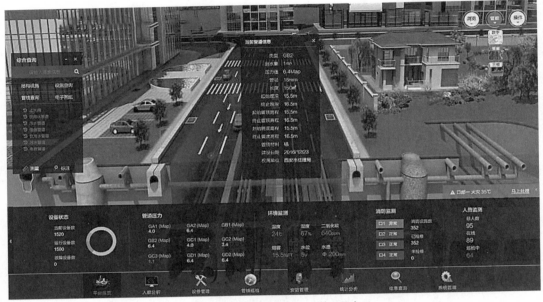

图8-3　地下综合管廊BIM管理平台

式，避免"信息孤岛"和"数据烟囱"的形成，需通过集中化和统一化的理念推进数据的深度开发与利用。以应用为推动力，有效打通信息流，满足管廊多元化和层次化的数据需求。这不仅有助于实现信息资源共享，还能推动管廊治理的现代化进程，最终提升智慧城市公共基础设施的管理水平，使"智慧管廊"在城市管理中发挥更大效能。

目前已有多个综合管廊项目利用大数据和人工智能等技术，动态调整各种管道、设备、设施的运行模式和参数，促进资源的合理利用，提高智慧城市整体效率。现阶段一些综合管廊基于GIS+BIM+IoT技术，以三维视角展示管廊内部结构，将安防、环控、通信、消防等实时运行情况与地理信息及BIM模型相融合，打造"数字孪生"管廊，实现管廊统一监测、集中管控功能。通过深度融合先进的三维可视化技术和智能机器人，全面创新了管廊的管理方式和智能巡检系统，显著提升了整体管理效率，同时大幅降低了运维人员的安全风险。依托高效的视频AI边缘计算设备，能够迅速、精准地识别和检测管廊内的各类违规操作、入侵物体、物体运动轨迹以及潜在火灾隐患，成功实现了从传统的"事后处理"向"事前预警"的重大转型。此外，基于创新的协同应用，将动态运行数据与现场实景深度融合，有效支持AR设备的精准维护和高效的远程协作，彻底打破了沟通壁垒，大大提升了管廊运维工作的效率和精确度。目前，这类的数字孪生方案已成功应用到深圳空港、天津市北辰区等多个项目，助力管廊管理更智慧、更安全、更高效。

随着地下综合智慧管廊建设规模的不断扩大以及智慧城市管理升级需求的日益增长，构建一个以市政设施智能运营管理平台为核心的综合系统，已成为综合管廊智慧化运营方案的关键。该系统基于数字孪生等先进技术，通过三维可视化建模技术实现综合管廊的构建，整合照明、电力、供热、天然气、排水、通信、环境监测以及视频监控等多个子系统。在三维可视化管廊建设过程中，广泛应用了 GIS 与 BIM 技术，并结合云计算、空间分析和 3D 可视化手段，对管廊周边环境及建设区域进行精细建模，包括道路、建筑、地形等要素，以直观展示管廊的主体结构、主线和设备布局。该系统帮助管理人员全面掌握各个结构的布局及其在地图上的分布情况，通过局部剖面图详细展示每个构件的位置、尺寸、类型，甚至包括螺丝等细节，并在 GIS 地图上标注显示。当系统出现警报时，能够同步定位具体报警位置，为管线抢修、维护、扩容和改造提供支持。此外该系统还具备空间分析、定位和信息发布等功能。同时集成了对管廊内部监控系统、风机、井盖、照明设备、双鉴探测器、爆管监测液位开关等设施的管理，并覆盖了供水、电力、天然气、通信、消防等城市工程相关设备的监控。通过三维可视化大屏驾驶舱，系统能够实现 24 小时的数据实时采集分析，支持远程参数调整和控制，及时监测长期使用设备的状态，提供预警和处理建议，帮助工作人员更高效地进行故障排查和指挥管理。

大数据技术通过数据驱动的智能分析，可以优化维护计划，降低运营风险，提高效率，减少资源浪费，从而确保综合管廊的稳定运行。但同时，构建和维护大数据与云计算系统的复杂性也可能导致高成本和技术挑战。并且综合管廊涉及多种数据源，数据格式和标准可能不一致，使得数据整合和统一处理变得复杂。大量数据的存储和实时处理需要强大的计算能力和存储空间，这也会导致成本上升。而大数据进行云计算服务的运行，高度依赖稳定的网络连接，任何网络故障都可能导致服务中断。在云环境中处理大数据可能会有延迟，影响实时决策和应急响应。使用云服务可能使管廊安全管理在一定程度上过于依赖第三方服务提供商。

数字孪生技术在综合管廊安全领域的应用虽然提供了高水平的监测和模拟能力，但也存在一些缺点和不足：数字孪生技术面临高昂的建立和维护成本问题，创建和维护精确的数字孪生模型需要大量的资源和专业知识。为了确保模型的准确性，也需要收集大量实时数据，这在数据采集、存储和处理上都是一个挑战。而且随着管廊系统的扩展，维持模型的准确性和可扩展性变得更加复杂。与此同时，实时同步现实世界和数字孪生模型之间的数据存在延迟风险，具有影响决策的及时性的可能。

8.3.3　管廊智能巡检机器人技术

无人机和智能巡检机器人技术在综合管廊及城市"生命线"工程中应用也较为广泛。地下空间长期存在的有毒有害气体，以及噪声、高温高湿等环境，使巡检人员的劳动强度变大且危害健康，巡检人员须定时、定期对设备运行状态、仪器仪表、阀门开关状态、渗水漏水情况、廊道环境监测、火灾隐患、外来人员管理等方面进行日常巡检，存在巡检强度大、数据不及时、交接班数据不连续、漏检等问题。而综合管廊在信息化、自动化生产技术高度应用的工业 4.0 时代，利用物联网、人工智能、大数据、云计算、5G 通信等最新科技手段而打造的安全、高效、精细化的机器人巡检系统，将逐渐颠覆并取代人工进行繁重、条件恶劣的传统巡检工作模式。

无人机和智能巡检机器人可以进行基础设施检查、应急响应、环境监测、交通管理和公共安全监控等工作。随着综合管廊的快速发展，通过机器人搭载多种仪器仪表对管廊进行巡检已经越来越常见。机器人能有效代替或补充人工步行巡检，从而显著提高巡检效率，降低劳动强度。特别是在可能出现盲区的地方，机器人的应用成为一种必要的选择。在狭长的管廊内，机器人能够全天候进行长距离巡检，有效解决长距离地下空间人工巡检所带来的问题。

机器人和无人机已经在综合管廊中进行应用，如图 8-4 所示。目前很多公司在开发先进的机器人和传感器技术，以应对管道维护和疏通的挑战。现阶段的智能巡检机器人具有高度的机动性，这些机器人还配备了先进的摄像头和传感器，可以提供高清晰度的图像和数据，帮助运维人员准确定位问题。此外，智能巡检机器人还配套了强大的数据分析工具，可以对管道系统的运行情况进行实时监测和分析。这些工具利用人工智能技术，能够从大量的数据中识别出潜在问题，提前采取措施，降低管道系统的故障率。

图 8-4 管廊巡检机器人

巡检机器人已经可以在高危、艰苦、人工作业具有明显短板的特定场景进行工作，如综合管廊、电力隧道、变电站、矿石运输系统、油气输送管道和排水管道等领域。在已有设施基础上加装机器人巡检系统和处置系统，构建智慧运维软件平台，建设智慧化综合治理体系，能够实现目标空间的常态化智能监测预警、智慧化决策和处置。机器人巡检系统对管廊结构裂缝、变形、管道泄漏与破损、地质变化、温度湿度、火情、有毒气体进行实时监控，将相关数据回传至控制平台，同时具备报警等应急措施功能，利用机器替代人员在复杂、恶劣环境下工作，使巡检人员有更多精力投入到运营管理，很大程度解决了现有管廊巡检中所存在的安全问题。

机器人和无人机技术在城市综合管廊安全管理中具有显著价值。它们的应用推动了技术创新和集成，提升了管廊安全管理的整体水平，为实现管廊的智能化、自动化运营提供了有力支持。机器人和无人机技术在综合管廊安全领域虽然大大提升了巡检效率和安全性，但也存在一些缺点和不足。机器人和无人机的研发、制造及维护成本较高，初期投资大，并且操作和维护机器人和无人机需要专业技能，技术门槛相对较高。管廊环境复杂多变，机器人和无人机可能无法适应所有情况，比如狭窄或多障碍的区域。在一些特殊环境下，无线信号可能不稳定，影响对机器人和无人机的控制。同时机器人和无人机存在能源限制问题，尤其是无人机，其飞行时间受限于电池容量，需要频繁充电或更换电池。机器人和无人机的故障或操作失误可能导致安全事故，其本身可能存在一定的安全隐患。

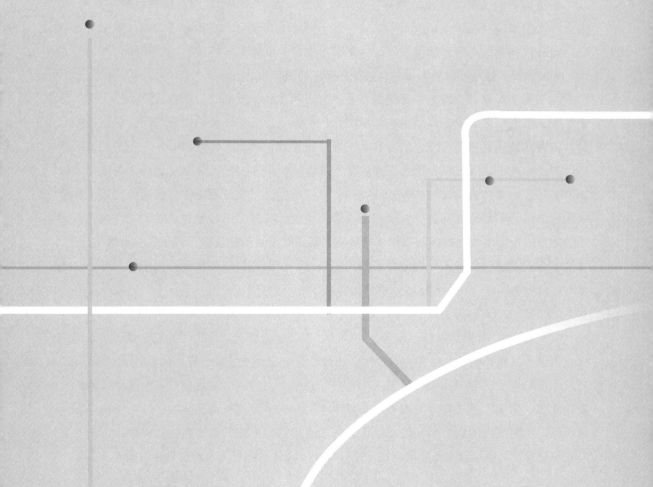

第9章

城市综合管廊
安全政策标准

为提升城市综合管廊运行安全管理水平，规范综合管廊安全风险防控工作，住房城乡建设部等部门制定了一系列城市综合管廊安全相关政策标准，对提高我国综合管廊建设设计、运维水平和工作效率，推动综合管廊健康可持续发展发挥着积极作用。

9.1　综合管廊安全管控标准体系

推进城市综合管廊建设，统筹各类市政管线规划、建设和管理，解决反复开挖路面、架空线网密集、管线事故频发等问题，有利于保障城市安全、完善城市功能、美化城市景观、促进城市集约高效和转型发展，提高城市综合承载能力和城镇化发展质量，增加公共产品有效投资、拉动社会资本投入，打造经济发展新动力。

为进一步推动城市综合管廊的技术发展和工程实践，提高综合管廊设计、施工的规范化程度，推进综合管廊本体结构构件标准化，确保工程质量，通过大量调研，广泛征求意见，依据我国现有相关标准，结合我国各地发展现状，针对综合管廊设计、施工的普遍需求，初步构建了"城市综合管廊国家建筑标准设计体系"。"城市综合管廊国家建筑标准设计体系"按照总体设计、结构设计与施工、专项管线、附属设施等4部分进行构建，体系中的标准设计项目基本涵盖了城市综合管廊工程设计和施工中各专业的主要工作内容。按照该体系进行标准设计的编制工作，将对提高我国综合管廊建设设计水平、保证施工质量，推动综合管廊建设的持续、健康发展发挥积极作用，并可为城市规划提供参考。图9-1为城市综合管廊国家建筑设计标准体系总框架。

2017年12月中国建筑标准设计研究院颁发了一系列图集：

《综合管廊工程总体设计及图示》17GL101主要针对综合管廊工程的初步设计阶段给出相应的设计方案和图示，主要内容包括：干线综合管廊和支线综合管廊的设计要点及单舱、双舱和三舱常见的断面布置示意图；出入口、逃生口、排风口及吊装口等附属构筑物的布置示意图；附属设施在综合管廊中的布置示意图及一些重要节点示意图；综合管廊中常用标识等。本图集中的典型断面图可供设计人员直接选用，出入口、逃生口、排风口及吊装口的设置原则可供设计人员参考，图示部分有助于设计、施工人员准确理解规范条文。

　　《现浇混凝土综合管廊》17GL201 适用于 8 度及 8 度以下抗震设防、采用明挖法施工的单层现浇混凝土综合管廊本体工程。主要包括在不同覆土深度、不同载荷作用下主体结构设计、综合管廊防水设计、综合管廊施工以及预埋件设计等内容，其中主体结构设计部分包括单舱、双舱、三舱典型截面尺寸选用表、钢筋材料表以及节点构造详图。综合管廊防水设计包括主体结构防水、防水细部构造防水等内容。预埋件设计包括普通预埋件的设置要求、构造要求、选用表及槽式预埋件等内容，该图集中管廊的截面形式、配筋、细部构造等可供设计人员直接选用，施工单位可参照施工。

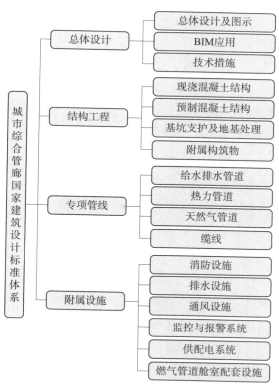

图 9-1　城市综合管廊国家建筑设计标准体系总框架

　　《综合管廊基坑支护》17GL203-1 主要适用于一般地质条件下明挖综合管廊的基坑支护，除综合管廊外，市政、冶金、化工等工程中的城市地下过街通道、工业管廊等地下建（构）筑物亦可参考使用。综合管廊基坑支护结构形式主要包括有放坡开挖、土钉墙、重力式水泥土墙、钢板桩、预制混凝土板桩、型钢水泥土搅拌墙、灌注桩排桩、预制混凝土排桩、内支撑、锚杆（索）、地下水控制等，该图集包含了以上支护形式的布置、构造和设计要求等内容。可供设计、施工、监理等方面的工程技术人员结合工程具体情况参考使用。

　　《综合管廊附属构筑物》17GL202 适用于抗震设防烈度小于和等于 8 度（0.20g）地区的现浇混凝土综合管廊附属构筑物。该图集内容基本涵盖综合管廊附属构筑物独立单元常用的形式、尺寸、配筋、构造措施及工程量，结构专业设计人员可按需选用，施工人员需结合其他专业图纸照图施工。

　　《综合管廊给水管道及排水设施》17GL301、17GL302 图集包括《综合管廊给水、再生水管道安装》和《综合管廊排水设施设计与施工》两部分。《综合管廊给水、再生水管道安装》为城市综合管理标准设计专项系列图集之一，该图集适用于抗震设防烈度不大于 8 度（0.3g）的混凝土结构综合管廊，以及管径 ≤ DN1600、介质温度为 5~40℃、工作压力等级不大于 0.6MPa 的给水和再生水管道、阀门等的敷设与安装。该图集中支墩、支吊架、阀门等可供人员直接选用，施工单位可参照施工。而《综合管廊排水设施设计与施工》图集适用于综合管廊内排水设施设计与施工。图集中潜水排污泵选型及安装等可供设计人员直接选用，施工单位可参照施工。

《综合管廊热力管道敷设与安装》17GL401 为城市综合管廊标准设计专项系列图集之一。主要依据《城市综合管廊工程技术规范》GB 50838—2015 及热力管道相关技术规范编制。该图集适用于供热热水介质，设计压力 $P \leqslant 1.6$MPa，设计温度 $\leqslant 130℃$，公称直径 DN $\leqslant 1200$mm 钢制金属管道在综合管廊内敷设安装；也适用于供热蒸汽介质，设计压力 $P \leqslant 1.6$MPa，设计温度 $\leqslant 350℃$，公称直径 DN $\leqslant 800$mm 钢制金属管道在综合管廊内敷设安装。鉴于综合管廊现阶段发展水平的限制，该图集秉承安全及适用的原则进行编制。该图集编制过程中从热力管道的特点与综合管廊的特点出发，针对热力管道廊内敷设安装过程中可能遇到的相关技术问题，结合管廊工程实践经验进行整理编制。整合满足管廊规范要求的热力管道敷设的技术内容。该图集主要内容包含热力管道综合管廊敷设整体工艺概况、综合管廊热力舱附属设施工艺资料、热力舱室位置、热力舱室标准段断面设计、热力管道出入管廊布置等为设计参考性内容。管道、管道保温、防腐、穿舱室套管、热力管道附件、管道支座支架等节点或详图内容可直接选用。

《综合管廊缆线敷设与安装》17GL601 适用于综合管廊内 220kV 及以下电力电缆及通信线缆敷设的设计与施工。主要内容包括电缆支架在管廊内的布置、电力电缆的蛇形敷设、电缆接头区布置、电缆在管廊的交叉口、引出口和端部井的敷设做法等。该图集对电缆舱中的电缆敷设和综合舱中的电缆敷设做法分别进行了示意，对电缆在一些关键节点的特殊敷设做法分别进行了示意，通过安装图示对缆线敷设的要求及施工要点进行明确，对指导综合管廊内电缆敷设的设计和施工有很大帮助。

《综合管廊通风设施设计与施工》17GL701 为综合管廊专项系列标准设计内容之一。图集依据《城市综合管廊工程技术规范》GB 50838—2015，结合部分市政设计院的工程实践经验，从通风专业的角度出发，按照满足通风专业习惯特点和要求进行编制。最大限度突出综合管廊与通风系统密切关联的内容，辅以必要的通风专业相关通用内容。该图集也属于现阶段综合管廊建设中通风技术应用的一种探索和尝试，可供从事综合管廊建设领域的工程技术人员及迫切需要了解相关知识的技术人员参考使用。

《综合管廊监控及报警系统设计与施工》17GL603 适用于综合管廊及其配套工程中监控与报警系统工程的设计及施工。主要内容包括环境与设备监控系统、通信系统、火灾自动包进系统、安全防范系统等的系统图和平面布置图，以及各系统重要设备的安装做法等。综合管廊监控及报警系统对保障管廊安全、高效运行具有重要作用，因此必须确保该系统设计合理、施工规范。该图集借鉴相关子系统的成熟做法，严格按照相关现行国家标准进行设计，提供了多种方案供不同规模、不同管理要求的管廊工程使用。该图集中的系统图、平面布置图可供设计人员在进行相关系统设计时参考使用，设备安装做法可供施工人员直接照图施工安装，对确保综合管廊监控报警系统的工程质量具有重要作用。

《综合管廊供配电及照明系统设计与施工》17GL602 适用于综合管廊工程中供配电系统和照明系统的设计与施工。主要内容包括综合管廊的供配电方案和低压配电方案、照明控制、典型的照明布置及灯具安装、风机水泵控制及电气设备安装、电缆敷设及系统接地、等电位联结做法等。该图集总结、提炼了综合管廊供配电及照明系统中常用的设计和施工内容，基本覆盖了供配电系统、照明系统从电源到末端的各个环节，也包括了照明、风机和水泵控制及设备安装的相关内容，可以极大方便相关技术人员的设计和施工。图集中的典型系统图、布置图等可供设计人员在进行综合管廊供配电系统及照明系统设计时选用，设备安装做法可供施工人员直接照图施工。

2018 年 6 月中国建筑标准设计研究院颁发了《综合管廊工程 BIM 应用》18GL102 图集，该图集为综合管廊专项系列标准设计内容之一。该图集以工程实践为基础，以 BIM 技术在综合管廊项目成功运用示例为依托，梳理通用的框架与标准，选取应用要点及注意事项，以表格、图片的方式编制。当前综合管廊与 BIM 技术相关标准匮乏，BIM 技术在综合管廊建设过程中的应用仍在探索，该标准图集的编制为综合管廊工程 BIM 技术的运用提供了参考解决方案。

9.2　综合管廊安全标准规范解读

《城市地下综合管廊运行维护及安全技术标准》GB 51354—2019 是我国第一本综合管廊运行维护及安全管理领域的国家标准，自 2019 年 8 月 1 日起实施。标准发布公告及封面见图 9-2、图 9-3。

9.2.1　标准概况介绍

（1）标准创新

该标准内容弥补了国家现行标准中有关天然气管线入廊、排水管线入廊的运行维护技术规定空白，并形成相关强制性条文 4 条，为防范天然气管线、排水管线入廊运行过程中的安全风险提供重要指导。截至目前，未查到国外有关城市地下综合管廊的运行维护及安全管理标准或规范。

（2）标准跟踪

综合管廊本体结构形式多样化，现浇钢筋混凝土结构、整体预制装配式结构、叠合预

住房和城乡建设部关于发布国家标准
《城市地下综合管廊运行维护及安全技术标准》的公告

选择字体：[大 - 中 - 小]   发布时间：2019-05-30 14:37:19

现批准《城市地下综合管廊运行维护及安全技术标准》为国家标准，编号为GB51354-2019，自2019年8月1日起实施。其中，第1.0.4、6.4.3、6.4.6、6.4.14条为强制性条文，必须严格执行。

本标准在住房和城乡建设部门户网站（www.mohurd.gov.cn）公开，并由住房和城乡建设部标准定额研究所组织中国建筑工业出版社出版发行。

中华人民共和国住房和城乡建设部
2019年2月13日

图 9-2　标准发布公告

制装配式结构、盾构管片式等新形式涌现，满足不同结构形式的运行维护，以及不同安全管理技术要求规定的不足。我国市政管线大规模入廊运行时间只有 10 余年，针对供热管线、天然气管线泄漏等入廊管线突发事件的应急管理经验不足，本标准中针对突发事件应急处置的技术规定有待进一步修订完善和补充。综合管廊智能化运行维护及安全管理是新时期综合管廊发展的重要特点，但各地智能化统一管理平台尚处于建设中，全国各地智能化管理平台建设标准尚未统一，智能化平台的运行及维护和安全管理经验尚不足。本标准提倡综合管廊信息化、智能化管理，但平台智能化运维技术规定有待总结经验，丰富完善。

中华人民共和国国家标准

P   GB 51354－2019

城市地下综合管廊运行维护及
安全技术标准

Technical standard for operation, maintenance and safety
management of urban utility tunnel

2019－02－13　发布   2019－08－01　实施

中华人民共和国住房和城乡建设部
国 家 市 场 监 督 管 理 总 局　联合发布

图 9-3　城市地下综合管廊运行维护及安全技术标准

9.2.2　重点条文解释

《城市地下综合管廊运行维护及安全技术标准》GB 51354—2019 主要内容包括：总则、术语、基本规定、管廊本体、附属设施、入廊管线等章节。

"总则" 8 条，规定了标准编制目的、适用范围以及对运行维护及安全管理的组织结构、人员、设备材料等的总体要求。

"术语" 8 个，专门对运行维护及安全管理中涉及的管廊本体、附属设施、运营管理单位等专有名词或需要说明的名词进行了解释。

"基本规定"包含 4 节，分别对综合管廊运行管理、维护管理、安全管理、信息管理进行了基本的技术规定。

"管廊本体"包含 5 节 31 条，对管廊本体运行维护中安全保护、巡检、检测、监测、维护等内容进行了技术规定。

"附属设施"包含 8 节 50 条，对配套建设的消防、通风、供电、照明、监控与报警、给水排水和标识等设施的运行维护及安全管理分别进行了技术规定。

"入廊管线"包含 7 节 62 条，对给水、雨水、污水、再生水、天然气、热力、电力、通信等各类入廊管线的运行维护及安全管理进行了技术规定。

1.0.4　综合管廊必须实行 24 小时运行维护及安全管理。

【解释】本条为强制性条文。综合管廊入廊管线均为关系到民生的重要能源管线，综合管廊是保障城市运行的重要基础设施和"生命线"。为保证 24 小时有值班人员能及时处理报警、管线事故等各类突发情况，及时与外界联络，保障人员群众的和生命财产安全，综合管廊必须实行 24 小时运行及维护管理。实施方案要求：当综合管廊投入运行后，综合管廊运营管理单位必须建立 24 小时运行值班制度，配备人员在监控中心 24 小时运行值班，保证及时处理与综合管廊运行维护有关的问题。检查方案：检查人员在岗、交接班制度、运行值班台账及交接班记录。以人员是否在岗、有无交接班制度、24 小时运行值班台账以及 24 小时交接班记录是否齐全作为判定依据。

1.0.5　运营管理单位应具备相关专业能力与经验，运行、维护作业及安全管理人员应符合相关上岗要求。

【解释】综合管廊的运营管理涉及地下结构、附属配套设施、各类城市工程管线等多个行业，工作内容综合，比较复杂。运营管理单位应该配备具有相关专业能力与经验的技术人员，或具有相应管理业绩。运维管理单位应定期对维护作业人员提供技能培训并建立考核制度，维护作业人员应按规定持有相应专业、工种的执业资格证书或上岗证书。

3.1.2　综合管廊运行管理应包括值班、巡检、日常监测、出入管理、作业管理等内容。

【解释】在综合管廊运维管理工作中，相较管廊本体、附属设施和入廊管线的运维管理，进出的人员、材料、设备、信息以及相关作业的管理对管廊的安全稳定运营同等重要。为培养专业管廊运维人才，可采用"管养分离"的运行管理模式，将运行管理工作与维护管理工作分离，维修人员负责机电设备检修、设备故障抢修等工作；运行人员负责管廊和管理用房的日常运行管理工作，管理用房运行值班、日常巡检、日常监测、作业管理等工作。通过落实岗位责任制，实行目标管理，定岗定责，建立精简高效、运转灵活的管理机构，形成较为高效的管理模式。

3.1.4 综合管廊运行管理应配备值班人员，值班工作内容应包括监视、控制、调度和联络等。

【解释】为保证及时处理报警、管线事故等各类突发情况，及时与外界联络，保障人员群众的和生命财产安全，监控中心应配备 24 小时值班人员，人员需具备相应专业技术证书，切实保障突发问题能够及时解决。

监控中心通过自动化监视与传感设备，将管廊内的状况资料迅速传递收集于管理平台中，确保管廊内管线及操控设备能正常运转，并在发生事故时能迅速反应处理。值班工作人员主要监控各管线状况、管廊环境状况、出入口管理、应急通信、视频监控及消防系统，发现情况进行各系统联动控制、应急处置，及时控制廊内设施设备，随时解决因为设备操作、发生故障或天气等原因导致的问题，并及时与外界联络，调度专业人员和管线运营单位进行应急处置工作。

3.1.5 巡检应符合下列规定：

1）巡检对象应包括管廊本体、附属设施、入廊管线及综合管廊内外环境等；

2）巡检人员应携带专业巡检设备，并采取防护措施；

3）巡检范围应覆盖安全保护范围和安全控制区；

4）巡检方式应采用人工、信息化技术或两者相结合的方式；

5）遇紧急情况，应按国家相关规定采取应急措施。

【解释】

1）巡检对管廊的安全稳定运行至关重要，本条是对所有巡检工作的一个普遍性规定，主要明确巡检对象、人员、范围、方式、避险等的内容。巡检对象应全面无遗漏，其中管廊内部环境巡检内容是指管廊内空间温湿度、氧气含量、有害气体含量等。

2）廊内巡检作业应首要保障巡检人员的安全，并采取防护措施，如穿戴安全帽、防护服，配备手电筒等。同时为确保巡检工作开展，应携带气体检测仪、电笔和手持测温仪等专业设备（图9-4）。

3）管廊外部环境巡检内容，是指管廊安全保护范围和安全控制区禁止及限制的活动、自然灾害等。

4）采用人工、信息化技术或两者相结合的方式，特别是在管廊顶管段、过水系段等特殊段，可增加安全保障措施，提高管廊运维效率。

5）巡查遇到紧急情况时，应在保障自身安全情况下采取相应措施，同时为及时、

图 9-4 日常巡查工作

有序、快速、高效地开展综合管廊应急处置工作提供可靠的技术保障，运营管理单位应出台专项应急预案，如台风、洪灾专项应急预案，反恐防暴专项应急预案，地震灾害专项应急预案，消防事故专项应急预案综合应急预案等，并根据专项应急预案及时上报处置突发情况。

3.2.1　综合管廊的维护管理应包括设施维护、检测、大中修及更新改造、备品备件管理等。

【解释】综合管廊的维护管理是指为做好综合管廊维护工作而进行的发起、组织、计划、准备、作业、验收以及进度、质量、安全控制等管理工作。主体结构、附属设施、监控中心等设施设备是维护管理工作的主要对象；设施维护、检测、大中修及更新改造、备品备件管理是维护管理工作的主要内容。

3.2.4　管廊本体、附属设施及入廊管线应按本标准的规定定期进行检测，检测结果应及时处理。

【解释】本标准对于管廊本体和附属设施直接规定了一些定期检测项目，如：管廊本体包括结构变形（检测周期不宜大于 1 年）、渗漏（检测周期不宜大于 1 年）、裂缝（检测周期不宜大于 1 年）、结构外部缺损（检测周期不宜大于 1 年）、混凝土碳化（检测周期不宜大于 6 年）等；附属设施包括消防系统检测（每年检测不应少于 1 次）、照明系统的照度测试（每年检测不应少于 1 次）、应急照明系统的功能试验（每季度检测不应少于 1 次）等项目。

另外，本标准还通过引用其他的国家标准和行业标准间接规定了一些检测项目，如：通风系统事故排烟风机及排烟防火阀等的维护、检测应符合现行标准《建筑消防设施的维护管理》GB 25201 和《建筑消防设施检测技术规则》GA 503 的有关规定；防雷及接地装置检测及试验应符合现行标准《建筑物雷电防护装置检测技术规范》GB/T 21431 和《电力设备预防性试验规程》DL/T 596 的有关规定；变压器、互感器等设备的定期试验应按现行标准《电力设备预防性试验规程》DL/T 596 和《输变电设备状态检修试验规程》DL/T 393 的规定进行检测；监控与报警系统的检测方法与要求应符合现行标准《建筑设备监控系统工程技术规范》JGJ/T 334 的有关规定等。

3.3.1　综合管廊安全管理应包括出入安全、作业安全、信息安全、环境安全、安全保护、应急管理等。

【解释】综合管廊的安全管理是管廊日常运营维护中的重点，制定综合管廊的安全管理制度、安全管理流程、安全管理措施、安全管理应急预案等，是有效预防和降低综合管廊内部安全或外部安全故事产生的重要措施和手段。

3.3.2　从事综合管廊本体、附属设施及入廊管线运行维护的单位应建立安全管理体系。

【解释】综合管廊运行维护的单位负责管廊本体、附属设施及入廊管线的维护管理，养护和维修管廊共用设施设备，保障设施设备安全运行。配备相应的建筑、机电、给水排水等专业技术人员，建立值班、检查、档案资料等维护管理制度，落实安全监控和巡查等安全保障措施。统筹安排管线单位日常维护管理工作，配合和协助管线运营单位进行巡查、养护和维修，制定预防事故发生的相关对策以及应对突发事故的救援措施和应急预案。

3.3.3 人员出入综合管廊应符合下列规定：

1）未经允许不得进入；

2）严禁单独一人进入综合管廊；

3）应经过入廊安全培训；

4）应先检测，再通风，确认环境参数符合安全要求后方可进入；

5）入廊人员应配备必要的防护用具、检测仪器和应急装备；

6）严禁在综合管廊内吸烟。

【解释】进入综合管廊施工、巡检、维修的从业人员应当服从管廊运行维护单位的管理要求，严格遵守安全生产规章制度及操作规程，确保管廊安全运行。为保证进入管廊人员的安全，进行管廊施工、巡检、维修的人员严禁单独一人进入综合管廊作业，至少需要两名及以上人员相互配合。

3.3.4 作业安全管理应符合下列规定：

1）管廊内部应具备作业所需的通风、照明等条件，并应持续保持作业环境安全；

2）作业现场应有专人监护，按规定设置警示标志，并应保持与监控中心的联络畅通；

3）特种作业应按国家有关规定采取相应防护措施。

【解释】管廊运行维护单位应根据综合管廊不同设备设施类型和不同维护作业的特点，制定相应的安全作业规程，并在作业过程中严格遵守。人员在进入管廊内进行巡查或施工之前，应事先同监控中心进行申请报备，当监控中心人员确认作业区间的环境状况符合作业人员安全进入条件后，给予办理出入证件，方可进入管廊内部作业。作业现场应按规定设置明显警示标志和采取有效的安全措施（图9-5），保障作业人员安全。有人员在综合管廊内巡查作业时，监控中心应每半小时通过视频监控系统查看人员所在位置的作业情况，确保人员人身安全。特种作业工程在生产过程中担负着特殊任务，危险性较大，为保证安全生产、杜绝事故发生，企业应制定特种作业安全管理制度并采取相应防护措施，特种作业人员必须持证上岗，严禁无证上岗。

3.3.5 在综合管廊有防爆要求的区域内执行运行、维护工作及安全管理的人员、设备、仪器及操作程序等应符合相应的防爆安全规定。

图9-5 作业警示标志

【解释】防爆安全规定：综合管廊内严禁吸烟，严禁携带火种到易燃、易爆场所。禁止使用汽油、苯等易散发可燃气体的液体擦洗设备、工具及衣服。易燃易爆物品应存放在指定的安全地点。现场禁止堆放油布、油棉纱和其他易燃物品。使用、搬运危险品时，不准抛掷、拉或滚动。管廊内焊割作业等一切动火作业，必须认真执行"安全生产动火制度"的规定。易燃、易爆场所电器设备的布置和安装（包括临时用电设备）必须符合防火、防爆要求。所有设备、管道、阀门、仪表和零部件，必须有合格证并按要求使用，不明规格、型号、材质的禁止使用，禁止擅自代用。

3.3.6　信息安全管理应符合下列规定：

1）涉密图纸、资料、文件、数据等，应按国家保密工作相关规定进行管理；

2）信息系统及其设备配置应符合现行国家标准《信息安全技术信息系统安全等级保护基本要求》GB/T 22239 的有关规定；

3）信息系统及其设备应具备防病毒和防网络入侵措施，其内容及要求应符合表 3.3.6 的规定。信息系统中涉及的安全路由器、防火墙等应通过国家信息安全测评认证机构的认证；

4）入廊管线信息安全应符合国家现行标准《城市综合地下管线信息系统技术规范》CJJ/T 269 的有关规定。

【解释】

1）涉密图纸、资料、文件、数据保密工作

任何单位、个人不得利用任何途径泄露信息数据，危害国家安全，损害国家、集体和他人的合法权益；运营单位和人员应当遵守保密规定，认真执行相关保密规定。

涉密资料保密管理实行领导负责制，并指定专人负责具体的日常管理工作。并保持保密管理人员相对稳定。涉密人员应定期进行保密教育和检查。涉密人员应当经过严格审查，定期进行考核，并保持相对稳定。涉密人员调离岗位后，应当继续履行国家规定的保守国家秘密的义务。涉密人员不得擅自更换或者报废存储涉密数据的计算机硬盘或其他存储介质。确需更换或者报废的，应经单位负责人批准后，进行登记、封存，或者按规定流程销毁。涉密单位应当将涉密数据与备份数据分别保存在不同地点，有条件的，应实行异地容灾备份。

2）信息系统设备安全及病毒防范

管廊运营单位应加强网络安全管理水平，提高网络安全意识，充分保证所用信息设备和系统平台的安全性。应建立完善、先进的病毒检测系统，能够在第一时间检测到网络异常和病毒攻击。建立网络安全应急响应系统，在出现风险时，即时通过物理方式隔断，将风险降至最低。建立备份系统，对于数据库和数据系统，必须采用定期备份、多机备份措施，防止意外灾难下的数据丢失。

3.3.7　应根据综合管廊所属区域、结构形式、入廊管线情况、内外部工程建设影响等，对可能影响综合管廊运行安全的危险源进行辨识和风险评估工作。

【解释】危险源：

1）对于综合管廊来说，危险源监控主要是针对综合管廊内温湿度、O_2浓度、CH_4浓度、CO浓度的监测，以及水浸的观察和巡查。通过现场的气体浓度传感器，传输环境数据至监控中心，由监控中心人员观察数据，判断是否需要进行相应操作，以改变环境状况，使其满足运行和维护人员进入综合管廊条件；水浸情况需要巡查人员与监控室摄像头轮巡来检查有无浸水点。

2）一般来说，对于存在事故隐患的危险源一定要及时加以整改，否则随时都可能导致事故。

3）控制危险源主要通过工程技术手段来实现。危险源控制技术包括防止事故发生的安全技术和减少或避免事故损失的安全技术。

3.3.8 运营管理单位与入廊管线单位应根据可能发生的事故类型制定专项应急预案。

【解释】运营管理单位应急预案范例：火灾应急预案

1）接报火情

当班人员、巡视人员发现综合管廊有可能发生火情的异常情况，应立即通知主管人员，并做好灭火应急处理，由项目负责人进行检查、排除隐患；监控中心在接到报警电话后，应该与报警者明确起火的具体地点、燃烧物及起火原因、火势大小、报警人的姓名及身份。如情况紧急，监控中心立即拨打119报警。

综合管廊值班人员赴现场确认火情，携带对讲机、手机，电筒及机械匙。

2）火情抑制

若是轻微失火，应在保证安全的前提下把火扑灭，并做好事故记录，不必通知消防部门；如人身安全已经受到威胁，而火势亦不能立刻受到控制时，应通知消防部门并及时撤离到安全的地方，同时通知公司负责人；如现场火势存在继续发展的势头，当值班组长应马上拨打119报警，并说清具体的街道位置、火警蔓延的范围及位置、燃烧物及起火原因、火势大小等，同时通知各管线运营单位；如火灾对管廊内的各管线运营单位的电缆、光纤存在威胁或可能发生更大的灾难，应立即通知相关单位，实施紧急方案，如停电等。

3）指挥救火

成立以项目负责人为首的临时救火领导指挥机构；项目负责人不在场的情况下，项目主管人员代为指挥现场；如果由于电缆短路等原因造成火灾，应立即通知相关单位进行断电；专业消防队到场后，现场总指挥将指挥权交出，并主动介绍火灾情况，根据其要求协助做好疏散和扑救火灾工作；同时向上级部门领导和主管单位汇报，根据实际需要，调动其他应急抢修队伍参与事故抢修工作。

3.3.9 综合管廊应急管理宜建立基于信息技术和人工智能的预警、响应、预案管理等智能化应急管理系统。

【解释】信息技术是指利用计算机、网络、广播电视等各种硬件设备及软件工具与科学方法，对文图声像各种信息进行获取、加工、存储、传输与使用的技术。现在智慧运维已越来越多被提及，很多管廊内也安装敷设了各类传感器、传感光纤，充分利用智慧化设备的预警、响应，可以有效弥补人为失误，使应急管理更加高效及时。

3.3.10　应定期组织应急预案的培训和演练，每年不应少于 1 次；应定期开展应急预案的评估和修订，宜每年修订 1 次，并应根据管线入廊情况和周边环境变化等需要及时进行修订、完善。

【解释】管廊运营单位应定期组织应急救援的管理人员进行培训，提高其专业技能。要有计划地定期开展救援指挥、救援技术和安全知识的培训，加强实战训练和演习，提高救援队伍的综合素质和救援作战能力。在每次演练后，应及时对本次应急演练的效果进行评价，确定演练是否成功，对演练的效果是否满意，是否有必要对日后的演练进行调整，消除事故发生时救援工作环节上的不利因素，提高效率。演练结束后，要形成总结报告并备案。

3.3.12　综合管廊运行维护及安全管理过程中遇到火灾、地震、廊内天然气泄漏、廊内热力管道泄漏等紧急情况时，应立即启动应急响应程序，及时处置；应急处置结束后，应按应急预案要求进行秩序恢复、损害评估。

【解释】综合管廊运行维护及安全管理过程中遇到火灾、地震、廊内天然气泄漏、廊内热力管道泄漏等紧急情况时，应立即启动应急响应程序，在应急响应过程中，应根据事故类型、危害程度、影响范围和控制事态的能力，根据应急响应预案，按照分级负责的原则进行处置。当事态得到有效控制，危险得以消除时，应积极组织人员对现场进行排查，查看有无遗留隐患，并组织清理临时设施及救援过程中产生的废弃物，恢复现场运营秩序。

在应急响应结束之后，应编写事故调查报告、经验教训总结及改进建议，总结和评价导致应急状态的事故灾难原因和在应急期间采取的主要行动，及时作出书面报告。报告应包括以下内容：事故的基本情况，事故原因、发展过程及造成的后果（包括人员伤亡、经济损失分析）、采取的主要应急响应措施、经验教训等。

3.4.10　综合管廊宜建立运行数据库，运行数据库应具备扩展和异构数据兼容功能。运行数据库内容应完整、准确、规范，并应建立统一的命名规则、分类编码和标识编码体系。

3.4.12　视频监控数据存储时间不宜少于 30 天，其他数据应长期保存并备份。

4.2.1　管廊本体主体结构安全保护范围外边线距主体结构外边线不宜小于 3m。

【解释】对综合管廊设置安全保护区，主要目的是保护综合管廊本体结构，避免管廊本体遭受直接破坏。

根据工程实践，综合管廊在施工时，一般采用基坑围护方式，当采用钻孔灌注桩作为垂直支护体系时，外部需设置止水帷幕，围护桩和主体结构之间预留1.0m的施工空间。按照0.8~1.0m直径的钻孔灌注桩、0.8m直径的止水桩考虑，加上1.0m施工空间，总计约3.0m。在主体结构外侧3.0m范围内，如进行开挖、堆土等活动，将会直接对管廊结构本体的安全、稳定产生影响，并对管廊本体外部的防水层造成破坏。因此，将综合管廊本体结构外边线3.0m范围划为安全保护区。

4.2.3　综合管廊应设置安全控制区，安全控制区外边线距主体结构外边线不宜小于15m；采用盾构法施工的综合管廊安全控制区外边线距主体结构外边线不宜小于50m。安全控制区范围内拟从事的工程勘察、设计及施工对主体结构的影响应满足综合管廊结构安全控制指标的要求。

【解释】采用明挖施工的综合管廊工程，基坑开挖深度一般为5~7m，根据计算及实践经验，在2倍基坑深度范围内，外部的建设活动对已建综合管廊工程会产生较为明显的影响；采用盾构法施工的综合管廊工程，依据《城市轨道交通结构安全保护技术规范》CJJ/T 202—2013第3.1.2条：城市轨道交通沿线应设置控制保护区，设置范围应符合下列规定：地下车站与隧道结构外边线外侧50m内。基于前述分析，将明挖法施工的综合管廊结构外边线15m范围、盾构法施工的综合管廊外边线50m范围内，划为安全控制区，在安全控制区内的相关行为，应采取相关安全保护措施，确保满足综合管廊结构主体的安全控制指标。

4.4.1　管廊本体检测计划应根据建成年限、运行情况、已有检测与监测数据、已有技术评定、周边环境等制定。

【解释】管廊是地下构筑物，建成年限、运行情况、周边环境对管廊本体状态影响较大；查询已有检测与监测数据、已有技术评定可快速了解管廊本体的既有状态，制定详细计划、采取经济合理的检测方案。

5.1.4　台风预警、雷电预警、高温预警、强冷气候等极端天气和运行环境变化有可能威胁综合管廊安全运行时，应加强供电系统、排水系统及监控与报警系统的巡检频次。

【解释】供电系统是附属设施中最重要的组成部分，是其他所有用电设备的能源供应系统；排水系统是综合管廊重要的应急抢险装备；监控与报警系统既具备险情和隐患报警的功能，又与其他附属设施系统联通联动，是综合管廊的"神经中枢"。因此，在遭遇台风预警、雷电预警、高温预警、强冷气候等极端天气和运行环境变化有可能威胁综合管廊安全运行时，要尽早发现和重点防范上述3个系统发生重大故障。

5.4.2　供电系统作业每班不应少于2人，高压作业时应设置监护人。

【解释】为保证供电系统安全，电气作业应不少于2人，1人监护，1人工作，高压作业应设监护人。此处监护人为专责监护人，专责监护人应明确被监护人员和监护范围；工作前对被监护人员交代安全措施，告知危险点和安全注意事项；监督被监护人员执行标准和现场安全措施，及时纠正不安全行为。工作人员（持有电工进网作业许可证的电工）要熟悉工作内容、工作流程，掌握安全措施，明确工作中的危险点，并履行确认手续；遵守安全规章制度、技术规程和劳动纪律，执行安全规程和实施现场安全措施；正确使用安全工作器具和劳动防护用品。

5.6.2　监控与报警系统的运行功能应满足设计要求，并应符合下列规定：

1）对管廊本体及相关附属设施进行集中监控的功能应正常；

2）对设备集中安装地点、管廊交叉节点、人员出入口、变配电间和监控中心等场所进行图像信息的实时采集和存储功能应正常；

3）对入侵、出入口非正常开启、信号中断等情况进行报警的功能应正常；

4）显示火灾自动报警系统的工作状态、运行故障状态等相关信息的功能应正常；

5）接收可燃气体探测报警信号、环境与设备监控报警信号，并显示相关联动信息的功能应正常；

6）接收入廊管线可能影响到人身安全、结构本体安全、其他入廊管线安全信息的功能应正常；

7）固定语音通信系统、无线通信系统和远程通信系统通信功能应正常；

8）各子系统之间以及与其他附属设施系统、入廊管线之间的联动控制应符合现行国家标准《城镇综合管廊监控与报警系统工程技术标准》GB/T 51274 的有关规定，控制功能应正常。

【解释】一个全面的、可靠的、合理的综合管廊监控与报警系统，可以对提高综合管廊运维的效率与安全管理的可靠性起到关键作用。"工欲善其事，必先利其器"，所以在综合管廊运行维护与安全管理工作中，监控与报警系统以下基本功能应能正常运作：

环境与设备监控系统：对整体综合管廊内的一般环境参数（如温湿度、含氧量）和必要处危险气体含量（如 H_2S、CH_4 等）进行监测和超阈值报警的功能；对风机、排水泵等附属设备进行远程监测、远程操作和管理的功能；对环境监测数据、系统设备状态等历史数据进行报表统计的功能等。

安全防范系统：在综合管廊有人员非法入侵风险部位设置的入侵报警探测装置和声光警报器的准确探测与报警、分区远程布防、远程撤防、远程报警复位等功能；关键部位和必要部位视频图像实时采集、分级存储与显示、移动侦测与报警、特定工况相关视频图像联动调投等功能；各出入口远程控制功能，对出入口非正常开启、出入口长时间不关闭、通信中断、设备故障等非正常情况实时报警等功能；设置电子巡查和更改巡查路线的功能，对未巡查、未按规定线路巡查、未按时巡查等情况进行记录、警示的功能；人员定位系统（若有）实时显示综合管廊内人员位置的功能等。

火灾自动报警系统：正常工况系统轮巡与自检、故障报警与事件记录功能；综合管廊火灾危险场所初期火灾准确探测与及时报警功能；防火门启动、疏散与逃生解锁、通风阻断、切非等联动功能；火灾判断确认与起火位置判别、灭火系统可靠联动等功能；消防控制中心全方位监控与内外消防通信功能等。

可燃气体探测报警系统：正常工况系统轮巡与自检、故障报警与事件记录功能；对含天然气管道的舱室进行可燃气体含量实时监视和超阈值报警功能；事故工况启动事故风机、切除非相关用电负荷等联动功能；事故工况监控中心实时报警与泄漏定位、配合天然气管线权属单位对天然气管道紧急切断阀进行联动控制的功能等。

通信系统：监控中心与综合管廊舱室内或特定节点处的工作人员之间进行语音通信联络与记录的功能；监控中心对外直线电话通信的功能等。

统一管理平台：综合管廊监控与报警各组成系统融接协同、综合监控与跨系统联动功能；应急预设与演练功能；入廊管线管理与办公自动化功能；与入廊管线权属单位、城市相关管理部门信息平台之间信息互通的功能；网络安全功能等。

6.4.3 天然气管道巡检用设备、防护装备应符合天然气舱室的防爆要求，巡检人员严禁携带火种和非防爆型无线通信设备入廊，并应穿戴防静电服、防静电鞋等。

6.4.6 入廊人员进入天然气舱室前，应进行静电释放，并必须检测舱室内天然气、氧气、一氧化碳、硫化氢等气体浓度，在确认符合安全要求之前不得进入。

6.4.14 天然气管道及附件严禁带气动火作业。

6.4.15 当舱室内天然气浓度超过爆炸下限的 20% 时，应启动应急预案。

9.2.3 标准应用总结与成效

（1）本标准的实施确立了综合管廊运维总体规则框架

标准实施之初我国综合管廊运营管理经验不足，缺乏相应的国家标准、规范，运营安全面临较大风险。

《城市地下综合管廊运行维护及安全技术标准》GB 51354—2019 的出台，弥补了我国城镇建设标准体系中的空白，并对规范我国城市综合管廊的运行、维护及安全管理，加强综合管廊运营管理企业和入廊管线权属单位的专业化管理，确保综合管廊运营安全，提高我国综合管廊管理水平发挥了重要的作用。

（2）确立了管廊运营单位与管线权属单位分工合作、相互联系的基本规则

1.0.3 运营管理单位与入廊管线单位应明确分工、界面清晰、相互配合、联络畅通。

根据《国务院办公厅关于推进城市地下综合管廊建设的指导意见》国办发〔2015〕61号，城市综合管廊运营管理单位要完善管理制度，与入廊管线权属单位签订协议，明确入廊管线种类、时间、费用和责权利等内容，确保综合管廊正常运行。管廊本体及附属设施管理由综合管廊建设运营单位负责，入廊管线的设施维护及日常管理由各管线权属单位

负责，本标准以上规定主要明确运营管理的费用分担机制。从纯技术角度，综合管廊建设运营单位与入廊管线权属单位也可以根据协议约定各自具体的工作范围，也可以通过合理的协议实现责权利的分担和转移，但一定要基于分工明确、各司其职、相互配合，做好突发事件处置和应急管理等工作，确保综合管廊能够安全稳定运行。

（3）建立了 24 小时值班制度

1.0.4　综合管廊必须实行 24 小时运行维护及安全管理。（强制性条文）

实施方案要求：

当综合管廊投入运行后，综合管廊运营管理单位必须建立 24 小时运行值班制度，配备人员在监控中心 24 小时运行值班，保证及时处理与综合管廊运行维护有关的问题。

检查方案：

检查人员在岗、交接班制度、运行值班台账及交接班记录。

以人员是否在岗、有无交接班制度、24 小时运行值班台账以及 24 小时交接班记录是否齐全作为判定依据。

（4）明确了人员上岗要求，推动"管廊运维员"进入《中华人民共和国职业分类大典》。

（5）统一了管廊运维管理相关术语。

（6）建立了管廊运行、维护管理整体架构。

（7）标准应用效果良好，转变并提升了管廊运维管理水平。

（8）确立了管廊安全管理的总体框架。

（9）建立了管廊信息管理的基本规则，推进了管廊智慧化运维。

（10）以本标准为基础，成功编制管廊运维国际标准 ISO37175，贡献中国智慧，拓宽国际视野。

9.3　管廊安全标准发展与展望

（1）完善标准规范

根据城市发展需要抓紧制定和完善综合管廊建设和抗震防灾等方面的国家标准。综合管廊工程结构设计应考虑各类管线接入、引出支线的需求，满足抗震、人防和综合防灾等需要。综合管廊断面应满足所在区域所有管线入廊的需要，符合入廊管线敷设、增容、运行和维护检修的空间要求，并配建行车和行人检修通道，合理设置出入口，便于维修和更换管道。综合管廊应配套建设消防、供电、照明、通风、给水排水、视频、标识、安全与报警、智能管理等附属设施，提高智能化监控管理水平，确保管廊安全运行。要满足各类管线独立运行维护和安全管理需要，避免产生相互干扰。

2023 版《城市地下综合管廊建设规划技术导则》（以下简称《导则》）同样规定，当前要推进管廊分级分类，精细化运维，引导管廊运维新技术的应用，降低管廊运维成本。2019版《导则》与 2023 版《导则》对比分析见图 9-6。

（2）划定建设区域

城市新区、各类园区、成片开发区域的新建道路要根据功能需求，同步建设综合管廊；老城区要结合旧城更新、道路改造、河道治理、地下空间开发等，因地制宜、统筹安排综合管廊建设。在交通流量较大、地下管线密集的城市道路、轨道交通、地下综合体等地段，城市高强度开发区、重要公共空间、主要道路交叉口、道路与铁路或河流的交叉处，以及道路宽度难以单独敷设多种管线的路段，要优先建设综合管廊。加快既有地面城市电网、通信网络等架空线入地工程。

（3）提高管理水平

政府要制定综合管廊具体管理办法，加强工作指导与监督。综合管廊运营单位要完善管理制度，与入廊管线权属单位签订协议，明确入廊管线种类、时间、费用和责权利等内容，确保综合管廊正常运行。

（4）完善融资支持

将综合管廊建设作为国家重点支持的民生工程，充分发挥开发性金融作用，鼓励相关金融机构积极加大对综合管廊建设的信贷支持力度。鼓励银行业金融机构在风险可控、商业可持续的前提下，为综合管廊项目提供中长期信贷支持，积极开展特许经营权、收费权和购买服务协议预期收益等担保创新类贷款业务，加大对综合管廊项目的支持力度。将综合管廊建设列入专项金融债支持范围予以长期投资。支持符合条件的综合管廊建设运营企业发行企业债券和项目收益票据，专项用于综合管廊建设项目。

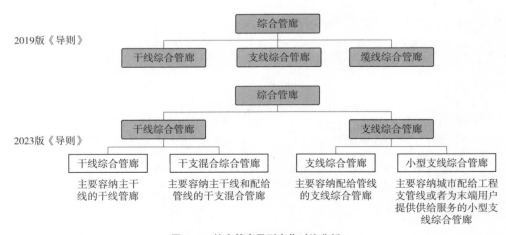

图 9-6　综合管廊导则变化对比分析

［1］ 中华人民共和国住房和城乡建设部．城市综合管廊工程技术规范：GB 50838—2015[S]．北京：中国计划出版社，2015．

［2］ 中华人民共和国住房和城乡建设部．城市地下综合管廊运行维护及安全技术标准：GB 51354—2019.[S]．北京：中国建筑工业出版社，2019．

［3］ 中华人民共和国住房和城乡建设部．城市地下综合管廊建设规划技术导则[Z]．2019．

［4］ 中华人民共和国住房和城乡建设部．城市地下综合管廊建设规划技术导则[Z]．2023．

［5］ BAI Y, ZHOU R, WU J. Hazard identification and analysis of urban utility tunnels in China[J]. Tunnelling and Underground Space Technology, 2020, 106: 103584.

［6］ WU J, BAI Y, FANG W, et al. An integrated quantitative risk assessment method for urban underground utility tunnels[J]. Reliability Engineering & System Safety, 2021, 213: 107792.

［7］ 应急救援系列丛书编委会．应急救援装备选择与使用[M]．北京：中国石油出版社，2008．

［8］ 王恩福，黄宝森．地震灾害紧急救援手册[M]．北京：地震出版社，2011．

［9］ 李尧远．应急预案管理[M]．北京：北京大学出版社，2013

［10］ 朱敦海．数据中心支持下的智慧城市公共安全系统架构设计[J]．长江信息通信，2023，36（8）：219-221．

［11］ 王伟珍，万长恩，高志权．基于GIS+BIM的智慧管廊综合业务平台研究与应用[J]．智能建筑与智慧城市，2023（10）：165-167．

［12］ 朱武松．基于EPS的城市综合管廊竣工测量内业数据处理平台设计与实现[J]．福建建设科技，2023（5）：124-127．

［13］ 李永生．某地下综合管廊的弱电与火灾报警系统设计[J]．机电信息，2017，18：64-65．

［14］ 牛燕涛，高松，刘朋林，等．基于综合管廊场景的安全监测技术及预警模型生成机制[J]．数字技术与应用，2023，41（7）：80-82．

［15］ 中国市政工程协会．数字化筑牢城市生命线[J]．中国建设信息化，2023（17）：14-15．

［16］ 陈晶晶．物联网技术在智慧城市建设中的应用分析[J]．电信快报，2023（4）：34-37．

［17］ 王蔚."智慧消防"现状及发展趋势探析[J]．消防科学与技术，2023，42（7）：1010-1014．

［18］ 刘潜．安全科学和学科的创立与实践[M]．北京：化学工业出版社，2010．

［19］ CAI J, WU J, YUAN S, et al. Prediction of gas leakage and dispersion in utility tunnels based on CFD-EnKF coupling model: A 3D full-scale application[J]. Sustainable Cities and Society, 2022, 80: 103789.

［20］ 游才文．地下管廊智能化系统检测技术应用[J]．电子元器件与信息技术，2023，7（10）：103-106．

［21］ 中华人民共和国住房和城乡建设部．城镇综合管廊监控与报警系统工程技术标准：GB/T 51274—2017[S]．北京：中国计划出版社，2017．

［22］ 中国工程建设标准化协会．城市地下综合管廊管线工程技术规程：T/CECS 532—2018[S]．北京：中国建筑工业出版社，2018．

图书在版编目（CIP）数据

城市综合管廊安全工程 = URBAN UTILITY TUNNEL
SAFETY ENGINEERING / 吴建松主编；李跃飞等副主编 .
北京：中国建筑工业出版社，2024.12. --（城市基础
设施生命线安全工程丛书 / 范维澄，袁宏永主编）.
ISBN 978-7-112-30619-0

Ⅰ . TU990.3-62

中国国家版本馆 CIP 数据核字第 2025VF3146 号

责任编辑：武　洲　杜　洁
责任校对：赵　力

城市安全出版工程 · 城市基础设施生命线安全工程丛书
名誉总主编　范维澄
总主编　袁宏永

城市综合管廊安全工程
URBAN UTILITY TUNNEL SAFETY ENGINEERING
吴建松　主　编
李跃飞　油新华　周　睿　李　舒　董留群　副主编
*
中国建筑工业出版社出版、发行（北京海淀三里河路9号）
各地新华书店、建筑书店经销
北京海视强森图文设计有限公司制版
建工社（河北）印刷有限公司印刷
*
开本：787毫米×1092毫米　1/16　印张：16½　字数：347千字
2025 年 1 月第一版　2025 年 1 月第一次印刷
定价：88.00元
ISBN 978-7-112-30619-0
　　（43738）